管理學原理

那薇、周洪 主編

財經錢線

內容提要　　本教材根據應用型人才的培養定位，立足於提高學生基層管理職業能力與整體素質，堅持理論與實務相結合。全書共分三篇九章：基礎篇、職能篇和發展篇。編者在廣泛收集和分析中外各類資料的基礎上，系統、科學、全面地反應了現代管理理論的科學體系及其最新發展。

前 言

全書共分為三篇九章：第一篇為「基礎篇」，包括第 1～4 章，主要介紹管理和管理者的相關概念、管理理論的演進、管理環境的分析以及管理決策；第二篇為「職能篇」，包括第 5～8 章，主要介紹管理的四大職能（計劃、組織、領導、控制）；第三篇是「發展篇」，包括第 9 章，主要介紹知識管理、企業再造、六西格瑪管理等新的管理理論和方法。

根據應用型人才培養定位需要，本書把基本理論與發展前沿、理論知識與實踐能力融為一體，注重實用性。本書主要特點如下：

（1）系統性：系統、科學、全面地反應了現代管理理論的科學體系及其最新發展。

（2）應用性：每章都配有與本章內容緊密相關、通俗易懂、貼進生活和工作的案例，供學生綜合運用管理學知識分析其中的成敗得失。

（3）通俗性：本書理論簡單明了，通俗易懂，採用教學中的語言來闡述有關管理學的原理和基礎知識，並通過對案例的分析，使學生學到一些對具體事件的分析方法。

（4）趣味性：設計了【管理故事】、【看圖學管理】、【課後閱讀】、【管理實訓】等模塊，生動活潑，可讀性強；每一章設有【即問即答】、【案例分析】和【復習思考題】，能及時進行查缺補漏，檢驗效果較好。

本書由那薇教授提出寫作思路、設計框架結構並總纂定稿，那薇、張學高、曹國林擔任主編，邱淑、周瑜、喻紅蓮、董利擔任副主編，編寫組的其他成員（以姓氏筆畫為序）有：孫琳琳、陳傳明、肖麗萍、章蓉。

本書在出版過程中得到了來自雷昀、郭亞飛、龐觀茂、李俊頡等授課教師以及學生的反饋和建議，在此一併表示感謝！同時感謝出版社的孫婧老師的大力支持和幫助。

限於編寫組的學識水準，本書錯漏之處在所難免，懇請各位同仁及讀者指正。

編者

目錄

第一篇 基礎篇

第一章 管理與管理學 ……………………………… （3）
第一節 管理 ……………………………………… （4）
第二節 管理者 …………………………………… （7）
第三節 管理學 …………………………………… （13）

第二章 管理理論的演進 …………………………… （22）
第一節 西方傳統管理思想 ……………………… （23）
第二節 古典管理理論 …………………………… （24）
第三節 現代管理理論階段 ……………………… （29）

第三章 管理環境 …………………………………… （38）
第一節 管理環境 ………………………………… （39）
第二節 組織的外部環境 ………………………… （39）
第三節 組織的內部環境 ………………………… （44）
第四節 組織環境的管理 ………………………… （49）

第四章 管理決策 …………………………………… （55）
第一節 決策概述 ………………………………… （56）
第二節 決策的過程和影響因素 ………………… （61）
第三節 決策方法 ………………………………… （64）

第二篇 職能篇

第五章 計劃 ………………………………………… （77）
第一節 計劃與計劃工作 ………………………… （78）
第二節 計劃的編製過程 ………………………… （81）

1

目 錄

　　第三節　常用的計劃工具和方法 ································ (84)
　　第四節　戰略管理 ·· (90)

第六章　組織 ·· (114)
　　第一節　組織結構設計 ······································ (115)
　　第二節　組織結構的基本類型 ································ (125)
　　第三節　人力資源管理 ······································ (129)
　　第四節　組織力量的整合 ···································· (141)

第七章　領導 ·· (153)
　　第一節　領導 ·· (154)
　　第二節　激勵 ·· (171)
　　第三節　溝通 ·· (186)

第八章　控制 ·· (197)
　　第一節　組織控制概述 ······································ (198)
　　第二節　組織控制的步驟 ···································· (207)
　　第三節　控制方式與方法 ···································· (212)

第三篇　發展篇

第九章　管理理論新思潮與發展趨勢 ······························ (229)
　　第一節　管理理論新思潮 ···································· (230)
　　第二節　管理發展趨勢 ······································ (250)

管理實訓 ·· (265)

第一篇　基礎篇

第一章
管理與管理學

【學習目標】
1. 理解管理的含義及其本質；
2. 掌握管理的四大職能；
3. 理解管理者的含義及其職責；
4. 瞭解管理學的研究對象及研究方法。

【管理故事】

子賤當官

孔子的學生子賤有一次奉命擔任某地方的官吏。他到任以後，經常彈琴自娛，不問政事。可是，他所管轄的地方卻治理得井井有條、民生興旺。

這使那位卸任的官吏百思不得其解，因為他原來每天勤勤懇懇，從早忙到晚，都還沒有把那個地方治理好。

於是他請教子賤：「為什麼你逍遙自在，也不問政事，卻能把這個地方治理得這麼好？」

子賤回答說：「你只靠自己的力量去治理，所以十分辛苦；而我卻是借助下屬的力量來完成任務。」

管理啟示：

一位聰明的管理者，應該懂得如何正確地發揮下屬的才智，利用下屬的力量，而不是事必躬親、把一切事情都攬在自己身上。

資料來源：子賤放權，理財雜誌，2008（07），有刪改。

在現代社會中，人類從事著各種各樣的活動，管理則是人類各種活動中最重要的活動之一。正如管理大師彼得·德魯克所說：「在人類歷史上，還很少有什麼事比管理的出現和發展更為迅猛，對人類具有更為重大和更為激勵的影響。」可以這麼說，自從人們開始形成群體去實現個人無法達到的目標以來，管理工作就成為協調個人努力必不可少的因素了。

第一節　管理

一、管理的含義

(一) 組織概述

1. 組織的定義

在現實生活和工作中，當個人無法實現預期目標時，就要尋求別人的合作，形成各種社會組織，原來個人的預期目標也就必須改變為社會組織全體成員的共同目標。因此，從這個意義上講，組織是人們為了實現某一特定的目的而形成的一個系統的集合，是對完成特定使命的人們的系統性安排，是一種由人們組成的，具有明確目標和系統性結構的實體。它有以下三個特徵：

第一，每一個組織都有一個明確的目的，這個目的一般是以一個或一組目標來表示的。組織目標是一個組織在未來一段時間內要達到的目的，是所有組織成員的共同目標。沒有共同目標，組織就不會存在。因此，共同目標的存在是組織存在的前提。

第二，每一個組織都是由人組成的，而且是由一群人組成的。組織存在的原因就是克服個人力量的局限性，實現靠個人力量無法實現或難以有效實現的目標。

第三，每一個組織都發育出一種系統性的結構，用以規範和限制成員的行為。為了實現組織的目標，組織必須通過成員的分工協作，即通過分工發揮每一個成員的特長，通過協作形成群體的力量。而組織成員間要進行分工協作，就要求志同道合、能力互補，因為只有能力互補，才能進行分工；只有志同道合，才能進行相互協作。組織管理的核心就在於創造一個志同道合、相互協作的組織環境。而要保證這一點，就必須有一套系統性的結構，用以規範和限制組織成員的行為。

2. 組織的本質

從本質上而言，組織是一個利益共同體。也就是說，共同的利益把大家聚集在一起。一個人之所以願意加入到一個團隊中，受群體規範的約束，與他人共享成果，是因為這個組織能夠在一定程度上實現自己的個人目標；而一個人要實現靠個人力量無法實現或難以有效實現的目標，就必須借助於群體的力量，只有通過群體的努力實現了共同目標之後，才有可能實現自己的個人目標。既然如此，在一個組織中，損人必損己。我們在一個組織中，與別人過不去，歸根到底是跟自己過不去；對組織不關心，也就是對自己在該組織中的利益漠不關心；我們在一個組織中關心他人、幫助他人，歸根到底是出於對自己在這個組織中的個人利益的關心。

(二) 管理的含義

管理是指在特定的環境下，協調組織所擁有的資源進行計劃、組織、領導和控制，以便有效地實現既定組織目標的過程。這一概念包含著以下幾個方面的含義：

第一，管理存在於組織之中，是為了實現組織目標而服務的。也就是說管理的對象是組織。管理依存於組織的集體活動，離開了組織的集體活動討論管理是沒有意義的；管理的目的是有效地實現組織的目標，明確地設定目標是進行管理的起點。

第二，管理的內容是協調。協調就是使多個表面上看上去似乎是相互矛盾的事物之間有機結合、同步和諧。組織資源包括物質資源和人力資源。物質資源之間要協調

以取得資源配置的高效率；人力資源之間也要協調，使個人的努力與集體的預期目標相一致；物質資源與人力資源之間也要協調，這樣才能更好地促進目標的達成。但人與物的關係最終仍表現為人與人的關係，任何資源的分配也都是以人為中心的，協調的中心是人。每一項管理職能、每一次管理決策都要進行協調，都是為了協調。

第三，管理是由計劃、組織、領導和控制這樣一系列相互關聯、連續進行的活動所構成的。這些活動稱為管理的職能。這些職能都是為了實現組織目標而採取的一種手段。因此，管理本身不是目的，我們不能為了管理而管理。同時，管理作為一種工具，用好了，有助於目標的實現；用不好，則可能適得其反。因此，我們應盡可能地提高自己的管理水準，以充分發揮管理的職能。

從以上的分析中可以看出，管理從本質上而言是人們為了實現一定的目標而採用的一種手段。

第四，管理活動既強調目的又注重過程。強調目的就是要選擇去「做正確的事」，這關係到管理活動的效果問題。效果與活動的完成、目標的實現相聯繫，即目標的達成度，也就是產出滿足需求的程度，涉及的是活動的結果。注重過程則重視「正確地做事」，這關係到管理活動的效率問題。效率是輸入與輸出的關係，是投入產出比，涉及的是活動的方式。在效果與效率兩者之中，效果是本，效率是標，有效的管理就是要標本兼重，「正確地去做適當的事情」。

【即問即答】效率和效益是不是正相關的？

二、管理的基本職能

管理的職能就是管理者在管理過程中所從事的各種活動。儘管對於管理職能有著各種不同的劃分方法，但是比較普遍的是認為管理活動有四大職能：計劃、組織、領導和控制。

計劃職能是規定組織的目標，制定整體戰略來實現這些目標，以及將計劃逐層展開，以便協調和將各種活動一體化。

組織職能是決定組織要完成的任務是什麼；誰去完成這些任務；這些任務怎麼分給組員；誰向誰報告；以及各種決策應在哪一級上制定。

領導職能是激勵下屬，指導他們的活動，選擇有效的溝通渠道，解決組織成員之間的衝突。

控制職能是管理必須監控組織的績效，必須將實際的表現與預先設定的目標進行比較。如果出現了任何明顯的偏差，管理的任務就是使組織回到正確的軌道上來。這種監控、比較和糾正的活動就是控制職能的含義。

各項管理職能之間存在著邏輯上的先後關係。每一項管理工作一般都是從計劃開始，經過組織、領導到控制結束。但現實中的管理並不是嚴格地按照這樣的順序來進行的。各職能之間同時相互交叉滲透，控制的結果可能又導致新的計劃，開始又一輪新的管理循環。如此循環不息，把工作不斷推向前進。在管理活動中，很少有管理者在一個給定的時間段內只從事某一特定的管理職能，他們往往同時進行著若干種不同的活動。

除此之外，國內外很多專家學者也很看重創新，甚至有些研究者把創新也列為一種管理職能。不可否認，創新在現代管理活動中越來越重要。在環境迅速變化的今天，

誰能盡快地適應新環境，誰就能在新一輪競爭中占據有利的位置。而對環境的適應能力主要取決於人們的學習能力和創新能力，即迅速瞭解環境變化並做出相應應變決策的能力。環境的迅速變化要求我們只有不斷地致力於創新，擺脫陳舊觀念的束縛，轉變自己習慣的行為方式，吸收和創造全新的現代觀念，才能適應新時代的變化。但是，管理創新與傳統的管理職能不同。管理創新是一個將資源從低效率使用轉向高效率使用的過程。而傳統的管理職能包括計劃、組織、領導和控制，他們都是保證資源的有效運用和目標的有效實現所必不可少的。管理的這四項基本職能一般都有其固定的內容、工作程序和特有的表現形式，一旦展開，就具有其相對穩定性。創新則不同儘管也有一定的規律，但它本身並沒有某種特有的表現形式。它貫穿於組織的各項管理活動中，通過組織的各項管理活動來體現自身的存在與價值。正是基於這一點，本書並沒有把管理創新列為一項管理職能。

三、管理的屬性

管理的自然屬性和社會屬性就是管理的屬性，也叫做管理的二重性。

管理的自然屬性是與生產力相聯繫的特性，是一種不以人的意志為轉移，也不因社會制度意識形態的不同而有所改變的客觀存在。管理之所以具有自然屬性，是因為管理過程就是對人、財、物、信息、時間等資源進行組合、協調和利用的過程，其中包含著許多客觀的、不因社會制度和社會文化的不同而變化的規律。管理理論揭示了這些規律，並創造了與這相適應的管理手段和管理方法。管理活動只有遵循這些規律，利用這些方法和手段，才能保證生產等各種組織活動順利進行。也就是說，管理要處理好人與自然的關係，要合理地組織社會生產力，故管理的自然屬性也稱為管理的生產力屬性。

管理的自然屬性體現在兩個方面：第一，管理是社會勞動過程的一般要求；第二，管理在社會勞動中具有特殊的作用，只有通過管理才能把實現勞動過程所必需的各種要素組合起來，使各種要素發揮各自的作用。這也是與生產關係、社會制度沒有直接聯繫的。因此，管理也是生產力。

管理的社會屬性是與生產關係相聯繫的特性，任何社會組織的管理都是在一定的社會形態下，受到政治、法律及體制的影響。作為特殊職能的管理活動都要反應出管理的預期目的，誰的目的和怎樣的目的，實現目的的途徑和手段等，所有這些問題，其實質就是為誰管理的問題。也就是說，任何管理活動都是在特定的社會生產關係條件下進行的，都必然地要體現一定社會生產關係的特定要求，為特定的社會生產關係服務，從而實現其調節和維護社會生產關係的職能。所以，管理的社會屬性也叫做管理的生產關係屬性。管理的社會屬性既是生產關係的體現，又反應和維護一定的社會生產關係，其性質取決於不同的社會經濟關係和社會制度的性質。在不同的社會制度條件下，誰來監督，監督的目的和方式都會不同，因而也必然使管理活動具有不同的性質。

管理的社會屬性體現為任何組織任何個人在實行管理時都要從全社會、全體人民的利益出發，並且自覺地讓局部的利益服從全局的利益，個人的利益服從集體的利益。任何層次的管理者都應當真正成為人民的公僕，而人民則應當真正成為各種社會組織的主人。

管理的二重性產生的原因從根本上說是它所管理的生產過程本身具有二重性，也就是說生產過程是生產力和生產關係相互結合、相互作用的統一過程，要保證生產過程的順利進行，就必須執行合理組織生產力和維護生產關係的職能，這兩種職能相互結合、共同發生作用，缺一不可，由此，管理就具有了二重性。

　　管理的二重性是相互聯繫、相互制約的。一方面，管理的自然屬性不可能孤立存在，它總是存在於一定的社會制度、生產關係中；同時，管理的社會屬性也不可能脫離管理的自然屬性而存在，否則，管理的社會屬性就成為沒有內容的形式了。從另一方面來講，管理的二重性又是相互制約的。管理的自然屬性要求具有一定社會屬性的組織形式和生產關係與其相適應；同時，管理的社會屬性也必然對管理的方法和技術產生影響。

　　【即問即答】管理的自然屬性和社會屬性有什麼區別和聯繫？

第二節　管理者

一、管理者的含義與職責

(一) 管理者的含義

　　在日常生活中，我們經常見到這樣一類人，他們從事著各種各樣的管理工作，有的還有各種各樣的頭銜，比如經理、校長、主任、廠長等。但是我們不禁要問：他們是管理者嗎？一個組織為什麼必須要有管理者呢？

　　眾所周知，各種組織並不會自己運轉，它們需要管理者來加以管理，只有這樣，我們才會耗費較少的資源就能達成預期的目標。也就是說，管理者工作績效的好壞直接關係到組織的興衰成敗。管理者在組織中工作，他通過協調其他人的活動達到與別人一起或者通過別人實現組織目標的目的。也就是說，管理者是組織中有下級部屬的那類人。管理者區別於其他人員的顯著特徵是管理者擁有直接下屬，即有下屬向其匯報工作。儘管有些成員在組織中威望很高，但他們不指揮別人，沒有自己的下級，這些人就不能算是管理者；有些成員儘管地位不高，但他們卻是真正意義上的管理者，他們有自己的下級，要為別人的工作負責，負有直接指揮下屬開展工作的職責。

　　隨著組織的不斷發展，組織內部將出現越來越多的管理者。這些管理者要發揮其在組織中的作用，也必須進行合理的分工，由此就產生了管理者的分類。管理者的類型可以從縱、橫兩個方面來分類。從橫向來看，也就是根據管理者在組織中所起的作用不同，組織中的管理者可分為：財務管理者、人事管理者、行政管理者、業務管理者和其他管理者，如圖1-1所示。

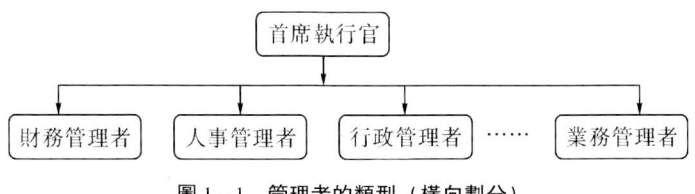

圖1-1　管理者的類型（橫向劃分）

從縱向來看，也就是根據管理者在組織中的地位的不同，可將管理者分為三類，如圖1-2所示。

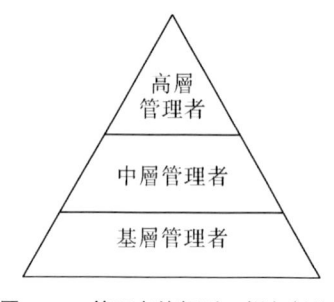

圖1-2　管理者的類型（縱向劃分）

（1）基層管理者。他們是最底層的管理人員，負責管理非管理人員所從事的工作，這些工作是生產和提供組織的產品的工作。在製造工廠中，基層管理者可能被稱為領班、工頭或者工段長；在運動隊中，這項職務是由教練擔任的；而大學中則由教研室主任來擔任。

（2）中層管理者。他們是處於基層和高層之間的各個管理層次的管理者，直接負責或者協助管理基層管理者。他們可能具有科室主管、辦事處主任、部門經理、項目主管、事業部經理等頭銜。這些人主要負責日常管理工作，在組織中起承上啓下的作用。

（3）高層管理者。他們處於組織的最高層，主要負責組織的戰略管理，並在對外交往中以代表組織的身分出面。他們的典型頭銜通常是公司董事會主席、首席執行官、總經理、總裁等，以及大學中的校長、副校長和其他處在或接近組織最高層位置的管理人員。

（二）管理者的職責

管理者合格與否在很大程度上取決於管理者職責的履行情況。

無論在一個什麼樣的組織中，組織成員都有不止一人。這一群人要發揮群體的力量，實現靠個人力量無法實現或難以有效實現的目標，就必須進行分工協作。而組織中最大的分工就是操作者和管理者的分離。所謂操作者就是直接從事某項工作或任務，不具有監督其他人工作的職責的人，其主要職責就是做好組織所分派的具體的操作性事務，如大學的教師、企業的工人、醫院的醫生、商場的營業員等。而管理者是那些在組織中指揮引導別人的活動的人。他們雖然有時也做一些具體的操作性事務，但其主要職責是指揮下屬開展工作，如大學的校長和系主任、企業的總經理、車間的生產小組組長、醫院的院長等。管理者擁有指揮下屬的特權，但也負有對下屬工作承擔責任的額外責任。無論管理者在組織中的地位如何，其所擔負的基本任務是一樣的，即：設計和維護一種環境，使身處其間的人們能在組織中協調地工作，以充分發揮組織的力量，從而有效地實現組織的目標。

組織中的一群人要發揮群體的力量就需要有人來提出共同的目標，制訂相應的行動方案（計劃），需要有人來分配各項工作和協調工作中出現的各類問題（組織領導），需要有人來檢查各項工作的進展情況，糾正可能發生的偏差（控制）；當然也需要人去具體執行。前面的活動由管理者負責，而後面的工作就有操作者承擔。換句話

說，管理者負責指揮，操作者負責具體執行。

【看圖學管理】

管理者在組織中工作，通過協調他人的活動達到與別人一起或者通過別人實現組織目標的目的。管理者工作成績的好壞直接關係著組織的興衰成敗。

二、管理者的角色與技能

管理者是指揮引導別人的活動的人。二十世紀五六十年代，國外一些研究者從領導者行為和管理者現實生活的角度來探討「管理者幹什麼」的問題，也就是企業管理者的角色理論。

(一) 管理者的角色

所謂管理角色是指特定的管理行為類型。對於管理者在一個組織中所充當的角色，管理學家明茨伯格認為，管理者扮演著十種不同的但高度相關的角色。明茨伯格的十種管理角色可被歸入三大類：人際角色、信息角色和決策角色，如圖1-3所示。

(1) 人際角色。人際角色直接產生自管理者的正式權力基礎。任何一個組織都是一個社會存在體，為了取得各方面的理解與支持（這是一個組織開展工作的前提），需要加強與各方面的溝通。作為管理者必須行使一些具有禮儀性質的職責，必須在工作小組內扮演領導者的角色和組織內外聯絡者的角色，即管理者所扮演的三種人際角色分別是代表人角色、領導者角色和聯絡者角色，它包含了人與人（下級和組織外的人）以及具有禮儀性和象徵性的職責。

(2) 信息角色。管理者要負責確保和其一起工作的人具有足夠的信息，從而能夠順利完成工作。管理者既是所在單位的信息傳遞中心，也是組織內其他工作小組的信息傳遞渠道。整個組織的人依賴於管理結構和管理者獲取或傳遞必要的信息，以便完成工作。它包括接受、收集和傳播信息。管理者所扮演的信息角色分別是監督者角色、傳播者角色和發言人角色。

(3) 決策角色。決策角色是作出抉擇的活動。在決策角色中，管理者處理信息並得出結論。如果信息不用於組織的決策，這種信息就喪失其應有的價值。管理者負責作出組織的決策，讓工作小組按照既定的計劃行事，並分配資源以保證小組計劃的實

施。管理者所扮演的決策角色包括企業家角色、干擾應對者角色、資源分配者角色和談判者角色。

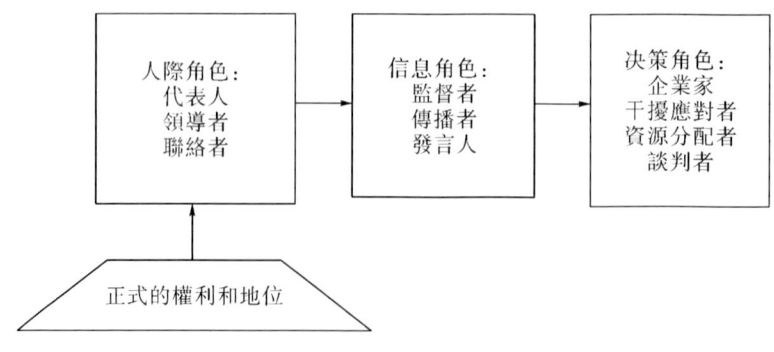

圖1-3 管理者的角色

必須明確指出的是，明茨伯格的分類是建立在以下假設的基礎上的：①把管理者的職位作為分析的起點；②將管理者界定為負責一個組織單位的人，這意味著他擁有正式權威和特殊地位；③定義角色為屬於一定職責或者地位的一套有條理的行為。

【即問即答】學校的老師是管理者嗎？以管理職能和管理者角色的觀點進行討論。

(二) 管理者的技能

管理是否有效，在很大程度上取決於管理者是否真正具備了作為一個管理者應該具備的管理技能。根據羅伯特·卡茨的研究，管理者應具備以下三類技能：

(1) 技術技能。技術技能是指為了完成或理解一個組織的特定工作所必需的技能，也就是業務方面的技能，即熟悉和精通某種特定專業領域的知識。如監督會計人員的管理者必須懂會計，一個學校的校長必須掌握教學的知識等。儘管管理者不必是技術專家，但他必須具備足夠的技術技能，因為他們要直接處理雇員所從事的工作。

技術技能對基層管理者來說尤為重要，因為他們的大部分時間都是在指導下屬並回答有關具體工作方面的問題。因而，對他們而言，精通某種特定專業領域的知識是成為一個有效管理者的前提條件。而對於中、上層管理者來說，技術技能的要求就可以相對稍微低一些。

(2) 人際技能。人際技能就是與組織中上下左右的人打交道的能力，包括聯絡、處理和協調組織內外人際關係的能力，激勵和誘導組織內工作人員的積極性和創造性的能力，正確地指導和指揮組織成員開展工作的能力。管理者作為小組的一員，其工作能力取決於人際技能。國內外許多研究表明，人際技能是一種重要技能，對各層管理者都具有同等重要的意義。在同等條件下，人際技能可以極為有效地幫助管理者在工作中取得成功。

(3) 概念技能。概念技能是管理者對複雜情況進行抽象和概念化的技能。管理者應看到組織的整體，瞭解組織與外部環境是怎樣互動的，瞭解組織內部各部分是怎樣相互作用的。概念技能的表現之一就是分析和概括問題的能力。具備較高的概念技能能夠使管理者快速、敏捷地從混亂而複雜的動態情況中辨別出各種因素的內在聯繫，抓住問題的起因和實質，預測出問題將會產生的影響，判斷出需要採取的措施及其可能產生的後果。概念技能的又一表現是形勢判斷能力，管理者通過對內、外部形勢

分析，預見形勢發展的趨勢以便充分利用機會，避開威脅，使組織獲得最有利的結果。值得注意的是，概念技能對高層管理者來說尤為重要。

以上三種管理技能的相對重要性隨管理者在組織中的層次不同而不同。一般而言，對於基層管理人員來說，技術技能最為重要，人際技能在同下屬的頻繁接觸中也是非常有益的，但概念技能的要求則相對較弱。對於中層管理人員而言，技術技能的重要性有所下降，人際技能的要求變化不大，但概念技能顯得更為重要。對於高層管理人員，概念技能和人際技能最為重要，技術技能則相對無足輕重。尤其在大企業中，高層管理人員可以充分借助其下屬人員的技術技能，因而對其自身的技術技能要求不高。但在小企業中，即便是高層管理人員，技術技能也仍然是非常重要的。

【案例1-1】

多面手

老鄭是一位有名的高手，一家公司慕名高薪聘請他，但是他沒有去，他表示要為家鄉建設作出貢獻。

1995年老鄭被調往規模和檔次都較低的招待所擔任一把手。上任伊始，他從加強管理出發，本著「賓客至上、服務第一」的宗旨，將原來的縣委招待所改造成為擁有三百二十張床位、大小餐廳十七個和服務娛樂設施齊全的「後樂園賓館」，一躍成為二星級賓館，成為當地娛樂服務行業的領軍企業。

1996年底，他又調到當地醫院擔任院長。雖然他沒有學過醫，但是，他很快就使一個二甲級老醫院煥發了青春。不到半年的時間，醫院就扭虧為盈。該醫院目前各項工作有了新的起色，博得了社會各界的一致好評。

有人問他：「鄭院長，你是學管理的，又不是學醫的。怎麼調到醫院也搞得這麼好，有什麼訣竅呢？」

他回答得既乾脆又簡單：「靠科學管理。」

他一來到這家醫院，就到各個科室去坐班瞭解情況。待基本掌握醫院的情況後，他又率領院內有關人員到各地考察，學習外地醫院的好經驗，然後按照現代管理理論，並結合本院的具體實際情況，因地制宜地制定了各種有效的可操作的激勵機制和制約機制，建立了各類人員的崗位責任制，把任務落實到人。針對醫院經濟虧損的基本原因是制度不嚴、漏洞較多，醫院增設了審計室，實行三方（藥房、收費處、審計室）共同制約的制度後，經費收入逐月增加。過去醫院內衛生與花卉等沒有明確的專人負責，所以，醫院環境衛生不好還被媒體曝了光。自從各項工作責任到人，並有嚴格的檢查、監督機制後，情況就變了樣，醫院環境衛生得到病員和領導的一致讚揚。

討論題：

1. 為什麼說老鄭是一位「多面手」？他成為「多面手」的條件和基礎是什麼？
2. 人們常說：「外行不能領導內行」。作為外行的老鄭在當地醫院的管理的成功經驗說明了什麼？

三、管理者的權力與責任

在管理實踐中，管理者必須擁有開展活動或指揮他人行動的權力以便達成組織的目標，同時管理者也必須承擔與之相對應的責任。這是進行有效管理的重要前提。

(一) 管理者的權力

在一個組織的各種關係中，權力的分佈或委派是至關重要的，權力是每一個人得以履行其職責的必要條件。

職權是一種基於個人在組織中所居職位的合法權力，它與職務相伴隨，是管理職位所固有的發布命令和希望命令得到執行的這樣一種權力。它可以向下委讓給下屬管理人員，授予他們一定的權力，同時規定他們在限定的範圍內行使這種權力。職權與組織內的一定職位相關，而與任職者沒有任何關係組織中。離職者走了，職權仍保留在該職位。

隨著社會文明程度的提高和組織複雜性的增加，你不必成為一個管理者也可以擁有權力，權力未必與個人在組織中所具有的地位完全相關。權力一般包括強制權力、獎賞權力、合法權力、專家權力和感召權力。這些權力的來源基礎是：強制權力是一種依賴於懼怕的力量，一個人若不服從上級意圖則有可能產生負面結果，從而迫使其對這種權力產生反應；獎賞權力是人們服從上級的要求或者命令，有可能會為他帶來正確、有利的結果的權力；合法權力與職權同一概念，代表一個人在正式層級中占據某一職位所相應得到的一種權力；專家權力來自特殊技能、知識、專長的一種影響力；感召權力是對所擁有人獨特智謀或個人特質的一種確認。

職權只是更廣泛的權力概念中的一個要素。權力與職權既相互區別又相互聯繫。

第一，職權是一種權力，一種基於掌握職權的人在組織中所居職位的合法的權力，職權是與職位相伴隨的，而與擔任該職位管理者的個人特性無關；而權力是一個人影響決策的能力。

第二，職權是由一個人在組織層級中縱向的職位決定的；而權力是他的縱向職位和他與組織權力的核心（中心）的距離決定的。

第三，職權來自於上級的授予，而權力未必與一個人在組織中所處的地位完全相關，職權不是影響力的唯一源泉。

【即問即答】權力和職權有什麼不同？

(二) 管理者的責任

一個人在組織中有多大的權力，就要承擔多大的責任，權力和責任是對等的，即管理的「權責對等原則」。管理者在組織中擁有指揮他人的特權，相應地，管理者也就負有額外的責任。

作為一個管理者，他不僅要對自己的工作負責，而且也要對下屬的工作負責，這就是管理者的領導責任。下屬在工作中出現任何問題，管理者都負有不可推卸的領導責任。因為下屬是在管理者的指揮下開展各項工作的，下屬在工作中出現問題，就說明管理者在履行其管理職能方面存在不足，因此犯錯誤的下屬要對其工作的失誤負責，管理者則要對下屬之所以會出現失誤中所反應出來的管理問題負責。歸結起來一句話：問題出在下屬身上，根子在管理者身上。

為了使管理者從日常事務中擺脫出來，管理者可以給予下級一定的權力和責任，使下級在一定的監督之下，擁有相當的自主權而行動。但是這並不代表著上級管理者就不承擔責任了，管理者應對他授予了執行職責的下屬人員的行動負責。也就是說，管理者應當下授予所授職權相等的執行責任，但最終的責任永遠不能下授。

【即問即答】在管理過程中，管理者應怎樣處理權利與責任間的關係？

第三節　管理學

一、管理學的研究對象

任何管理都是在特定的環境下對特定的組織進行的。但是，不論管理者在何種類型的組織中從事管理工作，他都是為了實現本單位的既定目標，通過計劃、組織、領導、控制等職能進行著資源之間的分配和協調。這是管理的一般性和共同性。同時，管理又具有特殊性，它要服從和服務於所管理的組織的特定目標，並要適應特定的內外環境條件。不同國家、不同類型的組織，在管理的目的和處理的環境方面存在著某些特殊差異，所以管理的原理和方法應該是共性與個性的統一體。

管理學是對管理活動的研究，目的是指導和提升管理水準。管理學研究的產出是管理知識，管理知識應該包括管理的科學知識、管理的經驗知識以及相關的管理理論。管理學是以各種管理工作中普遍適用的原理和方法作為研究對象，致力於研究管理者如何有效地管理其所在的組織；它是一門研究一般組織管理理論的科學，它所提出的管理基本原理、基本思想和基本原則是各類管理學科的概括和總結，它是整個管理學科體系的基石。

我們學習管理的首要原因是改進組織的管理方式關係到我們每個人的切身利益，良好的管理在我們的社會中起著重要作用。因為我們一生中每天都在和各式各樣的組織打交道，如政府部門、商業機構等。學習管理的第二個原因是，當你從學校畢業開始你的事業生涯時，你所面對的現實是，不是管理別人就是被人管理。對於那些選擇管理生涯的人來說，學習管理學可以獲得管理的基礎知識，理解管理過程是培養管理技能的基礎，這將有助於他們成為有效的管理者。對於那些不打算從事管理的人來說，學習管理能使他們領悟其上司的行為方式和組織的內部運作方式。

二、管理學的特徵

管理學作為一門社會科學，具有以下特點：

（1）管理學是一門綜合性的學科。由於人類從事的管理活動愈來愈複雜，要求也愈來愈精確和迅速，因此管理學的研究必然會涉及經濟學、哲學、社會學、歷史學、心理學、人類學、數學和計算機科學。這決定了管理者要具有廣博的知識，要文理兼備、文武雙全，只有這樣，管理者才能對各種各樣的管理問題應付自如。

（2）管理學是一門實踐性很強的學科。由於管理過程的複雜性和管理環境的多變性，管理知識在運用時具有較大的技巧性、創造性和靈活性，很難用陳規或原理把它禁錮起來，它具有很強的實踐性。在美國行之有效的管理理論和方法，不一定適用於中國。即使具有同樣東方文化背景的日本的管理理論和方法也不可能都適用於中國。要成為一名合格的管理者，我們不僅要學習借鑑國外先進的管理理論和方法，盡可能同中國的實際相結合，同時還要重視中國傳統的和現代的管理理論和方法特別是當前經濟建設實踐中湧現出的新經驗、新觀點。

【案例1-2】

康潔利公司

　　康潔利公司是一家中外合資的高科技專業塗料生產企業。中方佔有60%的股份，外方佔有40%的股份，生產瑪博倫多彩花紋塗料等11大系列高檔塗料產品。這些高檔產品不含苯、鉛和硝基等有害物質，無毒無味，在中國有廣闊的潛在市場。

　　開業在即，誰出任公司總經理呢？外方認為，康潔利公司引進的20世紀90年代先進的技術、設備和原材料均來自美國，中國人沒有能力進行管理，要使公司迅速發展壯大，必須由美國人來管理這個高新技術企業。中方也認為，由美國人來管理，可以學習借鑑國外企業管理方法和經驗，有利於消化吸收引進技術和提高工作效率。因此，董事會形成決議：從美國聘請米勒先生任總經理，中方推薦兩名副總經理參與管理。

　　米勒先生年近花甲，但身心健康，充滿自信。他有18年管理塗料生產企業的經驗，自稱「血管裡流淌的都是塗料」，對振興康潔利公司胸有成竹。公司員工也都為有這樣一位洋經理而慶幸，想憋足勁大幹一場，好好地大賺其錢。

　　誰料事與願違。公司開業9個月不但沒有賺到一分錢，反而虧損70多萬。當一年的簽證到期時，米勒先生被總公司的董事會正式辭退了。

　　來自太平洋彼岸的洋經理被「炒魷魚」的消息在康潔利公司內外引起了強烈的反響，這位曾經在日本、荷蘭主持建立並成功地管理過塗料工廠的洋經理何以在中國「敗走麥城」呢？這自然成了議論的焦點。

　　多數人認為：米勒先生是個好人，工作認真，技術管理上是內行，對搞好康潔利公司懷有良好的願望；同時在吸收和消化先進技術方面做了許多工作。他失敗的主要原因是不瞭解中國的實際情況，完全照搬他過去慣用的企業管理模式，對中國的許多東西不能接受，在經營管理方面缺乏應有的彈性和適應性。中方管理人員曾建議根據中國國情，參照中國有關三資企業現成的成功管理模式，結合國外先進的管理經驗，制定一套切實可行的管理制度，並嚴格監督執行。對此，米勒先生不以為然。他的想法是「要讓康潔利公司變成一個純美國式的企業」。對計劃不信任，甚至憂慮，以致對正常的工作計劃都持抵觸態度，害怕別人會用計劃經濟的一套做法去干預他的管理工作。米勒先生煞費苦心地完全按照美國的模式設置了公司的組織結構並建立了一整套規章制度。但最終還是使一個生產高新技術產品且有相當實力的企業缺乏活力。在起跑線上就停滯不前，陷入十分被動的局面。

　　也有人認為，米勒先生到任後學會的第一個中文詞就是「關係」，而他最終還是因搞不好關係而離華返美。

　　對於中國的市場，特別是中國「別具一格」的市場情況和推銷方式，米勒先生也不甚瞭解。他將所有有關市場營銷的事情都交給一位中方副總經理，但他和那位副總經理的關係並沒有「鐵」到使副總經理為他玩命去幹的程度。

　　在管理體制上，米勒先生試圖建立一套分層管理制度：總經理只管兩個副總經理，下面再一層管一層。但他不知道，這套制度在中國，如果沒有上下級間的心靈溝通與相互間的瞭解和信任，會出現什麼樣的狀況和局面。最後的結果是，造成管理混亂，人心渙散，員工普遍缺乏主動性，工作效率尤為降低。

　　米勒先生還強調：「我是總經理，我和你們不一樣，你們要聽我的。」他甚至要求，工作進入正規後，除副總經理外的其他員工不得進入總經理的辦公室。米勒先生不知

道，聰明的中國企業負責人在職工面前總是強調和大家一樣，以求得職工的認同。

米勒先生臨走時扔下一句話：「如果這個企業出現奇跡的話，肯定是上帝幫忙的結果。」

然而，上帝並未伸出援助之手，奇跡卻出現了。

康潔利公司在米勒先生走後，中方合資廠家選派了一位懂經營管理，富有開拓精神的年輕副廠長劉思才任總經理，並隨之組成了平均年齡只有33歲的領導班子。新班子迅速制定了新的規章制度，調整了機構，調動了全體員工的積極性。在銷售方面，基於這樣一個現實，自己的產品雖好但尚未被人認識，因而採取了多種促銷手段，並確定在前一年零利潤的狀態下，主動向消費者讓利銷售，使企業走上了良性循環。當年5月，康潔利首先贏利3萬元，宣告扭虧為盈。

討論題：
1. 試運用管理學中的有關原理分析康潔利公司起落的原因。
2. 從本案例中你對中西方文化差異在管理中的區別有何認識？

資料來源：王鳳彬、劉松博等，管理學教學案例精選（修訂版），復旦大學出版社，2011年，有刪改。

（3）管理學是一門不斷發展的科學。沒有企業經營權和所有權的分離，科學管理理論也就很難出現；沒有人們對人力資源的重視，行為科學也就很難產生。因此管理學的建立和發展有其深刻的社會背景和理論淵源，這些理論必將隨著經濟的發展和科技的進步而不斷更新、不斷完善。

（4）管理學既是一門科學又是一門藝術。管理的科學性是指有效成功的管理必須有科學的理論、方法來指導，要遵循管理的基本原理、原則，管理必須科學化。管理由傳統走向現代，也就是由經驗走向科學的過程。人們通過總結管理中的大量成功經驗和失敗的管理教訓，已經歸納、抽象出了管理的一些基本原理和原則。這些管理原則，較好地解釋管理過程中涉及的兩組或多組變量之間的關係，遵守這些基本的原理和原則，對管理效率的提高有著直接的意義。

管理也具有藝術性。管理的藝術性是指一切管理活動都應當具有創造性。在實際的管理中，沒有一成不變的模式。由於管理活動的對象包括組織中的人，而人是具有主觀能動性和感情的；同時管理問題和管理環境又是不斷變化發展的，因此就不可能有一成不變的管理模式，管理的模式和方法要視具體情況而定，這必須要求管理者具有豐富的根據實際情況行事的技巧。

管理的科學性和管理的藝術性是統一的，兩者之間並不矛盾。一方面，管理需要科學的理論作指導，管理藝術性的發揮必然是在科學理論指導下的發揮。離開科學的理論基礎就不可能有真正的藝術性。另一方面，管理理論是對管理實踐活動所作的一般性的概括與抽象，具有較高的原則性。而在實際工作中，每一項具體的管理活動都是在特定的環境和條件下展開的，這就要求管理者必須結合具體的實際情況進行創造性的管理，使理論服務於實踐。

三、管理學的研究方法

管理是在特定的組織內外環境下，通過對組織資源有效地進行計劃、組織、領導、控制而實現組織目標的過程。其研究方法基本上有以下三種：

(一) 實驗法

實驗法是指從影響管理活動的若干因素中,選擇一兩個關鍵因素,在小範圍內將其改變,進行試驗,觀察能否得到積極的結果,然後決定是否值得大規模推廣的一種方法。

在管理活動中,實驗方法已經成為摸索經驗、進行決策的強有力的工具,主要表現在:①實驗方法是幫助管理者發現管理問題的原因並採取有效措施予以解決的有力工具。任何事物的發展過程往往是由於多種因素共同起作用的結果,但是這些因素的作用程度不同。通過試驗,管理者可以找到影響事物發展變化的主要因素,發現問題產生的主要原因,進而有效地採取相應的管理措施。②實驗方法是保證管理決策科學有效的重要途徑。不管是企業開發新產品,還是管理體制的改革,為了穩妥起見,都需要先在小範圍內,在短時間內,利用較少的人財物等資源進行實驗。通過實驗來驗證假設的正確性。

實驗法的優點是可以判斷實驗條件和結果之間的因果關係。實驗法的缺點是對一些大的問題不可能重複實驗或條件難以模擬。

(二) 歸納法

歸納法就是通過對客觀存在的一系列典型管理活動進行觀察,從掌握典型管理活動的特點、關係、規律入手,進而分析研究事物之間的因果關係,從中找出管理活動變化發展的一般規律。

歸納法是從特殊到一般,優點是能體現眾多事物的根本規律,且能體現事物的共性。缺點是容易犯不完全歸納的毛病。在現實管理活動中,大量的管理問題都只能用歸納法進行實證研究。

運用歸納法時應注意的幾點:①弄清與研究事物相關的因素,以及系統的干擾因素;②選擇好典型;③按抽樣檢驗原理,保證樣本容量;④調查問卷時應包括較多的信息數量,並作出簡單明確的答案。

(三) 演繹法

演繹法是從普遍性管理結論或一般性事理推導出個別性結論的論證方法。它所反應的是簡化了的事實,它完全合乎邏輯的推理。

在管理學的研究過程中,還應注重定性思維和系統思維的運用。

首先是定性思維。管理學的研究和表述主要是應用定性方法,即使有些地方用到了定量方法,也往往是不嚴格的,需要與定性相結合。例如期望值理論,其公式表述是 $M = V \cdot E$,如果完全用定量思想考慮的話,顯然 E 越大越好,但人的心理因素卻否定了這一點。上述公式並不能完整地表達期望理論的含義,而必須輔之以定性的描述。在管理學中,定量方法往往只是借以描述問題的手段,不要只看到其形式,而應深刻理解其思想內涵。

與定性思維相關的是不精確思維。管理學是一門不精確的學科,這要求我們的思維方式也不能強求精確。例如費德勒權變理論對八種不同情境的區分、領導生命週期理論對四個象限的區分,這都是不精確的,在實際中,我們不可能精確地作出這種區分,不同情境、不同領導方式之間的界限往往是很模糊的。在做管理學的練習題時常常會有這樣的感覺,幾個選項都有道理,很難斷言這個選項是錯誤的,那個選項是正確的。這告訴我們,在管理問題上,我們不能總是用「正確」與「錯誤」這樣涇渭分

明的標準來作判斷，而必須樹立「最佳」思想，即通過比較哪種方案或說法「更好」、「更有道理」來作出判斷和選擇。

其次是系統思維。組織作為一個整體是由各要素通過有機結合而構成的，各要素相互聯繫、相互作用、相互影響，其中每個要素的性質或行為都將影響整個組織的性質和行為。因此在進行管理時，就要考慮各要素之間的相互關係，考慮每個要素的變化對其他要素和整個組織的影響。這種從全局或整體考慮問題的方式就稱之為系統思維。

系統思維強調的主要有以下幾點：

（1）相互作用、相互依存性。系統中的各要素不是簡單的堆積或疊加，它們互相作用，互相制約，互為存在的條件，具有整體性與協作性。管理的各項職能就是一個系統，我們只是為了研究的方便才把管理分為一項一項職能的，它們不是彼此獨立而是密切相關的。

（2）重視系統的行為過程，即從行為與功能的角度來確定系統的要素及其聯繫；同時，為了更好地把握住系統的功能與行為，也注重對系統的結構進行分析。

（3）根據研究目的來考查系統。系統的要素及聯繫，乃至系統與外部環境的邊界等方面內容，都與目的有關。這正如我們前面提到過的，管理強調目的性，管理的一切活動，都要為實現組織目標服務，正是因為有了同樣的目標，不同的管理職能、管理活動才成為一個整體。

（4）系統的功能或行為可以通過輸入與輸出關係表現出來。即可以把系統看作一個轉換模式，它接受投入，在系統中進行轉換，從而輸出產出。

（5）系統趨向目標的行為是通過信息反饋，在一定的有規律的過程中進行的。所謂反饋，是指將系統的產出或系統運行過程中的信息作為系統的投入返回系統而使轉換過程和未來產出發生變化。

（6）系統具有多級遞階結構。任何系統都是由次一級的子系統所組成的，同時它又是高一級系統的子系統或組成部分。一個企業可以看成一個系統，它是由人事、生產、銷售、財務等次一級子系統組成的，同時它又是整個國民經濟的一個子系統。

（7）等價原則。系統某一給定的最終狀態可以通過不同的方式、不同的途徑來達到，這些不同的方式和途徑是等價的。這種觀點認為，組織可以通過不同的投入和不同的內部運動來達到組織目標。管理活動並不一定非要尋找最優的固定的解決辦法，而在於尋求各種可能的令人滿意的解決方案。

（8）開放系統與封閉系統。系統按其與外部環境的關係分為開放系統和封閉系統。開放系統是指系統本身和外部環境有信息交流。封閉系統是與外部環境沒有信息交流的系統。但開放與封閉都是相對的，不是絕對的。例如，現代企業與傳統企業相比，前者是一個開放系統。

系統通過其要素的變化而得到發展，最後達到進一步整合，即達到更高層次的整體優化。這一過程可以由外部施加影響來完成，也可以由內部機制變化來完成。建立這種系統思維對學習管理和從事管理工作都是十分重要的。在學習過程中要注意前後聯繫、融會貫通。學習管理學的過程是一個「整分合」的過程，即首先把管理學這個整體分成一項項職能、一個個概念、一種種理論來分別學習，然後再把這些零散的內容聯繫起來，形成一個系統。能否形成系統，是檢查自己是否學好了管理學的標準

之一。

【本章小結】
　　管理是在特定的組織內外環境下，通過對組織資源有效地進行計劃、組織、領導、控制而實現組織目標的過程。管理的屬性包括管理的自然屬性和社會屬性。
　　管理者是在組織中指揮引導別人活動的人，扮演著三類十種角色。管理者的基本職責是設計和維護一種環境，使身處其間的人們能在組織中協調地工作，以充分發揮組織的力量，從而有效地實現組織的目標。不同層次的管理者所需要的技能也是不盡相同的。
　　管理學以各種管理工作中普遍適用的原理和方法作為研究對象，致力於研究管理者如何有效地管理其所在的組織。它是一門研究一般組織管理理論的科學，它所提出的管理基本原理、基本思想和基本原則是各類管理學科的概括和總結，它是整個管理學科體系的基石。

【復習思考題】
1. 結合實際分析管理的四項基本職能。
2. 管理的屬性是什麼？管理為什麼具有二重性？
3. 舉例說明管理者的角色有哪些？
4. 管理者應具備哪些技能？
5. 管理學是一門怎樣的學科？其研究對象和研究方法是什麼？

【案例分析】

忙碌的王廠長

　　王廠長是光明食品公司江南分廠的廠長。早晨7點，當王廠長驅車上班時，他的心情特別好，因為最近的生產率報告表明，由於他的精心經營，他管轄的江南分廠超過了公司其他兩個分廠，成為公司人均勞動生產率最高的分廠。昨天，王廠長在與其上司的通話中得知，他的半年績效獎金比去年整整翻了兩倍！
　　王廠長決定今天要把手頭的許多工作清理一下，像往常一樣，他總是盡量做到當日事當日畢。除了下午3點30分有一個會議外，今天的其他時間都是空著的，因此，他可以解決許多重要的問題。他打算仔細審閱最近的審計報告並簽署他的意見，並仔細檢查工廠生產計劃的進展情況。他還打算計劃下一年度的資本設備預算，離申報截止日期只有10天時間了，他一直抽不出時間來做這件事。王廠長還有許多重要的事項記在他的「待辦」日程表上：他要與副廠長討論幾個員工的投訴；寫一份10分鐘的演講稿，準備在後天應邀的商務會議上致辭；審查他的助手草擬的貫徹食品行業安全健康的情況報告。
　　王廠長到達工廠的時間是7點15分，還在走廊上，就被會計小趙給攔住了。小趙告訴他負責工資表製作的小張昨天沒有將工資表交上來，昨天晚上她等到9點，也沒有拿到工資表，今天實在沒辦法按時向總部上報這個月的工資表了。王廠長作了記錄，打算與工廠的總會計師交換一下意見，並將情況報告他的上司——公司副總裁。王廠長總是隨時向上司報告任何問題，他從不想讓自己的上司對發生的事情感到突然。
　　然後，王廠長來到辦公室裡，打開計算機，查看了有關信息，他發現只有一項需要立即處理。他的助手已經草擬了下一年度工廠全部管理者和專業人員的假期時間表，它必須經王廠長審閱和批准。處理這件事只需10分鐘，但實際上占用了他20分鐘

的時間。

　　接下來要辦的事是資本設備預算。王廠長在他的電腦工作表程序上，開始計算工廠需要什麼設備以及每項的成本是多少。這項工作剛進行了 1/3，王廠長便接到工廠副廠長打來的電話，電話中說在夜班期間，三臺主要的輸送機有一臺壞了，維修工要修好它得花費 5 萬元，這些錢沒有列入支出預算，而要更換這個系統大約要花費 12 萬元，王廠長知道，他已經用完了本年度的資本預算。於是他臨時決定在 10 點安排一個會議，與工廠副廠長和總會計師研究這個問題。

　　王廠長又回到他的工作表程序上，這時工廠運輸主任突然闖入他的辦公室，他在鐵路貨車調度計劃方面遇到了困難，經過 20 分鐘的討論，兩個人找到瞭解決辦法。王廠長把這件事記下來，要找公司的運輸部長談一次，好好向他反應一下工廠的鐵路貨運問題，什麼時候公司的鐵路合同到期及重新招標。

　　看來打斷王廠長今天日程的事情還沒有完，他又接到公司總部負責法律事務的職員打來的電話，他們需要一些數據來為公司的一樁訴訟辯護。因為原江南分廠的一位員工由於債務問題向法院起訴公司。王廠長把電話轉接給人力資源部。這時，王廠長的秘書又送來一大沓信件要他簽署。

　　突然，王廠長發現 10 點到了，總會計師和副廠長已經在他辦公室外面等候。3 個人一起審查了輸送機的問題並草擬了幾個選擇方案，準備將它們提交到下午舉行的例行會議上討論。現在是 11 點 5 分，王廠長剛回到他的資本預算編製程序上，就又接到公司人力資源部部長打來的電話，對方花了半小時向他說明公司對即將與工商所舉行的談判策略，並徵求他特別是與江南分廠有關問題的意見。掛上電話後，王廠長下樓去人力資源部部長辦公室，他們就這次談判的策略交換了意見。

　　王廠長的秘書提醒他與地區另一家公司的領導約定共進午餐的時間已經過了，王廠長趕緊開車前往約定地點，好在不過遲到了 10 分鐘。

　　下午 1 點 45 分，王廠長返回他的辦公室，副廠長已經在那裡等著他。兩個人仔細檢查了工廠布置的調整方案以及周邊環境的綠化等工作要求。會議的時間持續得較長，因為中間被三個電話打斷。到下午 3 點 35 分時，王廠長和副廠長穿過大廳來到會議廳。例行會議通常只需要 1 個小時，不過討論工人工資和利益分配以及輸送系統問題的時間拖得很長。這次會議持續了 3 個多小時，當王廠長回到他的辦公室時，他已經精疲力竭了。12 個小時以前，他還焦急地盼望著一個富有成效的工作日，現在一天過去了，王廠長不明白：「我完成了哪件事？」當然，他知道他干完了一些事，但是本來有更多的事他想要完成。是不是今天有點特殊？王廠長承認不是的。每天開始時他都有著良好的打算，而回家時卻不免感到有些沮喪。他整天就像置身於瑣事的洪流中，中間經常被打斷。他是不是沒有做好每天的計劃？他說不準。他有意使每天的日程不要排得過緊，以使他能夠與人們交流，使得人們需要他時，他能抽得出時間來。但是，他不明白是不是所有管理者的工作都經常被打斷和忙於救火，他能有時間用於計劃和防止意外事件發生嗎？

資料來源：餘敬、刁鳳琴，管理學案例精選，中國地質大學出版社，2006 年，有刪改。

　　根據案例內容回答下列問題：

1. 王廠長在該分廠屬於（　　　）。

　　A. 基層管理人員　　　　　　　　B. 中層管理人員

C. 高層管理人員 　　　　　　　　D. 專業管理人員

2. 王廠長應該履行的主要職責是（　　）。
   A. 貫徹執行分廠的重大決策，並監督和協調基層管理者的工作
   B. 負責制定組織的大政方針，溝通組織與外界的交往聯繫等
   C. 抓部下解決不了或無力解決的重大問題，部門間的協調等
   D. 直接指揮和監督操作者，保證上級下達的各項計劃和任務的完成

3. 根據羅伯特·卡茲的三大技能，在本案例中，對於王廠長來說，（　　）更重要。
   A. 概念技能比技術技能　　　　　B. 技術技能比概念技能
   C. 技術技能比人際技能　　　　　D. 人際技能比概念技能

4. 根據明茨伯格的管理者角色理論，王廠長打算計劃下一年度的資本設備預算時所扮演的管理者角色是（　　）。
   A. 掛名首腦　　　　　　　　　　B. 談判者
   C. 領導者　　　　　　　　　　　D. 資源分配者

5. 王廠長疲於奔命，忙碌了一天，效果卻不盡如人意，對其工作最恰當的評價是（　　）。
   A. 重效率、輕效果　　　　　　　B. 輕效率、重效果
   C. 重效率、重效果　　　　　　　D. 輕效率、輕效果

6. 對於案例中王廠長總是隨時向上司報告任何問題的做法，你認為最合理的評價是（　　）。
   A. 充分體現了下級對上級高度負責的態度
   B. 公司在組織運行中較好地貫徹了統一指揮原則
   C. 體現了總公司與分廠間的有效溝通
   D. 沒有很好地把握權責一致的原則

【課後閱讀——管理大師】

彼得·德魯克

（Peter F. Drucker，1909—2005 年）

教育背景：彼得·德魯克先後在奧地利和德國受教育，1929 年後在倫敦任新聞記者和國際銀行的經濟學家。他於 1931 年獲法蘭克福大學法學博士。

思想/專長：目標管理

簡介：彼得·德魯克 1909 年出生於維也納，1937 年移居美國，終身以教書、著書和諮詢為業。自 1971 年起，一直任教於克萊蒙特大學的彼得·德魯克管理研究生院。為紀念其在管理領域的傑出貢獻，克萊蒙特大學的管理研究院以他的名字命名。他文風清晰練達，對許多問題提出了自己的精闢見解。杰克·韋爾奇、比爾·蓋茨等人都深受其思想的影響。德魯克一生筆耕不輟，年逾九旬還創作了《德魯克日誌》，《紐約時報》贊譽他為「當代最具啓發性的思想家」。1954 年，德魯克提出了一個具有劃時代意義的概念——目標管理（Management by Objectives，簡稱為 MBO），它是德魯

克所發明的最重要、最有影響的概念,並已成為當代管理學的重要組成部分。

評價/榮譽:德魯克以他建立於廣泛實踐基礎之上的 30 餘部著作,奠定了其現代管理學開創者的地位,被譽為「現代管理學之父」。他對世人有卓越貢獻及深遠影響,被尊為「大師中的大師」。2002 年,美國總統喬治·W. 布什宣布彼得·德魯克成為當年的「總統自由勳章」的獲得者,這是美國公民所能獲得的最高榮譽。

出版物:德魯克一生共著書 39 本,在《哈佛商業評論》發表文章 30 餘篇,其書籍傳播遍及 130 多個國家和地區,甚至在蘇聯、波蘭、南斯拉夫、捷克等國也極為暢銷。其中,《管理的實踐》和《卓有成效的管理者》這兩本書算是經典中的經典。

第二章
管理理論的演進

【學習目標】
1. 瞭解管理理論產生和發展的基本過程；
2. 掌握古典管理理論和行為科學學派的主要理論；
3. 瞭解現代管理理論叢林的主要觀點。

【管理故事】

諸葛亮揮淚斬馬謖

馬謖到達街亭後，剛愎自用，未按諸葛亮的指示依山傍水部署兵力，而是將大軍部署在遠離水源的街亭山上。副將王平進言：「街亭一無水源，二無糧道，若魏軍圍困街亭，切斷水源，斷絕糧道，蜀軍不戰自潰。」馬謖不聽勸告，辯解說：「馬謖通曉兵法，世人皆知，連丞相有時都請教於我，而你王平生長軍旅，手不能書，知何兵法？」不顧王平再三勸阻，執意將大軍布於山上。

魏將張郃進軍街亭，偵察到馬謖捨水上山，果然採取了截水源、斷糧道、困山縱火的戰術。蜀軍饑渴難忍，軍心渙散，不戰自亂。馬謖臨陣出逃，被王平救下。張郃乘勢進攻，蜀軍大敗。

街亭失守後果嚴重，諸葛亮被迫退回漢中。

戰前，馬謖以「守不住街亭，斬其全家」立下軍令狀；如今又違背將令，臨戰脫逃，罪無可饒之處。諸葛亮不得不揮淚將馬謖斬首，以昭軍法、軍威。自己也自貶謝罪，承認了在用人上的失策。

管理啟示：

軍法無情，馬謖雖然人才難得，但論罪當斬，諸葛亮也只有揮淚而已。諸葛亮斬馬謖後，饒過了馬謖的一家，並將其子收為義子，彰顯其重情重義的一面。揮淚是諸葛亮的個人人情，斬首是對蜀軍軍法的執行。可見，管理工作中人情的寬容應該在制度執行的基礎上，而不是凌駕在制度之上。

現代企業管理，也應學會在對員工進行處罰時，曉之以理，動之以情，使被處罰者內心受到震動，達到處罰的效果。

在管理實踐中，我們常常可以看到，不同的管理者對於同一個管理問題會採取不同的管理措施，而且他們各自也都有其充分的理由。這是因為人們對管理過程中發生的各種關係的認識不同，即管理思想的差異造成的。

管理思想是在一定的歷史條件和一定的民族文化背景下產生和發展起來的，是一種歷史範疇，它的形成與發展與時代特徵密切相關。管理思想來自管理活動的經驗，是管理理論的源泉；管理理論是管理思想的提煉、概括和昇華。

第一節　西方傳統管理思想

在人類歷史上，自從有了有組織的活動，就有了管理活動。但是，長期以來，人們對管理並沒有進行很好的研究。雖然人類進行有效的管理活動已有數千年的歷史，但是從管理實踐到形成一套比較完整的管理理論，則是一段漫長的歷史發展過程。

一般來說，系統化的管理理論形成之前可分成兩個階段：早期管理實踐與管理思想階段（從有了人類集體勞動開始到18世紀）和管理理論產生的萌芽階段（從18世紀到19世紀末）。

一、早期管理實踐與管理思想階段（從有了人類集體勞動開始到18世紀）

人類社會產生後，為了謀求生存，人類總在自覺不自覺地進行著管理活動和管理的實踐，其範圍是極其廣泛的，但是人們僅憑經驗去管理，尚未對經驗進行科學的抽象和概括，沒有形成科學的管理理論。早期的一些著名管理實踐和管理思想大都散見於埃及、中國、希臘、羅馬和義大利等國的史籍和許多宗教文獻之中。埃及金字塔、巴比倫古城、中國的萬里長城等，都是古代人民勤勞智慧的結晶，也是歷史上偉大的管理實踐。

古羅馬帝國的興盛，很大程度上歸功於其有效的組織。戴克利先成為皇帝後，實行了一種把中央集權控制與地方的分權管理很好地結合起來的連續授權制度。羅馬天主教會早在第一次工業革命以前，就採取按地理區域劃分基層組織，並在此基礎上又採用有高度效率的職能分工，成功地解決了大規模活動的組織問題。

在《聖經》舊約全書的《出埃及記》中就體現了管理的公權原則、授權原則和例外管理等管理思想。在古巴比倫王國於公元前2000年左右頒布的《漢穆拉比法典》中，有許多條款都涉及控制借貸、最低工資、會計和收據等經濟管理思想。這些都是古代人民勤勞智慧的結晶，也是歷史上偉大的管理實踐。

二、管理理論產生的萌芽階段（從18世紀到19世紀末）

18世紀下半葉從英國開始的工業革命，是資本主義的機器大工業代替以手工技術為基礎的工場手工業的革命。它使以機器為主的現代意義上的工廠成為現實。而工廠制度的產生和發展，又帶來了一系列新的管理問題，進一步促使了人們對管理的關注。

為了解決工業革命所帶來的一系列的管理難題，很多學者從各自原有的學科出發，對管理進行了一些理論研究。其中對後期的管理思想有較大影響的代表人物有羅伯特‧歐文、亞當‧斯密和查爾斯‧巴貝奇。

羅伯特‧歐文是一位成功的企業家，是英國空想社會主義的代表。他經過一系列試驗，首先提出在工廠生產中要重視人的因素，要縮短工人的工作時間，提高工資，改善工人住宅。他的改革試驗證實，重視人的作用和尊重人的地位，也可以使工廠獲

得更多的利潤。

亞當‧斯密是英國資產階級古典政治經濟學派創始人之一，他的代表作是《國富論》。亞當‧斯密發現，分工可以使勞動者從事某種專項操作，便於提高技術熟練程度，有利於推動生產工具的改革和技術進步，可以減少工種的變換，有利於勞動時間的節約，從而提出了分工理論。另外，他認為人們在經濟活動中追求的是個人利益，社會利益是由於個人利益之間的相互牽制而產生的，這就是後世所熟悉的「經濟人」的觀點。

查爾斯‧巴貝奇是英國劍橋大學著名的數學家，他發展了亞當‧斯密的論點，認為勞動分工不僅可以提高勞動效率，還可以減少支付工資。巴貝奇提出了「邊際熟練」原則，即：對技藝水準、勞動強度定出界限，作為報酬的依據。他在對工作方法和報酬制度的研究基礎上，主張通過科學研究來提高動力、材料的使用率和工人的工作效率，採用利潤分配製以求勞資之間的調和。他認為工人的收入應該由三部分組成，即：①按照工作性質所確定的固定工資；②按照生產效率以及貢獻所分得的利潤；③為提高勞動效率而提出建議所應給予的獎勵。從這個角度而言，查爾斯‧巴貝奇是科學管理思想和定量管理思想的先驅者。

總的來說，這一時期有關管理問題的論述，還未能建立起管理理論。但它們已經區分了管理職能與企業的職能，意識到管理將會發展成一門具有獨立完整體系的科學，預見到管理的地位將不斷提高，為管理學的形成奠定了堅實的基礎。

第二節　古典管理理論

古典管理理論形成於19世紀末20世紀初。經過產業革命後，科學技術有了較大的發展，許多新發明開始出現，但是管理仍處於「師傅帶徒弟」的方式，經驗和主觀臆斷盛行，缺乏科學的依據。傳統的經驗管理越來越不適應管理實踐的需要。為了適應生產力發展的需要，改善管理的粗放和低水準，當時在美、法、德等國家都產生了科學管理運動，從而形成了各有特點的管理理論。儘管這些管理理論的表現形式各不相同，但其實質都是採用當時所掌握的科學方法和科學手段對管理過程、職能和方法進行探討和試驗，奠定了古典管理理論的基礎，形成了一些以科學方法為依據的原理和方法。

一、泰羅與科學管理理論

泰羅被稱為「科學管理之父」。他在工作中發現，許多工人往往表現出故意偷懶，磨洋工，工作效率很低；即使實行計件工資制，由於雇主在工人提高生產後就降低計件單價，也造成工人不願多做工作，實行有組織的偷懶，生產效率仍難以進一步提高。根據自己的經驗，泰羅認為，謀求提高生產率，生產出較多的產品是完全可能實現的，關鍵在於要確定一個工作日的合理工作量。從這點出發，他在其代表作《計件工資制》、《車間管理》、《科學管理原理》等書中，系統地提出了科學管理思想。

泰羅所創立的科學管理理論有以下幾個主要觀點：

(1) 科學管理的中心問題是提高勞動生產率。泰羅認為，科學管理的根本就是在

於提高勞動生產率，因為科學管理如同節省勞動的機器一樣，其目的正在於提高每一單位勞動力的產量。

（2）工作定額原理。為了發掘工人們勞動生產率的潛力，就要制定出有科學依據的工作量定額。

（3）能力與工作相適應。泰羅認為，為了提高勞動生產率，必須為工作挑選「第一流的工人」。第一流的工人必須具備兩個條件：一是做某種工作所需要的能力；二是願意從事該工作。為此，企業管理當局要根據每個人的具體情況把他們分配到最適合的工作崗位上去，此後還要對他們進行培訓，激勵他們盡最大的努力來工作。

（4）標準化原理。這是指工人在工作時要採用標準的操作方法，不僅操作方法要標準化，工人使用的工具、器械以及他們所在工作環境也應該實行標準化，這樣就有利於提高勞動生產率。

（5）差別計件工資制。這是一種刺激性的工資報酬制度。泰羅認為，在科學制定勞動定額的前提下，應採用差別計件工資制來鼓勵工人完成或超額完成定額。如果工人完成或超額完成定額，按比正常單價高出25%計酬。如果工人完不成定額，則按比正常單價低於20%計酬。這種工資制度對雇主和工人都是很有利的。

（6）計劃與執行相分離。泰羅主張企業成立計劃部門，負責進行調查研究，並根據調查結果確定定額和標準化的操作方法、工具，負責擬定計劃並發布命令和指示。工人和工頭只負責執行，即按照計劃部門制定的操作方法和指示，使用規定的標準化工具從事實際操作，不得自行改變。

（7）在組織機構的管理控制上實行例外原則。所謂例外原則，即企業的高級管理人員把一般的日常事務授權給下級管理人員去處理，自己只處理例外事項，如企業的發展戰略、重要人事任免等。

（8）工人和雇主兩方面都必須進行一場思想變革。要從對立的狀態轉向合作的狀態，為提高勞動生產率而共同努力。泰羅認為，工人和雇主在科學管理中所發生的精神方面的偉大變革是雙方都不把盈餘的分配當做最重要的事，而是共同努力增加盈餘量，直到盈餘大到一定的程度，在這種程度上工人和雇主就不必為如何分配而爭吵。這也就是通常所說的「大餅原理」，即只有大家共同把「餅」做大，每個人能分到的才會更多。

科學管理理論在歷史上第一次使管理從經驗上升為科學，泰羅在研究過程中表現出來的講求效率的優化思想、重視實踐的實幹精神、調查研究的科學方法也是非常可貴的，泰羅因為其在管理發展上的偉大貢獻而被稱為「科學管理之父」。但是科學管理理論也存在局限性，這種局限性在於泰羅把人看成單純追求金錢的經濟人，僅重視技術因素，而不重視人的社會因素，這在很大程度上限制了科學理論的發展。

與泰羅同時代的科學管理理論學派的著名學者還有甘特、吉爾布雷思夫婦、福特等。

【案例 2-1】
回到管理學的第一個原則

在過去的一年裡，儘管同行們的利潤在不斷上升，但是紐曼公司的利潤卻一直在下降。公司總裁傑克先生非常關注這一問題，為了找出產生利潤下降的原因，他花了幾周的時間考察公司的各項工作。接著，他召開了各部門經理人員會議，把他的調查

結果和他得出的結論連同一些可能的解決方案告訴他們。

杰克認為公司有健全的組織結構、良好的產品研究發展規劃，生產工藝在同行中也占領先地位。而且，公司的推銷工作也卓有成效，保持住了在同行中應有的份額。

公司利潤的下降主要是由於勞工關係：「像你們所知道的那樣，幾年前，在全國勞工關係局選舉中工會沒有取得談判的權利。一個重要的原因是，我們支付的工資一直至少和工會提出的工資率一樣高。從那以後，我們繼續給員工提高工資。問題在於，沒有維持相應的生產率。車間工人一直沒有能生產足夠的產量，可以把利潤維持在原有的水準上。我們的公司是為股東創造財富的，不是工人的俱樂部。公司要生存下去，就必須要創造利潤。我在上大學時，管理學教授們十分注意科學管理先驅們為獲得更高的生產率所使用的方法，這就是為了提高生產率廣泛地採用了刺激性工資制度。在我看來，我們可以回到管理學的第一原則去，如果我們的工人的工資取決於他們的生產率，那麼工人就會生產得更多。管理學先輩們的理論在今天一樣地在指導我們。」

討論題：
1. 你認為杰克的解決方案怎麼樣？
2. 你認為科學管理理論在當今的管理實踐中有何現實指導意義？

資料來源：MBA 智庫，有刪改。

二、法約爾的一般管理理論

泰羅在科學管理中的局限性主要是由法國的亨利·法約爾加以補充的。亨利·法約爾是法國工業家，長期擔任法國一個大煤礦公司的領導工作和總經理職務，累積了管理大企業的經驗。與此同時，他還在法國軍事大學任過管理教授，對社會上其他行業的管理進行過廣泛的調查。在他退休後，還創辦了管理研究院。根據自己多年的管理實踐，亨利·法約爾於1916年發表了《工業管理和一般管理》一書，提出了適用於一切組織的管理五大職能和有效管理的 14 條原則。

法約爾認為要經營好一個企業，不僅要改善生產現場的管理，而且應當注意改善有關經營的六個方面的活動：技術活動、商業活動、財務活動、安全活動、會計活動、管理活動。前五類活動是人們所熟知的，因此主要研究的是管理活動。法約爾是第一個將管理定義為一組普遍活動的人，他認為管理是一種涉及所有關於人的控制和協調的共同的活動，這樣的活動包括五個職能：計劃、組織、指揮、協調、控制，如圖 2－1 所示。

除此之外，法約爾的另一個主要理論貢獻就是管理的十四條原則，其內容如下：

（1）勞動分工。實行勞動的專業化分工可以提高效率。這種分工不僅限於技術工作，也使用於管理工作。但專業化分工要適度，不是分得越細越好。

（2）權利與責任。權利與責任是相互依存互為因果的。權利是指揮以及促使他人服從的力量；責任是隨著權利而來的獎懲。法約爾明確區分了職位權力與個人權利，職位權力是由個人職位高低決定，個人權利則是由個人的智慧、知識、品德等個性所決定的。

（3）紀律。法約爾認為，紀律實際上是企業領導人同下屬人員之間在服從、勤勉、積極、舉止和尊敬方面所達成的一種協議。紀律對企業取得成功具有重要的作用。任何社會組織，其紀律狀況在很大程度上取決於領導人的道德狀況，不良的紀律來自不良的領導。因此，高層領導人和下屬一樣，必須接受紀律的約束。制定和維護紀律的

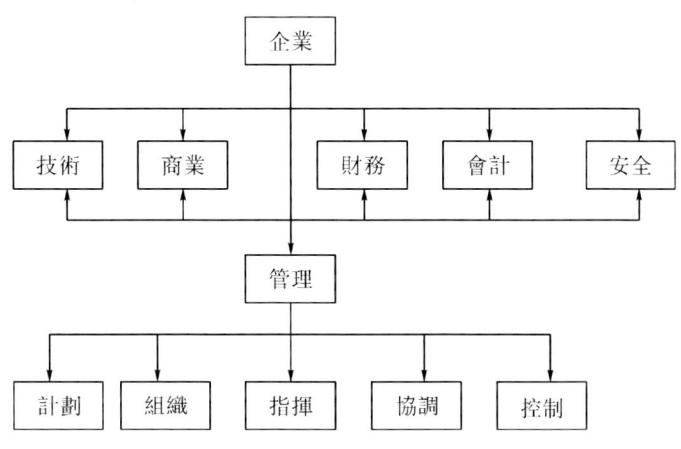

圖 2－1　法約爾的六種活動五項職能

最有效方法是各級都要有好的領導，盡可能有明確而公平的協定，並要合理地執行應有的懲罰。

（4）統一指揮。無論什麼時候，一個下屬都應接受而且只應接受一個上級的命令。雙重命令對於權威、紀律和穩定性都是一種威脅。

（5）統一領導。凡是具有同一目標的全部活動，都應僅有一個領導人和一套計劃。統一領導與統一指揮不同，統一指揮是針對下屬而言的，統一領導則是針對組織或者活動而言的。

（6）個別利益服從整體利益。個人的私心和缺點常常促使員工將個人利益放在集體利益之上，因此身為領導，必須經常監督又要以身作則，才能緩和兩者的矛盾，使其一致起來。

（7）合理的報酬。法約爾認為，薪酬制度應當盡量公平、適度，對工作成績與工作效率優良者應給予獎勵。但是獎勵不應超過某一適當的限度，即獎勵應以能激起職工的熱情為限，否則會出現副作用，或者起不到作用。

（8）適當的集權與分權。提高下屬重要性的做法就是分權，降低這種重要性的做法就是集權。就集權本身而言，無所謂好與壞的問題。集權與分權是一個比例問題，對每一個企業都存在一個最慢的比例，但這個比例也會隨著環境的變化而變化。適當的集權程度是由管理者及員工的素質、企業的條件和環境決定的。

（9）跳板原則。企業中存在的等級制度要求各種溝通都應按層次逐漸進行，但這樣可能產生信息延誤現象。為了解決這個問題，法約爾提出了「跳板原則」，這一原則可以允許橫向交流，條件是所有當事人同意和通知各自的上級。

（10）秩序。人員和物料應當在恰當的時候處在恰當的位置上。

（11）公平。公平是由善意和公道產生的。善意即領導者應該和藹地對待下屬。公道就是要執行已訂立的協定，講信用。領導者要充分考慮雇員要求平等的願望，公平地對待他們以及他們的工作。

（12）保持人員穩定。一個人要有效地、熟練地從事某項工作，需要相當長的時間，管理人員的工作更是如此。雇員的高流動率是低效率的，所以，一個成功企業的管理人員必須是穩定的，要盡可能避免人員的流動。不必要的流動是管理不善的結果。

(13) 首創精神。首創精神是創立和推行一項計劃的動力。除領導人要有首創精神外，還要使全體成員發揮其首創精神，允許雇員發起和實施他們的計劃將會調動他們的極大熱情。高明的領導人可以犧牲自己的虛榮心來滿足下級的虛榮心。

(14) 團結精神。全體成員的和諧與團結是企業發展的巨大力量，鼓勵團隊精神將會在組織中建立起和諧和團結。所以，領導者應盡一切可能，保持和鞏固人員的團結，努力在內部建立起和諧與團結的氣氛。

【即問即答】你覺得法約爾的十四條管理原則在今天是否依然有效？

三、韋伯的行政組織理論

馬克斯·韋伯出身於德國一個有著廣泛的社會和政治關係的富裕家庭，先後擔任過教授、主編、政府顧問和作家。他因提出了理想的行政組織體系、對古典組織理論作出傑出貢獻而被譽為「組織理論之父」。他的主要管理思想可以歸納為以下幾個方面：

1. 權利論

韋伯把社會所接受的權利分為三類：第一類是理性—法律的權利，這種權利由社會公認的法律規定或者掌有職權的那些人下達命令的權利；第二類是傳統的權利，這是由歷史沿襲下來的慣例、習俗而規定的權利，它是以對古老傳統的不可侵犯性和按傳統執行權利的人的地位的正統性為基礎的；第三類是超凡的權利，它是以對某人的特殊和超凡的神聖、英雄主義或模範品質的崇拜為基礎的。韋伯認為，在這三類權利中，傳統權利的效率較差，超凡權利則過於帶感情色彩並且是非理性的，所以這兩種權利都不適宜作為行政組織體系的基礎，只有理性—法律的權利才能作為這種基礎。

2. 理想的行政組織體系

韋伯研究了理想的行政組織體系。這裡的「理想的」是指這種組織體系並不是最合乎需要的，而是組織的「純粹的」形態。韋伯就理想的行政組織體系的管理制度、組織結構提出了具有深刻影響的思想。其觀點主要有：

(1) 實現勞動分工，明確規定每一職位或成員的權利和責任，並將其作為正式的職責使之合法化。

(2) 把各種公職或職位按權力等級組織起來，形成一個責權分明、層層控制的等級制度。個人的等級取決於他在履行與其職位相適應的責任時所能行使的合法權利。為了保證秩序和職責分明，每個人只向其直接上級報告。在這個體系中，各級管理人員不僅要向上級負責，而且要對自己的下級負責，下級應服從命令。

(3) 所有職務的候選人都是以技術條件為依據來挑選的，在最合乎理性的情況下，他們是通過考試或表明其技術訓練的證件或兩者兼而有之來挑選的。

(4) 所有擔任公職的人都是任命的，而不是選舉的。

(5) 行政管理人員有固定的薪金作為回報，絕大多數有權享有養老金。

(6) 行政管理人員不是他所管理單位的所有者。

(7) 行政管理人員要遵守有關他的官方職責的嚴格規則、紀律和制度。這些規則和制度都不受個人感情的影響，而且毫無例外地適合於各種情況。

(8) 理想的行政組織體系的結構分為三層，即最高領導層、行政官員層、一般工作人員層。

韋伯認為，理想的行政組織體系和其他組織形式相比，具有高效率的特點。而且，

從組織的有效性看，它符合理性原則，具有精確性、紀律性、穩定性和可靠性。他所設計的組織體系理論為組織理論的發展提供了基本的框架。

五、古典管理理論的系統化

泰羅、法約爾和韋伯三位管理學家及其他一些先驅者創立的古典管理理論被以後的許多管理學者研究和傳播，並加以系統化。其中貢獻較為突出的是厄威克與古利克。他們於1937年合作出版了一本反應那個時代不同管理思想的論文集——《管理科學論文集》。在這本論文集中，古利克對古典管理理論關於管理職能問題的觀點加以系統化，概括提出了「POSDCRB」，即管理七項職能——計劃、組織、人事、指揮、協調、報告和預算。

這七項管理職能的基本內容是：

（1）計劃。計劃就是為了實現企業所設定的目標而制定出所要做的事情的綱要，以及如何做的方法。

（2）組織。組織就是為了實現企業所設定的目標，建立權力的正式機構，以便對各個工作部門加以安排、規定和協調。

（3）人事。人事就是有關人員的招募和訓練，以及有利的工作條件的維持等整個人事方面的職能。

（4）指揮。指揮就是領導、監督和激勵。

（5）協調。協調就是使企業工作的各部分相互聯繫起來，共同為實現目標服務。

（6）報告。報告包括下級對上級的報告和上級對下一級的考核。

（7）預算。預算包括所有以財務、會計和控制形式出現的預算。預算事實上是一種控制職能。

第三節　現代管理理論階段

20世紀初，資本主義世界經濟進入了一個新的時期，生產規模擴大，社會化大生產程度提高，新技術廣泛應用於生產部門，新興工業不斷出現；同時，社會經濟中勞資矛盾進一步加劇，工人不滿和對抗的情緒日益嚴重。在這種情況下，古典管理理論重物輕人、強調嚴格管理的思想，已不能適應新的形勢要求。一些管理學者從進一步提高勞動生產率的角度，把人類學、社會學、心理學等運用到企業管理中去，進入了現代管理理論研究階段。

一、行為科學學派

行為科學理論從20世紀20年代開始逐漸形成。所謂行為科學，就是對工人在生產中的行為及行為產生的動機進行分析，以便調節人際關係，提高勞動生產率。行為科學理論研究的內容早期被稱為人際關係學說，以後發展成行為科學，即組織行為理論。行為科學理論研究的內容主要包括人的本性和需要、行為動機、生產中的人際關係等。

（一）霍桑試驗和梅奧的人際關係理論

梅奧原籍澳大利亞，後移居美國。1926年被哈佛大學聘為教授，是人際關係理論

及行為科學的代表人物，從事心理學和行為科學研究。他在代表作《工業文明中人的問題》一書中總結了他親身參與和指導的霍桑試驗及其他幾個試驗的研究成果，詳細地論述了人際關係理論的主要思想。

霍桑實驗是從 1924 年到 1932 年在美國芝加哥郊外的電器公司的霍桑工廠中進行的。霍桑工廠具有完善的娛樂設施、醫療制度和養老金制度，但工人仍然有很強的不滿情緒，生產效率很低。為了探究原因，美國國家研究委員會組織了一個包括多方面專家的研究小組進駐霍桑工廠，開始了實驗。實驗主要分為四個階段：照明實驗、繼電器裝配工人小組實驗、大規模訪問交談和對接線板接線工作室的研究。霍桑實驗經歷時 8 年，獲得了大量的第一手資料，為人際關係理論的形成以及後來的行為科學的發展打下了基礎。

梅奧是繼泰羅和法約爾之後，對近代管理思想和理論的發展作出重大貢獻的學者之一。通過霍桑試驗，梅奧等人提出了人際關係學說，其主要論點如下：

1. 工人是「社會人」而不是「經濟人」

梅奧認為，人們的行為並不單純出自追求金錢的動機，還有社會方面的、心理方面的需要，即追求人與人之間的友情、安全感、歸屬感和受人尊敬等，而後者更為重要。因此，不能單純從技術和物質條件著眼，而必須首先從社會心理方面考慮合理的組織與管理。

2. 企業中存在著非正式組織

企業中除了存在著古典管理理論所研究的為了實現企業目標而明確規定各成員相互關係和職責範圍的正式組織之外，還存在著非正式組織。這種非正式組織的作用在於維護其成員的共同利益，使之免受其內部個別成員的疏忽或外部人員的干涉所造成的損失。為此非正式組織中有自己的核心人物和領袖，有大家共同遵循的觀念、價值標準、行為準則和道德規範等。

梅奧指出，非正式組織與正式組織有重大差別。在正式組織中，以效率邏輯為其行為規範；而在非正式組織中，則以感情邏輯為其行為規範。如果管理人員只是根據效率邏輯來管理，而忽略工人的感情邏輯，必然會引起衝突，影響企業生產率的提高和目標的實現。因此，管理當局必須重視非正式組織的作用，注意在正式組織的效率邏輯與非正式組織的感情邏輯之間保持平衡，以便管理人員與工人之間能夠充分協作。

【即問即答】你的生活中存在非正式組織嗎？請舉例說明。

3. 新的領導能力在於提高工人的滿意度

在決定勞動生產率的諸因素中，置於首位的因素是工人的滿意度，而生產條件、工資報酬只是第二位的。職工的滿意度越高，其士氣就越高，從而產生效率就越高。高的滿意度來源於工人個人需求的有效滿足，不僅包括物質需求，還包括精神需求。

【案例 2-2】

如何進行管理

在一個管理經驗交流會上，廠長們交流著如何進行有效管理的經驗。

A 廠長認為，企業首要的資產是員工，只有員工們都把企業當成自己的家，都把個人的命運與企業的命運緊密聯繫在一起，才能充分發揮他們的智慧和力量為企業服務。因此，管理者有什麼問題，都應該與員工們商量解決；平時要十分注重對員工需求的分析，有針對性地給員工提供學習、娛樂的機會和條件；每月的黑板報上應公布

出當月過生日的員工的姓名，並祝他們生日快樂；如果哪位員工生兒育女了，廠裡應派車接送，廠長應親自送上賀禮。在 A 廠，員工們都把企業當作自己的家，全心全意地為企業服務，A 廠日益興旺發達。

B 廠長則認為，只有實行嚴格的管理才能保證實現企業目標所必須開展的各項活動的順利進行。因此，企業要制定嚴格的規章制度和崗位責任制，建立嚴格的控制體系；注重上崗培訓；實行計件工資制等。在 B 廠，員工們都非常注意遵守規章制度，努力工作以完成任務，B 廠發展迅速。

討論題：
你同意這兩個廠長中誰的觀點，為什麼？

(二) 麥格雷戈的「X－Y 理論」

美國麻省理工學院教授道格拉斯・麥格雷戈在 1957 年 11 月號的美國《管理評論》雜誌上發表了《企業的人性方面》一文，提出了有名的「X－Y 理論」，該文在 1960 年以書的形式被出版。

麥格雷戈把傳統的管理觀點叫做 X 理論。這一理論是管理者對人性作了一個假定——人性醜惡，其主要內容是：

(1) 大多數人是懶惰的，他們盡可能地逃避工作。工作對他們而言是一種負擔，工作毫無享受可言。只要有機會，他們就盡可能地偷懶，逃避工作。

(2) 大多數人都沒有什麼雄心壯志，也不喜歡負什麼責任，而寧可讓別人領導。他們缺乏自信心，把個人的安全看得很重要。

(3) 大多數人的個人目標與組織目標都是自相矛盾的，為了達到組織目標必須靠外力嚴加管制，必須用強迫、指揮、控制並用處罰威脅等手段，使他們做出適當的努力去實現組織的目標。

(4) 大多數人都是缺乏理智的，不能克制自己，很容易受別人影響，而且容易安於現狀。

(5) 大多數人都是為了滿足基本的生理需要和安全需要，所以他們將選擇那些在經濟上獲利最大的事去做，而且他們只能看到眼前的利益，看不到長遠的利益。

(6) 人群大致分為兩類，多數人符合上述假設，少數人能克制自己，這部分人應當負起管理的責任。

基於上述假設，管理人員的職責和相應的管理方式是：

(1) 管理人員關心的是如何提高勞動生產率、完成任務，他的主要職能是計劃、組織、經營、指引、監督。

(2) 管理人員主要是應用職權，發號施令，使對方服從，讓人適應工作和組織的要求，而不考慮在情感上和道義上如何給人以尊重。

(3) 強調嚴密的組織和制定具體的規範和工作制度，如工時定額、技術規程等。

(4) 應以金錢報酬來收買員工的效力和服從。

由此可見，此種管理方式是胡蘿蔔加大棒的方法，一方面靠金錢的收買與刺激，另一方面採用嚴密的控制、監督和懲罰迫使其為組織目標努力。麥格雷戈發現當時企業中對人的管理工作以及傳統的組織結構、管理政策、實踐和規劃都是以 X 理論為依

據的。

　　與 X 理論消極的人性觀點相對照，麥格雷戈提出了 Y 理論。這一理論對於人性假設是正面的，其主要內容是：

　　(1) 一般人並不是天性就不喜歡工作的，工作中體力和腦力的消耗就像游戲和休息一樣自然。工作可能是一種滿足，因而自願去執行；也可能是一種處罰，因而只要可能就想逃避。到底怎樣，要看環境而定。

　　(2) 外來的控制和懲罰，並不是促使人們為實現組織的目標而努力的唯一方法。它甚至對人是一種威脅和阻礙，並放慢了人成熟的腳步。人們願意實行自我管理和自我控制來完成應當完成的目標。

　　(3) 人的自我實現的要求和組織要求的行為之間是沒有矛盾的。如果給人提供適當的機會，就能將個人目標和組織目標統一起來。

　　(4) 一般人在適當條件下，不僅學會了接受職責，而且還學會了謀求職責。逃避責任、缺乏抱負以及強調安全感，通常是經驗的結果，而不是人的本性。

　　(5) 大多數人，而不是少數人，在解決組織的困難問題時，都能發揮較高的想像力、聰明才智和創造性。

　　(6) 在現代工業生活的條件下，一般人的智慧潛能只是部分地得到了發揮。

　　根據以上假設，相應的管理措施為：

　　(1) 管理職能的重點。在 Y 理論的假設下，管理者的重要任務是創造一個使人得以發揮才能的工作環境，發揮出職工的潛力，並使職工在為實現組織的目標貢獻力量時，也能達到自己的目標。此時的管理者已不是指揮者、調節者或監督者，而是起輔助者的作用，從旁給職工以支持和幫助。

　　(2) 激勵方式。根據 Y 理論，對人的激勵主要是給予來自工作本身的內在激勵，讓他擔當具有挑戰性的工作，擔負更多的責任，促使其工作做出成績，滿足其自我實現的需要。

　　(3) 在管理制度上給予工人更多的自主權，實行自我控制，讓工人參與管理和決策，並共同分享權力。

【看圖學管理】

　　對比 X 理論和 Y 理論可以發現，它們的差別在於對工人的需要看法不同，因此採用的管理方法也不同。按 X 理論來看待工人的需要，進行管理就要採取嚴格的控制、強制方式；如果按 Y 理論看待工人的需要，管理者就要創造一個能多方面滿足工人需要的環境，使人們的智慧、能力得以充分地發揮，以更好地實現組織和個人的目標。

　　除了梅奧的人際關係理論和麥格雷戈的「X—Y 理論」外，行為科學學說的主要理論

還有馬斯洛的需求層次論和赫茨伯格的雙因素理論，我們將在後面的章節中詳細介紹。

二、管理理論叢林階段

第二次世界大戰以來，隨著現代自然科學和技術日新月異，生產和組織規模急遽擴大，生產力迅速發展，生產社會化程度不斷提高，管理理論引起了人們的普遍重視。許多學者和實際工作者在前人的理論與實踐經驗的基礎上，結合自己的專業知識，去研究現代管理問題。由於研究條件、掌握材料、觀察角度以及研究方法等方面的不同，必然產生不同的看法和形成不同的思路，從而形成了多種管理學派。美國管理學家哈羅德‧孔茨將管理理論的各個流派稱為「管理理論叢林」。

（一）管理過程學派

管理過程學派認為管理是一個過程，是在有組織的集體中讓別人和自己一起去實現既定的目標。該學派最初的代表人物就是法約爾。管理人員在管理活動中執行著計劃組織、領導、控制等若干職能。管理是一個循環的過程，從計劃到控制，再從控制到計劃，表明了過程的連續性。控制職能確保組織達到其計劃的目標。

（二）社會系統學派

該學派認為，人的相互關係就是一個社會系統，它是人們在意見、力量、願望以及思想等方面的一種合作關係。管理人員的作用就是要圍繞著物質的、生物的和社會的因素去適應總的合作系統。

社會系統學派最早的代表人物是美國的巴納德。巴納德的主要貢獻是：

（1）他提出了社會的各種組織都是一個協作系統的觀點。他認為，組織的產生是人們協作願望導致的結果。人們個人辦不到的許多事，協作可以辦到。

（2）他分析了正式組織存在的三種要素，即成員協作的意願、組織的共同目標及組織內的信息交流。

（3）他提出了權威接受理論。過去的學者是從上到下解釋權威的，認為權威都是建在等級系列活組織地位基礎上。而巴納德則是從下到上解釋權威，認為權威的存在必須以下級的接受為前提。至於怎樣才能接受，需具備一定的條件。

（4）他對經理的職能進行了新的概括。經理應主要作為一個信息交流系統的聯繫中心，並致力於實現協作努力工作。

（二）決策理論學派

決策理論學派的代表人物是美國的卡內基—梅隆大學教授赫伯特‧西蒙，其代表作為《管理決策新科學》。西蒙因為在決策理論方面的貢獻，曾榮獲1978年的諾貝爾經濟學獎。該學派認為管理的關鍵在於決策，因此，管理必須採用一套制定決策的科學方法。

決策理論的主要論點有：

（1）該理論強調了決策的重要性。該理論認為，管理的全過程就是一個完整的決策過程，即決策貫穿於管理的全過程，管理就是決策。

（2）該理論分析了決策過程中的組織影響。上級不是代替下級決策，而是提供給下級決策前提，包括價值前提和事實前提，使之貫徹組織意圖。價值前提是對行動進行判斷的標準，而事實前提是對能夠觀察的環境及環境作用方式的說明。

（3）該理論提出了決策應遵循的準則。該理論主張用「令人滿意的準則」去代替傳統的「最優化原則」。

（4）該理論分析了決策的條件。管理者決策時，必須利用並憑藉組織的作用，盡量創造條件，以解決知識的不全面性、價值體系的不穩定性及競爭中環境的變化性問題。

（5）該理論歸納了決策的類型和過程。把決策分成程序化決策和非程序化決策兩類。程序化決策是指反覆出現和例行的決策，非程序化決策是指那種從未出現過的，或者其確切的性質和結構還不很清楚或相當複雜的決策。

（四）系統管理理論學派

系統管理學派的代表人物是理查德·約翰遜、卡斯特和羅森茨韋克。他們強調管理的系統觀點，要求管理人員樹立全局觀念、協作觀念和動態適應觀念，即不能局限於特定領域的專門職能，也不能忽視各自在系統中的地位和作用。

（五）經驗主義學派

經驗主義學派代表人物是戴爾和德魯克。戴爾的代表作是《偉大的組織者》和《管理：理論和實踐》，德魯克的代表作是《有效的管理者》。

這一學派主要從管理者的實際管理經驗方面來研究管理，他們認為成功管理者的經驗是最值得借鑑的。因此，他們重點分析許多管理人員的經驗，然後加以概括，找出他們成功經驗中具有共性的東西，然後使其系統化、理論化，並據此向管理人員提供比較實際的建議。

（六）管理科學學派

管理科學學派也被稱為管理數理學派或管理計量學派，這一學派的主要代表人物是美國的伯法等人。他們認為「管理」就是用數學模型及其符號來表示計劃、組織、控制、決策等合乎邏輯的程序，求出最優解，以達到企業目標。因此，他們認為管理科學就是制定用於管理決策的數學和統計模型，並將這些模型通過電子計算機應用於管理實踐中。

（七）權變理論學派

權變理論是一種較新的管理思想，代表人物是英國的伍德沃德等人。權變的意思就是權宜應變。權變理論學派的主要論點有：

（1）權變理論認為組織成員的行為和環境的複雜性與不斷變化決定了沒有任何一種理論和方法適用於所有情況。因此，管理的方式方法要隨著情況的不同而改變。

（2）依據大量的調查研究，把組織的情況進行分類，建立模式，據此選擇適當的管理方法。建立模式時考慮以下因素：組織規模、工藝技術的模糊性和複雜性、管理者位置的高低、管理者位置的權利、下級個人之間的差別、環境的不確定程度。這些因素被稱為情境因素或者權變因素。

（3）採取 IF—THEN 的思維方式，即首先要分析清楚具體的情境模式，情境模式確定了，那麼相應的管理方法也就確定了。

進入 20 世紀 80 年代以後，企業發展呈現出了新的特點：企業規模的巨型化和超小型化同存，生產技術複雜程度大大增加，產品升級換代週期大大縮短，知識在經濟增長中的作用日益突出，企業與社會的聯繫更加密切，經濟活動國際化趨勢更加明顯。針對現代企業面臨的管理上的新問題、新情況、新要求，管理學者從各自的角度提出了許多有獨特見解的管理理論，例如企業再造、學習型組織、知識管理等理論，我們將在第三篇中進行詳細介紹。

【本章小結】

管理思想是管理理論的源泉，管理理論是理論化、系統化了的管理思想。

泰羅的科學管理理論、法約爾的一般管理理論以及韋伯的理想的行政組織理論，構成了古典管理理論的框架。古典管理理論開闢了管理理論的新紀元，奠定了現代管理理論的基礎。古典管理理論的一大特點是以「經濟人」假設為前提，這表明了其理論有創新性、積極性，也存著一定片面性、局限性。

以梅奧、赫茨伯格等為代表的行為科學理論以人為中心進行管理理論的研究。梅奧的人際關係理論，使人們開始關注人的因素，為管理方法的變革指明了方向，開闢了管理學研究的新領域。

第二次世界大戰後，隨著管理熱潮的掀起，許多學者和管理學家百家爭鳴，從不同的角度提出了各自的理論和新學說，產生了多種現代管理理論，形成了「管理理論的叢林」。隨著科學技術的進步和知識經濟時代的到來，管理的新思想不斷湧現，管理理論充滿生機與發展活力。

【復習思考題】

1. 簡述泰勒和法約爾的管理思想觀點，分析他們對現代管理思想的影響。
2. 請綜合分析斯密和巴貝奇的勞動分工思想。
3. 霍桑實驗的主要結論是什麼？
4. 請結合實際情況分析馬斯洛的需求層次論。
5. 簡要論述管理理論的歷史發展過程。

【案例分析】

工作態度和產量的聯繫

溫哥華有一家印刷工廠，主要印刷信箋、辦公表格等各種各樣的產品，銷售給加拿大西部的工商機構，該廠有40名工人。羅斯管理整個工廠，幫助他管理的還有3名主管。

也許是由於該機構內領導自由鬆散，原材料的浪費現象和失竊現象很嚴重，許多工人都在業餘時間經營自己的小生意，利用公司的原材料印製辦公表格、信箋等物，賣給當地的商人。印刷車間的工作時間從上午8點到中午12點，下午從1點到4點，但是幾乎所有的工人在上午11點30分就準備去吃午飯，下午3點30分就準備下班了。

該工廠生產成本之高使公司在多倫多的總部意識到其浪費問題的嚴重性。桑得是效率專家，被公司總部的人看成專門解決麻煩的人，他被任命為羅斯的頂頭上司。

桑得來工廠一個星期，就注意到廠內原材料和時間的浪費問題，於是決定實行一系列改革來提高工作效率：

（1）午飯時間縮短為30分鐘，工人在12點30分之前不許離開車間。

（2）下午3點50分之前，工人不許清理機器準備離開。

（3）每名工人使用的原材料都要經過登記。例如：如果一名印刷工要印製4,500份印刷品，他可以登記領到4,505張紙，如果由於在印製時報廢了一些紙需要多領些，他就必須填寫一份表格說明原因。

工人們的工作態度在兩個星期內發生了很大的變化，他們不停地抱怨新的工作規定，但他們的行為逐漸開始發生變化。例如，裝訂車間有一件工作是整理書頁，大約九名工人要在一個大長方形的工作臺旁不停地巡行，把從機器中輸送出來的書頁收集

起來，整理成一本本的書或小冊子，整理書頁的工作非常單調。從前，工人們總是借閒聊來打發時間；現在，這樣的情形有所好轉。

三個星期後，工人們開始在工作時間尖聲怪叫或吹口哨，一名女工還穿上旱冰鞋來往穿梭。儘管工人們的工作態度比以前更糟，產量卻達到了前所未有的水準。

再後來，工人們的態度更加糟糕了，工人們之間開始頻繁地爭吵，偶爾甚至還會拳腳相見，產量開始下降。公司的一位人事關係主管得知此事，決定讓麥吉爾大學的一名畢業生福特以公司全權特使的身分來工廠幫助解決這場糾紛。福特的第一步行動就是召開一次印刷車間的員工會議，桑得也到了會。

福特：「我叫福特，我之所以召開這次會議，是因為我聽說過這裡存在著極其嚴重的問題，自從我加入印刷這行以來——也就是從麥吉爾大學畢業以來——我從未聽說過任何一家印刷廠出現過這種情況。我從各種渠道聽說這裡工人們的工作態度很不好，這種情況沒有任何理由再繼續下去了。桑得，你難道沒有意識到工作態度和產量之間存在著一種必然的聯繫嗎？如果你繼續讓工作態度再繼續變壞，你認為工廠的產量會怎麼樣？」

桑得先生開始緊張了。

「桑得，這不是管理工廠的辦法，這些雇員也是人，你沒有意識到這一點嗎？除非你能得到他們的合作，否則你永遠不可能順利有效地進行管理，這兒必須有所改變。桑得，我會在廠裡呆兩個月左右，我想看到一些成果，你明白嗎？」

桑得回答：「是，福特先生。」

一些雇員後來對桑得在會上所受的待遇表示關切，而另外一些人則認為早該這樣了。桑得取消了他的一切改革規定，工人們的工作積極性很快又提高了，同時他們又開始對浪費問題漠不關心了。

討論題：

1. 試分析桑得與福特的管理風格各自接近哪種管理流派的觀點？
2. 為什麼他們的做法在這裡行不通？
3. 就你看來，還有什麼更好的辦法解決這家印刷廠的問題？

資料來源：http://club.china.alibaba.com，有刪改。

【課後閱讀——管理大師】

弗雷德里克·溫斯洛·泰勒

（Frederick Winslow Taylor，1856—1915 年）

教育背景：菲利普斯·埃克塞特專科學校學習。1874 年，他考入哈佛大學法律系，不久因病輟學。

思想/專長：科學管理原理

簡介：泰羅出生於美國費城杰曼頓一個富有的律師家庭。在接受中學教育後，進入埃克塞特市菲利普斯·埃克塞特專科學校學習，後來考入哈佛大學法律系，不久，因眼疾輟學，進入費城恩特普里斯水壓工廠當模具工和機工學徒。22 歲時他進入費城米德維爾鋼鐵公司作技工，後來迅速提升為工長、總技師。28 歲時任鋼鐵公司總工程師。從此開始一系列實驗。1901 年以後，他用大部分時間從事寫作、講演，宣傳他的管理理論。

評價/榮譽：美國著名管理學家，經濟學家，他開創了管理實證研究的先河，使人類的管理從經驗上升到科學。其管理理論影響廣泛而深遠，泰勒也被後世稱為「科學管理之父」。

出版物：泰勒在他的主要著作《科學管理原理》（1911年）中提出了科學管理理論。20世紀以來，科學管理在美國和歐洲大受歡迎。100多年來，科學管理思想仍然發揮著巨大的作用。他還著有《工廠管理》、《計件工資制》、《大學和工廠中紀律和方法的比較》等著作。

資料來源：百度百科，整理。

第三章
管理環境

【學習目標】
1. 掌握管理環境的含義與特點；
2. 熟悉一般環境與任務環境的構成及其各項因素對組織的作用；
3. 理解組織文化的特點、結構、建設等問題；
4. 瞭解環境管理的步驟和方法。

【管理故事】

孫冕治鹽場

《夢溪筆談》記載：海州知府孫冕很有經濟頭腦，他聽說發運司準備在海州設置三個鹽場，便堅決反對，並提出了許多理由。後來發運使親自來海州談鹽場設置之事，還是被孫冕頂了回去。當地百姓攔住孫冕的轎子，向他訴說設置鹽場的好處，孫冕解釋道：「你們不懂得作長遠打算。官家買鹽雖然能獲得眼前的利益，但如果鹽太多賣不出去，三十年後就會自食惡果了。」然而，孫冕的警告並沒有引起人們的重視。

他離任後，海州很快就建起了三個鹽場。幾十年後，當地刑事案件上升、流寇盜賊、徭役賦稅等都比過去大大增多。由於運輸、銷售不通暢，囤積的鹽日益增加，鹽場虧損負債很多，許多人都破了產。

這時，百姓才開始明白，在這裡建鹽場確實是個禍患。

管理啟示：

一時的利益顯而易見，人們往往趨利而不考慮後果。看到什麼行當賺錢，就一窩蜂而上，結果捷足先登者也許能獲利，步人後塵者往往自食惡果。這樣的例子可以說是數不勝數。作為一個企業的管理者，在制定一個決策的時候，一定要綜合考慮各方面的因素，要有長遠的眼光，而不能被一時的利益蒙蔽了眼睛。

資料來源：文祥，孫冕的預見，劍南文學（經典閱讀），2009（09），有刪改。

任何一個組織都不是孤立存在的，為求得生存與發展，必須與環境發生千絲萬縷的聯繫。一個組織是一個與外界保持密切聯繫的開放系統，要不斷地與環境進行著物質、能量和信息的交換，與外部環境相互作用、相互聯繫。在互動中，組織既受到外界環境的影響，也影響著外界環境。

環境是管理者行為的一個重要的限制因素。政治、經濟、技術、社會文化等宏觀環境都會對各種組織的運行產生影響，同時，任何一個組織也離不開資源供應者和服務對象，其績效也會直接受到資源供應者、服務對象、競爭者、政府主管部門和其他

組織的影響。也就是說組織的績效與管理環境是密切相關的。

第一節　管理環境

　　管理環境是指對組織開展所有管理活動的結果產生影響的任何因素。在管理活動中，一個組織的績效，不僅取決於管理者的努力，而且受到組織內外部的各種環境因素的影響。這些因素為組織的生存與發展帶來機會和威脅。羅賓斯在他的《管理學》一書中是這樣定義管理環境的：環境是指對企業績效起著潛在影響的外部機構或力量。

　　對於管理環境而言，最常見的分類，是根據環境因素所分佈的空間領域來區分出不同的環境。存在於組織之外的環境是管理的外部環境，存在於組織之內的環境是管理的內部環境。一般地，組織內部環境由組織文化（組織內部氣氛）和組織經營條件（組織實力）兩大部分組成，外部環境因素又分為一般環境因素和任務環境因素。內外環境是組織生存和發展的客觀條件的總和。

【看圖學管理】

　　在管理活動中，一個組織的績效，不僅取決於管理者，而且受到組織內外部的各種條件因素的影響。管理者要對各種環境因素的影響做出相應的反應。

圖片來源：htpp://www.okartnet.com。

　　環境影響著管理系統的運行和管理策略的輸出。大體地說，這種作用具體表現為以下兩個方面：第一，影響著管理者對有關問題的判斷，由此影響到決策者關於行動調整或新行動的策略和措施實施；第二，影響著管理系統對現有已經開展的行動實施調整。相對來講，環境因素對前者的影響更為直接。當管理系統對管理環境的識別、判斷準確時，所採取的管理行動也是積極而有意義的；反之，管理系統將輸出錯誤或消極的管理策略，導致組織整體運行的惡化。

第二節　組織的外部環境

　　根據各種外部環境因素對組織業績影響方式的不同，外部環境因素可分為一般環境因素和任務環境因素。

一、一般環境因素

一般環境因素（也稱宏觀環境因素）是在一定時空內各類組織均會面對的環境，主要包括政治、經濟、社會、科學技術等。一般環境因素對某一組織的影響不是直接的，因此一般環境因素又稱為間接因素。不過，這些因素都有可能對組織產生某種重大的影響，因此任何一個組織的管理者都必須認真分析和研究自己組織所處的一般環境。

（一）政治法律環境因素

政治法律環境是指總的政治形勢，它涉及社會制度，政治結構，執政黨的路線、方針、政策和國家法律、法規等因素，這些因素都會對一個組織產生重大影響。

以企業為例，一個組織所在國家或地區的政局與社會穩定狀況往往是它能否順利開展生產經營的基礎條件之一。內戰、罷工以及周邊地區的武裝衝突都會影響企業的經營，甚至停產關門。一國的政治制度也是企業生產經營活動的基本影響因素，首先決定企業的產權制度與結構，進而影響企業的經營機制；執政黨的路線、方針、政策又影響和制約著企業的生產經營活動。以產業政策為例，國家確定的重點產業總是處於優先發展的地位，重點行業的企業增長機會多，發展潛力大。而非重點行業的企業，發展速度緩慢甚至停滯不前，很難有所發展。此外，法律是用來調整法人之間的關係的，法律的變化可能直接鼓勵和限制某些商品的生產和銷售。例如，中國對爆竹、雷管和炸藥等危險品行業就實行定點企業生產。另外中國禁止多數企業生產槍支和彈藥等。

目前，世界上很多國家對企業的經營活動做了大量的立法，對企業的影響和約束在不斷加強。西方國家一貫強調以法治國，對企業經營活動的管理和控制，也主要是通過法律手段。在西方，對企業的立法目的主要有三個：①保護企業間的公平競爭；②保護消費者的權益，制止企業非法牟利；③保護全社會的整體利益和長遠利益，防止對環境的污染和資源的破壞。

為促進及指導企業的發展，中國頒布了一系列法律，如《中華人民共和國公司法》、《中華人民共和國鄉鎮法》、《中華人民共和國經濟合同法》、《中華人民共和國企業破產法》、《中華人民共和國商標法》、《中華人民共和國質量法》、《中華人民共和國專利法》、《中華人民共和國中外合資法》、《中華人民共和國反壟斷法》、《中華人民共和國反不正當競爭法》、《中華人民共和國勞動法》等法律。另外，對企業活動也有限制性的規定（法規），如對工業污染的規定、衛生要求、產品安全要求、對某些產品定價的規定等。

政治法律環境因素對社會組織來說是不可控的，帶有明顯的強制性和約束力，政府對各類組織和活動的態度則決定了各個組織可以做什麼、不可以做什麼。只有適應這些環境要求，使自己的行為符合國家的路線、方針、政策、法律和法規的要求，企業才能得到穩定而持久的生存和發展。

（二）經濟環境因素

經濟環境是指一個國家的宏觀經濟的總體狀況，是國民經濟發展的總概況，是構成組織生存和發展的社會經濟狀況及國家經濟政策。社會經濟狀況包括經濟要素的性質、水準結構、變動趨勢等多方面內容，涉及國家、社會、市場及自然等多個領域。

一個國家的經濟政策是國家履行經濟管理職能、調控宏觀經濟水準結構、實施國家經濟發展戰略的指導方針，對企業經濟環境有重要的影響。

組織的經濟環境是一個多元的動態系統，主要由經濟發展水準、經濟體制、經濟結構和宏觀經濟政策四個要素構成。

（1）經濟發展水準是指一個國家經濟發展的規模、速度和所達到的目標。常用的衡量指標有國民生產總值、國民收入、人均國民收入、經濟增長速度等。對組織自身來說，從這些指標中可以看到國家經濟的發展狀況和水準，利用全國各地區和組織自身的條件對比，可以從中認識到宏觀經濟形勢對組織經營環境的影響，對組織有幫助和指導意義。

例如在國民經濟高速發展時期，經濟發展水準高，人均收入高，社會購買力就大，組織的發展機會就多，企業可以增加投資，擴大生產規模；相反，經濟停滯或衰退時期，對組織的發展就構成威脅。再如，國家實施信貸緊縮政策會導致企業流動資金緊張，週轉困難，投資難以實施，而政府支出的增加則可能給許多企業創造良好的銷售前景。通常，利率、通脹率、匯率、可支配收入及證券市場指數等因素的改變意味著經濟環境的變化，組織對此要密切關注，隨之調整組織的管理實踐。

（2）經濟體制是指國家組織經濟的形式。經濟體制規定了國家與企業、企業與企業、企業與各經濟部門之間的關係，調控和影響社會經濟流動的範圍、內容和方式等。因此，經濟體制對企業的生存與發展的形式、內容、途徑等都提出了系統的基本規則與條件。

（3）經濟結構主要包括產業結構、分配結構、消費結構、技術結構等。其中最重要的是產業結構問題。組織應時刻關注經濟結構的變化動向，以便及時調整其經營活動內容，主動適應變化的經濟結構環境，安全、健康地推動組織向前發展。

（4）經濟政策是國家制定的在一定時間實現經濟發展目標的戰略與策略，包括國家經濟發展戰略和產業政策、國民收入分配政策、價格政策、對外貿易政策、物資流通政策、全面貨幣政策等。經濟政策規定了組織活動的範圍和原則，引導和規範企業經營的方向，有效地協調企業之間、各經濟部門之間的關係。因此，企業必須嚴格遵守國家制定的各項經濟政策，保證企業經營的正常運轉，保證社會經濟的正常運轉，保證國民經濟發展目標與任務的實現。

（二）社會文化環境因素

社會文化環境是指一個國家和地區的民族特徵、文化傳統、價值觀、宗教信仰、教育水準、社會結構、風俗習慣等情況。

每一個社會都有一些核心價值觀，它們常常具有高度的持續性。如中國百姓歷來勤勞，忍耐，有犧牲精神，重視集體，重視家庭，有民族歸屬感，這些價值觀與文化傳統是歷史的積澱，通過家庭的繁衍與社會的教育而傳承，因此比較穩定，難以改變。但是，隨時間的推移，一些非核心的社會文化可能會發生變化，這就給每個時代的流行文化創造了機會。如：20世紀80年代以來的讀書熱、旅遊熱、出國熱；不同時期的流行音樂、服裝款式的偏好；收入水準較高的人開始注重保持身體健康，運動和保健逐步成為一種時尚；都市生活的節奏加快，使得人們越來越重視閒暇時間；等等。

經濟結構的變化導致了社會文化的變遷，也帶來社會組織結構的變動。這種變動還表現在利益相關者群體成為社會生活重要的影響力量，如政黨團體、工會、行業協

會、消費者協會等。在西歐國家，綠色和平組織誕生的歷史不長卻迅速成為環境保護運動的主導力量，他們的宣傳與活動極大地改變了人們對生態環境保護的薄弱認識，也改變了某些產品的生產和消費行為。

總的來說，社會文化環境對組織具有重要的影響：從組織內部看，會影響組織文化和員工的工作表現；從組織外部看，人們的信念、價值觀、文化傳統、風俗習慣等會影響甚至改變消費者偏好乃至生活方式，從而影響對社會產品和服務的需求。

(四) 科技因素

科技因素主要是指組織所處的社會環境中的科技要素及與該要素直接相關的各種社會現象的總和，包括新技術、新設備、新材料、新工藝的開發和採用，以及以此為基礎形成的組織的經營管理方式的改變與國家科技政策的制定等內容。

近20年來，一般環境中變化最為迅速的就是技術。最典型的一個例子就是個人電腦。在計算機界有著名的「摩爾法則」，即計算機的功能每六個月增加一倍，價格下降一半。計算機的普及大大改變了人們的工作方式。計算機在製造企業的運用，讓我們看到無紙化設計、無人化生產的現代企業模式；在銀行業的運用，讓我們得以最快、最方便地處理各種帳務往來，包括國際商務票據結算、個人信用消費結算等；在商業領域的運用，讓我們享受到連鎖店通過集中儲運、取得營業規模的優勢而帶來的成本降低的好處。

在這些突飛猛進的技術中，對組織與管理影響最大的首推信息技術。信息技術改變了組織內部人與人之間的交流方式，大大減少了管理層次，使組織結構越來越朝扁平化的方向發展。企業資源計劃在信息技術的基礎上對企業的流程進行了重組，大大提高了組織的運行效率；同時，基於互聯網的信息技術也改變了組織之間的關係，在利用了當地廉價勞動力的同時並不會增加運輸成本，因為一切都可以通過互聯網和電話傳輸，物流成本幾乎可以忽略不計。出於同樣的理由，世界銀行也把他們的會計部門外包給了一家印度公司，一位公幹的世辦銀行專家完全可以在美國的家中輕而易舉地完成差旅費的報銷。此外，基於互聯網的電子商務也正在開創嶄新的經營模式，很難想像它會為未來的世界創造出什麼樣的圖景。

二、任務環境因素

任務環境也稱為微觀環境或叫作直接環境。不同的組織有不同的任務環境，與一般環境相比，任務環境對組織的影響更為直接和具體，因此，絕大多數組織的管理者也都更為重視其任務環境因素。

對大多數組織而言，其任務環境因素主要包括資源供應者、服務對象、競爭者、政府管理部門和社會特殊利益代表組織。

(一) 資源供應者

一個組織的資源供應者（供應商）是指向該組織提供資源的人或單位。供應商對組織的影響至關重要，因為任何組織特別是企業離開供應商就不能獲得生產要素的供給，也就不能進行生產經營活動或組織的其他活動。這裡所指的資源不僅包括設備、人力、原材料、資金，也包括信息、技術、服務和關係等一切該組織運作所需輸入的東西。對大多數組織來說，金融部門、政府部門、股東是其主要的資金供應者；學校、勞動人事部門、各類人員培訓機構、人才市場、職業介紹所是其主要的人力資源供應

者；各新聞機構、情報信息中心、諮詢服務機構、政府部門是主要的信息供應者；大專院校、科研機構、發明家是技術的主要源泉。

由於組織在其運轉過程中依賴於供應者的資源供應，一旦主要的資源供應發生問題，就會導致整個組織運轉的減緩或中止。因此，管理者一般都力圖避免在不瞭解供應者的情況下進行有關決策。為了使自己避免陷入困境，在戰略上一般都努力尋求所需資源的及時穩定保質保量供應，並避免過分依賴於一兩個資源供應者。

供應商是能對企業的經營活動產生巨大影響的力量。其供貨時間和質量的穩定性，直接影響企業服務於目標市場的能力，其提供資源的價格往往直接影響企業生產經營的成本。因此，管理當局需要很好地處理與資源供應者的關係。

（二）服務對象

服務對象是指一個組織為其提供產品（服務）或勞務的人或單位，如企業的客戶、商店的購物者、學校中的學生和畢業用人單位、醫院的病人、圖書館的讀者等，都可稱為相應組織的服務對象。

任何組織之所以能夠存在，是因為有其服務對象的存在。如果一個組織失去了其服務對象，該組織也就失去了其存在的基礎。一個企業如果其生產的產品無人問津，就必然走向破產。從這個意義上來說，組織的服務對象是影響組織生存與發展的主要因素。

顧客的需求是多方面且會經常改變的，而要擁有顧客，就必須滿足顧客的需求。要根據顧客需求的變化，及時推出新產品、新服務，向顧客提供滿意的商品和優質的服務，這幾乎已成為當今各類組織中管理者所面臨的頭等大事。組織與顧客的關係實質上就是生產與消費的關係。組織的一切活動都必須以顧客為中心。

（三）競爭者

競爭者是指與本組織爭奪資源、服務對象的人或組織。任何組織都不可避免地會有一個或多個競爭者。這些競爭者之間不是相互爭奪資源，就是相互爭奪服務對象。

競爭者的一舉一動經常影響管理當局的經營決策。競爭的結果通常表現為此消彼長。如長虹、康佳、創維就是彩電行業中的競爭者，長虹採用降價手段提高市場佔有率必將影響其他企業的市場佔有率。

基於資源的競爭一般發生在許多組織都需要同一有限資源的時候。最常見的資源競爭是人才競爭、資金競爭和原材料競爭。當各組織競爭有限資源時，該資源的價格就會上揚。例如當資金緊缺時，利率就會上升，組織的營運成本就會上升。

基於顧客的競爭一般發生在同一類型的組織之間，或許這些組織提供的產品或服務方式不同，但它們的服務對象是同一的，就同樣會發生競爭。例如航空部門與鐵路運輸部門之間、鐵路與公路運輸部門之間就可能為爭奪資源和乘客而展開競爭。隨著經濟全球化以及中國加入世界貿易組織，國內的各類組織不僅面臨著來自國內組織的競爭，而且還要直接面對來自國外組織的競爭。儘管我們的一些企業並沒有直接對外經營，但是，外國的跨國公司已經在國內對我們發起了進攻，在這種情況下，國內的競爭者之間有時可能會出現某種程度的聯合，以對抗來自國外的競爭。

沒有一個組織在管理中可以忽視競爭，否則就會付出沉重的代價。凡是忽略競爭者行為的組織無一例外都要付出慘重的代價。如在20世紀60年代，美國汽車在北美市場佔有絕大部分份額，日本汽車在美國的佔有率低於4％。美國汽車公司根本沒有將其

視為競爭威脅，1967 年，日本汽車在美國的佔有率接近 10%，但美國公司仍然沒有引起重視。世界石油危機爆發後，日本汽車以其省油的特點大受美國用戶歡迎，在美國的市場佔有率很快上升，美國人才開始著急，但悔之晚矣。1989 年，日本汽車在美國市場佔有率已近 30%，美車只剩 60%。

所以說，競爭者是管理者必須對其有所瞭解並及時作出反應的一個重要環境因素。

(四) 政府管理部門

政府管理部門主要是指國務院、各部委及地方政府的相應機構，如工商行政管理局、技術監督局、菸草專賣局、物價局、財稅局等。政府管理部門擁有特殊的官方權力，可制定有關的政策法規，規定價格幅度，徵稅，對違反法律的組織採取必要的行動等，而這些對一個組織可以做什麼和不可以做什麼以及能取得多大的收益，對組織的生存和發展同樣具有至關重要的影響。例如，《中華人民共和國反不正當競爭法》、《中華人民共和國環境保護法》、《中華人民共和國消費者權益保護法》、《中華人民共和國勞動法》等對組織的行為都做了限制。

有的組織由於組織目標的特殊性，更是直接受制於某些政府部門，例如中國的電信業、軍工企業、醫藥業和飲食業，都分別受到信息產業部、國防科工委、醫藥管理局、衛生防疫管理部門的直接管理或監督。

政府的政策法規，一方面會增加組織的運行成本，另一方面則會限制管理者決策的選擇餘地。為了符合政府的政策法規和政府管理部門的要求，組織就必然要增加運行成本，例如為了取得消防管理部門的認可，企業必須按規定裝設消防設備。某些政策法規，規定了組織可以做什麼和不可以做什麼，從而限制了管理者的選擇餘地，如《中華人民共和國勞動法》的頒布，對組織的招工、用人、辭退決策帶來了一定的限制。

作為組織，其行為內容及方式必須符合政府的要求，同時應在盡可能多的方面取得政府的支持。

(五) 社會特殊利益代表組織

社會特殊利益代表組織是指代表著社會上某一部分人的特殊利益的群眾組織，如工會、婦聯、消費者協會、環境保護組織、新聞媒體等。雖然他們與組織沒有直接的制約和管制關係，也不像政府部門那麼大的權力，但卻同樣可以對各類組織產生相當大的影響。例如，他們可以通過直接向政府主管部門反應情況，或是通過各種宣傳工具製造輿論以引起人們的廣泛注意。事實上，有些政府法規的頒發，部分的是對某些社會特殊利益代表組織所提出的要求的回應。

由上可見，任何組織都不是孤立的。組織把環境作為自己輸入的來源和輸出的接受者。組織也必須遵守當地的法律，並對競爭作出反應。正因為如此，供應者、服務對象、政府機構、社會特殊利益代表組織等可以對某一個組織施加壓力，而管理者也必須對這些環境因素的影響作出適當的反應。

第三節　組織的內部環境

管理環境除了外部環境外還包括組織內部環境。組織內部環境主要包括經營條件

和組織文化兩方面。

一、經營條件

任何組織的活動都需要借助一定的資源來進行。這些資源的擁有狀況和利用情況，影響甚至決定著組織活動的效率和規模。組織活動的內容和特點不同，需要利用的資源也有所區別。對大多數組織而言，經營條件主要包括人力資源、物力資源、財力資源三個方面。

(一) 組織的人力資源

對於組織的人力資源管理而言，它的重要任務是實現對員工的管理，通過對員工的組織、指導和調節，去調動他們的積極性。而調動員工的積極性關鍵在於滿足每個人的需求。因此，管理者應該對組織中員工的需求進行深入研究，處理好他們在組織中的各種利益關係，認真研究應滿足員工的哪些需要，滿足哪些員工的需要，如何滿足他們的需要。一方面要重視滿足員工的合理需要，另一方面要善於引導他們，有意識地調節、控制其需要。只有這樣才能引起他們對組織的認同，從而激發他們努力工作的動機，這對於實現組織的目的是極其重要的。

以組織戰略為中心要求人力資源管理必須從操作層面走向戰略層面，以資產的觀點看待人力資源，以投資的觀點看待培訓開發和薪酬福利，從本組織的環境出發設計一個有利於戰略實施的人力資源管理系統，並進一步將其轉化為高的顧客忠誠度和組織價值，把組織的戰略實現過程統一為員工價值、顧客價值的實現過程。

(二) 組織的物力資源

針對物力資源的管理被稱為物資管理，它是對組織存在與發展過程中所必需的各種物質資料的供應、保管、合理使用等各項管理工作的總稱。任何一個組織，無論生產、建設、科研、教育，都離不開一定的物質資料。物質資料包括原料、輔助材料、能源、零部件、工具、設備等。對於不同的組織，物質資料的構成可以有很大不同，但卻沒有不以物為基礎的純粹的人的組織。

對組織而言，在一定時期內，物力資源總是有限的，做好對它的管理工作，能促進成本降低，從而使組織實現最小的物資消耗，取得最大的經濟效益。

(三) 組織的財力資源

資金作為財力資源的一般體現，是組織中的一種重要資源，也是各種各樣組織都需要的基礎性資源。資金有一個形成、消耗和再生的過程。一方面，組織的許多資源最終要用貨幣來計量和衡量；另一方面，組織的生產經營和服務活動有賴於財力資源的支持，組織生產經營活動的效果和效率最終都要反應到它的財務結果中來。

資金管理就是對組織的財力資源的管理，即根據組織發展目標和經營活動的合理需要對組織的資金進行籌集、投放，以及對整個過程進行效益核算的整個管理過程。資金的管理是組織各項資源管理的前提，只有管好資金，才能管好人和物，真正做到生財有道、用財有方。

二、組織文化

組織文化是組織在長期的實踐活動中所形成的，並為組織成員普遍認可和遵循的，具有本組織特色的價值觀、團體意識、工作作風、行為規範和思維方式的總和。

(一) 組織文化的結構

一般認為,組織文化包括價值觀層、制度層、行為層和物質層四個層次。

1. 價值觀層

價值觀層又稱精神文化,是組織內部管理層和全體員工對該組織的生產、經營、服務等活動以及指導這些活動的一般看法和基本觀點,是廣大員工共同而潛在的意識形態,包括管理哲學、組織精神、價值觀、道德觀念等,這是組織文化的核心和主體。

2. 制度層

制度層又稱制度文化,包括組織的領導制度、組織制度、規章制度和道德規範,也包括組織內的分工協作關係的組織結構等,是對組織成員和組織行為產生規範性、約束性影響的部分。

3. 行為層

行為層又稱行為文化,組織成員對工作是否認真負責,是否按時、保質保量完成所負責的工作任務,對自己的服務對象是否熱情周到,上下級之間的關係是否融洽,各部門能否精誠合作等,它是組織作風、精神面貌、人際關係的動態表現,也是組織精神、價值觀的折射。

4. 物質層

物質層又稱物質文化,包括組織的名稱、產品、商標、宣傳手冊、廣告、辦公環境以及組織成員的服飾等。這是組織文化的表層,往往是可聽、可見甚至是可以觸摸得到的。

組織文化的適應與否對於組織的生存發展有著重大的影響,不良的組織文化會影響組織目標的實現。例如,組織內部成員若沒有一種共同的使命感,沒有一種團結向上的精神,這個組織就會變成一盤散沙。因此,管理者對內部環境的管理,首先是要加強對組織成員的教育,倡導良好的組織文化的形成。

(二) 組織文化的特點

組織文化是組織在其所處的一定的政治、經濟、社會、技術環境合力作用下,在長期的發展過程中逐步生成和發展起來的。儘管如此,任何組織的組織文化,都具有以下特點:

1. 穩定性

組織文化是組織在長期發展中逐漸累積而成的,具有較強的穩定性,不會因組織結構的改變、戰略的轉移或產品與服務的調整而變化。一個組織中,精神文化比物質文化具有更多的穩定性。

2. 差異性

每個組織都有其獨特的組織文化,這是由不同的國家和民族、不同的地域、不同的時代背景、不同的行業特點以及組織本身的使命不同,所擁有的資源和所處的環境不同,其組織文化也不同,就是說任何組織的組織文化都有其鮮明的個性。

3. 客觀性

任何一個組織,從它誕生的那天開始,就存在自己的組織文化。不管組織領導者有沒有有意識到,組織的成員有沒有感受到,企業有沒有進行相應的宣傳動員,組織文化都是一種自我的存在,這是不以人們的意志為轉移的。不管人們是否意識到,組織文化總是存在著,並發揮著或正或負、或大或小的作用,成功的組織有優秀的組

文化，失敗的組織有不良的組織文化。

4. 民族性

民族是指人們在歷史上形成的有共同語言、共同區域、共同經濟生活及表現於共同文化上的共同心理素質的穩定的共同體。每一個民族都有其獨特的民族文化，任何組織都是存在於某一區域內的，它們必然要受到所在地區民族文化的影響；相應地，其組織文化也必然帶有地域性、民族性和時代性。如美國的組織文化強調能力主義、個人奮鬥和不斷進取；日本的組織文化強調團隊合作、家庭精神。

(三) 組織文化的建設

組織文化建設是一個過程，是一種有意識的行為，是組織領導者主動進行的。組織領導者進行組織文化建設，目的是在組織內部形成一個有助於組織發展的氛圍，全體成員能夠按照組織文化的要求規範自己的行為，體現組織的特色，塑造組織的形象，為組織的長久發展奠定基礎，實現基業長青。

中國組織文化建設是20世紀80年代末、90年代初開始的，起步較慢。人們對組織文化建設有各種不正確的看法，有的認為組織文化可以自發形成；有的有從眾心理，跟著別人後面模仿；有的把組織文化建設與生產經營對立起來；有的認為組織文化建設短期內有可以見效；有的搞組織文化建設缺乏個性，如在企業精神的表述上，經常是在團結、拼搏、開拓、創新、進取、奉獻、求實、嚴謹、勤奮、奮進等幾個詞中進行排列組合。所以在組織文化建設上還存在一些問題。

組織文化建設是一個長期的過程，同時也是組織發展過程中一項艱鉅、複雜的系統工程。從路徑上講，組織文化建設需要經過以下幾個過程：

1. 選擇合適的組織價值觀標準

組織價值觀是整個組織文化的核心，選擇正確的組織價值觀是建設組織文化的首要任務。要立足於本組織的具體特點，根據自己的目的、環境要求和組成方式等特點選擇適合自身發展的組織文化模式。其次要把握住組織價值觀與組織文化各要素之間的相互協調，使各要素經過科學的組合與匹配實現系統的整體優化。

2. 強化組織成員的認同感

在選擇並確立了組織價值觀和組織文化模式之後，就應把基本認可的方案通過一定的強化灌輸方法，使其深入人心。具體做法可以是：①利用一切宣傳媒體，宣傳組織文化的內容，使之家喻戶曉，以創造濃厚的環境氛圍。②培養和樹立典型。組織的英雄人物是組織精神和組織文化的人格化身與形象縮影，能夠以其特有的感召力和影響力為組織成員提供可以仿效的具體榜樣。③加強相關培訓教育。有目的地培訓與教育，能夠使組織成員系統地接受組織的價值觀並強化員工的認同感。

3. 提煉定格

對組織的價值觀必須經過分析、歸納和提煉定格。

4. 鞏固落實

首先要建立必要的制度保障，建立某種獎優罰劣的規章制度，經過長期的努力，使組織文化變為全體成員的習慣行為。其次領導者在組織文化建設過程中起著決定性的作用，應起率先垂範的作用。領導者必須更新觀念並能帶領組織成員為建設優秀組織文化而共同努力。

5. 在發展中不斷豐富和完善

任何一種組織文化都是特定歷史和產物，當組織的內外條件發生變化時，組織必須不失時機地豐富、完善和發展組織文化。這既是一個不斷淘汰舊文化和不斷生成新文化的過程，也是一個認識與實踐不斷深化的過程，組織文化由此經過不斷地循環往復以達到更高的層次。

【案例 3-1】

美國西南航空公司

美國西南航空公司，創建於1971年，當時只有少量顧客，幾只包袋和一小群焦急不安的員工，現在已成為美國第六大航空公司，擁有1.8萬名員工，服務範圍已橫跨美國22個州的45個大城市。

1. 總裁用愛心管理公司

現任公司總裁和董事長的赫伯·凱勒，是一位傳奇式的創辦人，他用愛心（Luv）建立了這家公司。LUV說明了公司總部設在達拉斯的友愛機場，LUV也是他們在紐約上市股票的標誌，又是西南航空公司的精神。這種精神從公司總部一直感染到公司的門衛、地勤人員。

當踏進西南航空公司總部大門時，你就會感受到一種特殊的氣氛。一個巨大的、敞頂的三層樓高的門廳內，展示著公司歷史上值得紀念的事件。當你穿越歡迎區域，進入把辦公室分列兩側的長走廊時，你就會沉浸在公司為員工舉行慶祝活動的氣氛中——令人激動地布置著有數百幅配有鏡架的圖案，鑲嵌著成千上萬張員工的照片，歌頌內容有公司主辦的晚會和集體活動、壘球隊、社區節日以及萬聖節、復活節。早期員工們的一些藝術品，連牆面到油畫也巧妙地穿插在無數圖案中。

2. 公司處處是歡樂和獎品

你到處可以看到獎品。飾板上用簽條標明心中的英雄獎、基蒂霍克獎、精神勝利獎、總統獎和幽默獎（這張獎狀當然是倒掛著的），並驕傲地寫上了受獎人的名字。你甚至還可以看到「當月顧客獎」。

當員工們輕鬆地邁步穿越大廳過道，前往自己的工作崗位，到處洋溢著微笑和歡樂，談論著「好得不能再好的服務」、「男女英雄」和「愛心」等。公司制定的「三句話訓示」掛滿了整個建築物，最後一行寫著：「總之，員工們在公司內部將得到同樣的關心、尊敬和愛護，也正是公司盼望他們能和外面的每一顧客共同分享。」好講挖苦話的人也許會想：是不是走進了好萊塢攝影棚裡？不！不！這是西南航空公司。

這裡有西南航空公司保持熱火朝天的愛心精神的具體事例：在總部辦公室內，每月作一次空氣過濾，飲用水不斷循環流動，純淨得和瓶裝水一樣。

節日比賽豐富多彩。情人節那天有最高級的服裝，復活節有裝飾考究的節日彩蛋，還有女帽競賽，當然還有萬聖節競賽。每年一度規模盛大的萬聖節到來時，他們把總部大樓全部開放，讓員工們的家屬及附近小學生們都參加「惡作劇或給點心」游戲。

公司專為後勤人員設立「心中的英雄」獎，其獲得者可以把本部門的名稱油漆在指定的飛機上作為榮譽，為期一年。

3. 透明式的管理

如果你要見總裁，只要他在辦公室，你可以直接進去，不用通報，也沒有人會對你說：「不，你不能見他。」

每年舉行兩次「新員工午餐會」，領導們和新員工們直接見面，保持公開聯繫。領導向新員工們提些問題，例如：「你認為公司應該為你做的事情都做到了嗎？」「我們怎樣做才能做得更好些？」「我們怎樣才能把西南航空公司辦得更好些？」員工們的每項建議，在 30 天內必能得到答復。一些關鍵的數據，包括每月載客人數、公司季度財務報表等員工們都能知道。

「一線座談會」是一個全日性的會議，專為那些在公司裡已工作了十年以上的員工而設的。會上副總裁們對自己管轄的部門先作概括介紹，然後公開討論。題目有：「你對西南航空公司感到怎樣？」「我們應該怎樣使你不斷前進並保持動力和熱情？」「我能回答你一些什麼問題？」

4. 領導是朋友又是親人

當你看到一張赫伯和員工們一起拍的照片時，他從不站在主要地方，總是在群眾當中。赫伯要每個員工知道他不過是眾員工之一，是企業合夥人之一。

上層經理們每季度必須有一天參加第一線實際工作，擔任訂票員、售票員或行李搬運工等。「行走一英里計劃」安排員工們每年一天去其他營業區工作，以瞭解不同營業區的情況。旅遊鼓勵了所有員工參加這項活動。

為讓員工們對學習公司財務情況更感興趣，西南航空公司每 12 周給每位員工寄去一份「測驗卡」，其中有一系列財務上的問句。答案可在同一週的員工手冊上找到。凡填寫測驗卡並寄回全部答案的員工都登記在冊，有可能得到免費旅遊。

這種愛心精神在西南航空公司內部閃閃發光，正是依靠這種愛心精神，當整個行業在赤字中跋涉時，他們連續 22 年有利潤，創造了全行業個人生產率的最高紀錄。1999 年有 16 萬人前來申請工作，人員調動率低得令人難以置信，連續三年獲得國家運輸部的「三皇冠」獎，表彰他們在航行準時、處理行李無誤和客戶意見最少三方面取得的最佳成績。

討論題：

1. 西南航空公司的企業文化是什麼？
2. 赫伯在創建西南航空公司的企業文化中起到了什麼作用？

資料來源：MBA 智庫百科，有刪改。

第四節　組織環境的管理

一、組織環境的定位

要管理組織環境，首先必須瞭解組織所處的環境。不同的組織處於不同的環境之中。怎樣來衡量組織環境的不同呢？我們可採用著名組織理論家湯姆森所提出的方法，即用環境的變化程度和環境的複雜程度來衡量一個組織所處的環境。

根據環境的變化程度，可將組織環境分為動態環境和穩定環境兩類；形成環境的各種因素變化大，為動態環境；變化小則為穩定環境。穩定的環境可能是一個沒有新的競爭者，現有的競爭對手也沒有技術上的創新，沒有什麼公眾對組織施加壓力的環境。例如，在 20 世紀 70 年代，文字處理一般是用油印，那時競爭對手有限，業務對象穩定，這是一個穩定的環境；但隨著計算機文字處理系統的引入，到 20 世紀 80 年代，

人們已可以隨時方便、高速地進行文字處理,機械打字印刷市場開始萎縮,其生存受到了威脅,從事文字處理的企業開始由穩定環境轉入動態環境。在改革開放之前,中國的大多數企業處於穩定的環境之中,而從20世紀80年代中期以後,企業所處的環境變化程度大大增加,企業開始步入動態環境。

在穩定的環境中,管理人員可以比較準確地進行計劃和預測。管理人員更關注的是動態環境,是不可預測的環境變化。如果某種變化是可預測的,那麼它仍不屬於管理者要專門處理的對象。

跟環境的不確定性密切相關的是環境的複雜性。環境的複雜程度與組織環境的組成因素多少及組織已擁有的對其環境影響因素的瞭解程度有關。根據環境的複雜程度,組織環境可分為複雜環境和簡單環境。一個組織需要接觸的顧客、供應商、競爭對手、政府機構越少,其環境越簡單;另一方面,當一個企業只訂出5%的合同時,其環境複雜性增加,因為它還要與眾多的用戶接觸以訂出剩餘的合同。

由環境的變化程度和環境的複雜程度,可形成四種典型的組織環境,如表3-1所示。

表3-1　　　　　　　　　　　　　組織環境分類

環境狀態		變化程度	
		穩定	動態
複雜程度	簡單	狀態1:穩定而簡單環境 環境影響因素較少, 環境因素變化不大, 環境因素容易瞭解。	狀態2:動態而簡單的環境 環境影響因素較少, 但在不斷的變化之中, 環境因素比較容易掌握。
	複雜	狀態3:穩定且複雜的環境 環境影響因素多, 環境因素基本保持不變, 掌握環境因素較難。	狀態4:動態且複雜的環境 環境影響因素多, 且處於不斷的變化之中, 掌握環境因素困難。

狀態1:穩定而簡單的環境。在這種環境中的組織處於相對穩定的狀態。在這種環境下,管理者對內部可採用強有力的組織結構形式,通過計劃、紀律、規章制度及標準化等來管理。一般的日用品生產企業大都處於此種環境。

狀態2:動態而簡單的環境。處於這種環境中的組織一般都處於相對緩和的不穩定狀態之中。面臨這種環境的組織一般都採用調整內部組織管理的方法來適應變化中的環境。紀律和規章制度仍占主要地位,但也可能在其他方面,如市場銷售方面需要採取強有力的措施,以對付快速變化中的市場形勢。像音像製品公司等多屬於這一環境中的組織,它們面臨的競爭對手不多,材料供應商也只有固定的幾個,銷售渠道單一,涉及的政府管理部門也有限。但儘管環境影響因素不多,但它卻面臨著技術或市場需求的迅速變化。

狀態3:穩定且複雜的環境。一般來說,處於這種環境中的組織為了適應複雜的環境都採用分權的形式,強調根據不同的資源條件來組織各自的活動。不管怎樣,它們都必須面對眾多的競爭對手、資源供應者、政府部門和特殊利益代表組織,並做出管

理上的相應改變。像汽車製造企業基本上處於此種環境之中。

狀態4：動態且複雜的環境。一般環境和任務環境因素的相互作用有時會形成極度動盪而複雜的環境。面對這樣的環境，管理者就必須更強調組織內部各方面及時有效的相互聯絡，並採用權力分散下放和各自相對獨立決策的經營方式。一般而言，家電企業、高新技術企業面臨的就是技術飛速發展、市場需求變化迅速、競爭對手對抗劇烈的動盪而複雜的環境。

二、環境管理步驟

不論環境是自然的還是社會的，都不是一成不變的，都有一定的規律可循；組織與環境都是自然的產物，它們相輔相成、相互影響。從這個角度來看，管理者可以管理好環境，甚至能夠改變其環境。

組織環境管理的一般步驟：

首先，管理者要瞭解環境因素的變化情況。由於環境的客觀性、多變性、複雜性，管理者首先要隨時隨地利用各種渠道與方法去認識、瞭解、掌握環境，認真地研究其變化的規律，預測環境變化的趨勢及其可能對組織產生的影響。一般而言，瞭解、認識和掌握外部環境因素的變化是比較困難的，這就要求管理者花大量的精力收集各種信息，掌握第一手資料，從中瞭解在眾多的因素中，哪些是對組織有利的，哪些會影響組織目標的實現。

其次，在瞭解和掌握各種環境因素的基礎上，運用分析工具對其進行分析研究，確定各環境因素對組織有什麼影響，有多大的影響等。常用的分析工具有SWOT分析法和波士頓矩陣，在本書後續章節中均有介紹。

最後，要對各種環境因素的影響作出相應的反應。充分利用環境對組織有利的方面，並努力使其繼續朝著這個方向發展；對於環境中不利於組織發展的因素，組織一方面可通過組織內部的改革使組織與環境相適應，另一方面可努力通過組織的行為去影響環境，使其朝著有利於組織的方向轉化。

三、環境管理的方法

根據外部環境因素對組織影響的直接程度，相應地在管理上也採用不同的方法。一般環境因素不是管理者可以直接影響的，也不是管理者所能改變的，對於一般環境因素，管理者主要是想方設法去適應它；對於任務環境，管理者是可以而且應該通過努力加以管理的。

對於組織內部的微觀環境，管理者是可以主動地改變自己，變被動為主動。

因此，在多數情況下，環境是可以管理的。關鍵是管理者對環境要保持高度的重視和靈敏的嗅覺。對於已經形成的環境，管理者要認識、瞭解、掌握環境，並努力使組織適應環境的限制與變化，在特定的環境下求生存與發展。同時，積極尋找其中的突破口，通過組織行為作用於環境，影響環境，使之朝著利於組織的方向發展。

【案例3-2】

飛躍自行車廠的困境

飛躍自行車廠是一家以生產燃油助動車為主的國營老廠，現有職工850人，其中500人左右的年齡處在40~50歲之間，廠長張耀明本人已經53歲。全廠80%的銷售額

和90%的利潤額來自於燃油助動車，該廠生產的燃油助動車90%是在當地銷售的。然而，當地政府已發出通知，該市將在一年內禁止銷售，三年內全部淘汰燃油助動車。飛躍廠面臨了空前的困境。

以張耀明為首的廠領導班子作出了迅速減產並開發和轉產新產品的決定，但是這兩項決定遇到了多重的阻力。

迅速減產的一個直接後果是大量的員工將失業待崗，同時，企業無法獲得足夠的收入，因而要給那些下崗員工支付國家規定的工資將變得不可能。減產的方案還沒有具體實施，一批又一批的車間工人已經來到廠部，表示堅決不同意下崗。

開發新產品的困難同樣不小。飛躍自行車廠如果轉產電動自行車，雖然有一定的可能性，但是當時電動自行車的技術尚不成熟，飛躍自行車廠對電動自行車技術的瞭解掌握還不夠充足。有人給張廠長舉薦了一位工程師，他具有一項電動自行車的重要專利。張廠長很想該工程師加盟飛躍自行車廠，但該工程師開出的條件卻讓張廠長猶豫不決。工程師的條件是飛躍自行車廠一次性支付他50萬的購房款以及每年不低於12萬的年薪，另外按銷售額的0.1%提取獎金。張廠長認為，如果工程師的專利能夠用得上，飛躍自行車廠付出這樣的代價還是值得的。問題在於，對於平均年薪只有2萬元的全廠職工能夠接受這樣的條件嗎？

後來，有家大公司主動上門提出兼併的方案：工廠整體遷移郊區，80%的員工繼續上崗，原廠址另作他用。張廠長舉棋不定，想想企業，想想職工，在想想自己本人兼併以後的安排，還有那些跟隨他幾十年的副職們將面臨怎樣的命運呢？張廠長再一次陷入沉思……

討論題：

1. 減產和轉產以及兼併方案對於飛躍自行車廠來說，面臨的制約因素分別有哪些？
2. 對於張廠長來說，當他在上述方案中作出決策的時候，有哪些環境因素是要特別予以考慮的？

資料來源：百度文庫，有刪改。

【本章小結】

管理環境是存在於一個組織內部和外部的影響組織業績的各種力量和條件因素的總和。管理環境因素可分為組織內部環境因素和組織外部環境因素。組織內部環境由組織文化和組織經營條件組成；外部環境因素根據其對組織業績影響方式的不同，可分為一般環境因素和任務環境因素。

一個組織的績效，不僅取決於管理者的努力，而且受制於存在於組織內部和外部的各種條件因素的影響。只有在內外部環境允許的範圍內，管理者才能有所作為。管理者的工作成效通常取決於他們對環境的瞭解、認識和掌握的程度，取決於他們能否正確、及時和迅速地對內外部環境做出反應。

一個組織所處的環境根據環境的變化程度和環境的複雜程度可形成四種典型的組織環境：穩定而簡單的環境、動態而簡單的環境、穩定且複雜的環境、動態且複雜的環境。

為了有效地管理環境，管理者首先要瞭解環境因素的變化情況，然後運用分析工具對其進行分析研究，確定各環境因素對組織有什麼影響、有多大的影響等，最後對各種環境因素的影響作出相應的反應，使之朝著有助於組織的方向發展。

【復習思考題】
1. 什麼是管理環境？管理環境包括哪些具體因素？
2. 為什麼管理者要研究環境？
3. 請舉例分析任務環境因素對組織的影響。
4. 學校所在地社會風氣差，對於該學校而言，是否屬於環境因素？屬於什麼環境因素？
5. 組織文化的特點是什麼？試分析組織文化對管理實踐的影響。

【案例分析】

零售巨頭家樂福的「成」與「敗」

1. 家樂福的「成」

成立於1959年的法國家樂福是零售業大賣場業態的首創者，目前是歐洲第一大零售商。1994年家樂福作為首家外資零售企業進入中國市場，截至2010年5月份家樂福在中國內地的門面店有157家。這些都說明，家樂福在中國市場正不斷向成功邁進。

對於家樂福在中國市場的成功運作，許多人是「仁者見仁，智者見智」。

1992年之後，對外開放、招商引資、搞活經濟逐漸成為中國的頭等大事，家樂福的進入既符合當時的政策，又能在第一時間獲得認同，時至今日其在中國的策略很注重切合中國政府的制度與法律。眾所周知，家樂福針對供應商提出的「進店費」，在上海引發幾乎所有行業協會與其對峙，但是，政府機構始終沒有出面干預。進入2006年以來，家樂福在中國的多家分店因質量引發的各類糾紛不斷暴露出來，但這些並沒有影響家樂福在中國的擴張，相反，企業規模隨著分店的不斷增加，效益反倒越來越好。業內人士認為，家樂福依靠迎合與牽制地方政府的慾望屢戰屢勝，這也是靠制度營銷取勝的根本。

2. 家樂福的「敗」

作為一個國際知名品牌，在同屬亞洲的韓國，家樂福留下的卻是以失敗而告終的陰影。

在韓國，家樂福2005年的淨利潤約為68.6億韓元（約合707萬美元），這一業績在韓國零售連鎖店只能位列第四，這樣的業績顯然和家樂福的預期相差甚遠，最終家樂福於2006年4月3日首次出面承認，由於經營不善，公司將出售在韓國的全部32家店面，全線從韓國零售市場上「撤軍」。

家樂福在中國的「成功」做法，如果放在其他國家是否可行呢？我們最好讓事實來驗證。

第一，就勞資關係講，在韓國，由於家樂福為韓國工人提供的工資太低，韓國同業工會向其提出警告，儘管沒有引起法律上的訴訟，但對家樂福來講，則不敢掉以輕心。

第二，同樣在韓國，其營銷及管理方式也遇到了很大的挑戰。韓國的專家認為：家樂福營銷方式不能適應韓國是最失敗之處。家樂福應該瞭解韓國文化和消費者的口味，但是他們用全球的營銷方式在韓國經營公司，顯然是行不通的。韓國的人均收入在亞洲國家屬於高水準，其消費者對商品質量的比較，對超市的風格也很注意，這使得購家樂福裝飾簡單的大賣場和薄利多銷的營銷手段卻給消費者造成了廉價商品甩賣折價促銷的心理感覺。

第三，家樂福嚴格控制供貨商也引起了韓國供貨商的矛盾。當產品銷售不好的時候，家樂福往往把責任推卸給當地的供應商，並進一步打壓供貨產品的價格。韓國公平交易委員會稱，1998—2001 年，家樂福對供貨商的不合理收費高達 1776 億韓元（約 1.36 億美元）。在 1999—2001 年的 3 年間，韓國政府已經三次向家樂福發出罰款通知，罰款數十萬美元。

上述種種，我們不難理解為什麼家樂福「兵敗韓國」。

討論題：

1. 試通過家樂福在中國市場和韓國市場的不同際遇，分析組織外部環境對組織發展的影響。

2. 談談你對家樂福連鎖超市的感性認識，你認為如果該企業在中國要繼續發展應主要解決哪些方面的問題？

資料來源：中華考試網，有刪改。

【課後閱讀——管理大師】

亨利・法約爾
（Henri Fayol，1841—1925 年）

教育背景：聖艾蒂安國立礦業學院

思想/專長：古典管理理論

簡介：亨利・法約爾是古典管理理論的主要代表人之一，亦是管理過程學派的創始人。他出生於法國一個中產階級家庭，在一個煤礦公司當了 30 多年的總經理，創辦過一個管理研究中心。從 1918 年直到 1925 年，他致力於普及自己的管理理論工作，對他 30 年事業上的驚人成就加以總結。

評價/榮譽：亨利・法約爾是直到 20 世紀上半葉為止，歐洲貢獻給管理運動的最傑出的大師，被後人尊稱為「現代經營管理之父」。他最主要的貢獻在於三個方面：從經營職能中獨立出管理活動；提出管理活動所需的五大職能和 14 條管理原則。這三個方面也是其一般管理理論的核心。

出版物：法約爾的著述很多，1916 年出版的《工業管理和一般管理》是其最重要的代表作，標誌著一般管理理論的形成。他還著有《國家在管理上的無能——郵政與電訊》、《公共精神的覺醒》。論文有：提交給礦冶會議的關於《管理》的論文、《管理的一般原則》、《高等技術學校中的管理教育》、《管理職能在事業經營中的重要性》、《國家的工業化》、《郵電部門的管理改革》、《國家管理理論》，等等。

資料來源：百度百科，整理。

第四章
管理決策

【學習目標】
1. 理解決策的含義和特點；
2. 瞭解決策的過程並掌握決策的影響因素；
3. 認識決策的類型；
4. 掌握決策的基本方法。

【管理故事】

決策的兩難

西漢有個周亞夫，治軍作戰是個高手，漢文帝視察細柳營時看到了這一點，稱其為「真將軍」，而且在臨終前給他的兒子景帝交代，將來萬一打仗，這是用得上的人物。

很快，吳楚七國之亂爆發，周亞夫統兵上陣，與吳楚亂軍對峙。吳楚亂軍剽悍凶猛，利在速決。周亞夫屯兵中原，以逸待勞。亂軍打不過周亞夫，就去猛攻「居膏腴之地」的梁孝王。梁孝王吃緊，十萬火急向周亞夫求救。景帝也下達詔令讓周亞夫救梁。

這時，周亞夫面臨著一個決策的兩難選擇。如果救梁，等於放棄了起初制定的基本戰略，這正是吳楚亂軍所希望的。而如果不救梁，梁孝王是漢景帝的親兄弟，萬一有個閃失就得吃不了兜著走。最終，周亞夫的選擇是抗詔不救梁，堅持原來的「堅壁清野、固守不出」的戰略。結果，這一戰略果然取得了成功。吳楚亂軍的糧道一斷，軍需匱乏，兵敗如山倒。梁孝王死守唯陽，雖然萬分危急，但總算挺了三個月，迎來了勝利。

雖然周亞夫的這一選擇保住了漢室江山，卻得罪了梁孝王。就連本來信任他的漢景帝，也討厭他的桀驁不馴，發出「非少主臣也」的感嘆。最後，周亞夫父子因為買了陪葬用的兵甲，被以謀反罪逮捕。他辯解說這是冥器，又不是真正的兵甲。審他的官吏一句話就把他噎了回去：「縱不反地上，即欲反地下耳。」一代名將，就這樣死於獄卒之手。

管理啟示：

周亞夫決策的兩難，用當今語言來說，就是長遠利益和眼前利益、國家利益和個人利益的衝突。周亞夫做出了正確的決策，但卻把他自己逼上了絕路。

因此這就給我們的決策提出了一個值得思考的問題：如何在這種兩難決策中，盡

量設計出不損害決策當事人利益（最起碼不要損害到不可承受的地步）的方案？如果實在找不出這種方案，那麼，在保證長遠利益的同時對受損的眼前利益做出適當補償，在保證國家利益的同時努力把受損的個人利益控制在低限，就是決策是否具有可行性的一個重要方面。

<small>資料來源：劉文瑞，決策的兩難，管理學家，2007（10），有刪改。</small>

現實經濟世界中，廣泛存在著決策，大到國家，小到企業、家庭，甚至是個人，每天都在進行決策。例如，企業投資行為需要決策，企業中產品銷售行為需要決策，生產同樣需要決策，可以說決策無時無處不在。

第一節　決策概述

一、決策的含義及特點

決策是普遍的經濟行為，人們對決策的認識是一個由淺入深，由片面到全面的過程，不同學科對決策定義的側重點不同，因而形成了關於決策的不同解釋。

時至今日，對決策概念的界定不下上百種，但仍未形成統一的看法。諸多界定歸納起來，基本有以下三種理解：

廣義的理解是把決策看成一個包括提出問題、確立目標、設計和選擇方案的過程。

狹義的理解是把決策看作是從幾種備選的行動方案中作出最終抉擇，是決策者的拍板定案。

第三種理解是認為決策是對不確定條件下發生的偶發事件所做的處理決定。

赫伯特·西蒙認為決策就是找出要求制定決策的條件；尋找、擬定和分析可供選擇的行動方案；選擇特定的行動方案。鄧肯對決策的定義為理性的人對需要採取行動的局面以恰當的反應。

本書認為決策就是指在既定環境下，管理者從備選方案中選擇一項行動方案的過程。

理解決策定義，有以下四個基本要件：

第一，決策必定是有目的的行動過程。決策是為解決人們的某個問題或實現某個目標，沒有目的，也就沒有決策的必要；目的不同，決策方式不同，方案選擇不同。

第二，任何一個決策，必須有多個方案可供選擇。如果只有一個方案，不存在選擇，也就不存在決策。

第三，決策過程和結果是方案的比較和方案的優選。決策重點是如何在特定條件下進行方案的選擇，這個過程需要運用特殊方法；決策的最終結果必然是力爭實現方案的優選，選擇最優方案。這個地方需要指出，管理學發展已經證明大多數情況下無法實現最優方案，一般主張用「滿意」代替「最優」，從這個角度出發，決策最終歸宿也可以表述為選擇令人滿意的方案。

第四，決策是一個主觀與客觀相結合的過程。決策有一定程序和方法，但一定受到決策者最終價值觀念和經驗影響，因而部分決策行為是一個主觀過程。例如，假定你們學校有三個食堂，中午你吃飯時就面臨三個選擇，根據以往的經驗及自身情況你

最終選擇了一食堂就餐。這個決策是基於你對三個食堂的價值判斷而作出的，整個決策過程更多體現出來決策的主觀色彩。

現實經濟世界中，決策廣泛存在，具有許多共性的東西，體現出來許多特徵，一般認為決策行為具有以下特徵：

1. 普遍性

決策是一種普遍經濟現象，可以說現實經濟世界中的人無時無刻不在進行決策。

2. 時效性

任何決策行為，總是在特定階段受特定條件制約的行為，沒有不受時間限制的決策。例如，你大學畢業，面臨就業還是出國繼續深造的選擇，只有在大學畢業時才會面臨這種決策行為，其他時間點這種決策可能都不會出現。

3. 可行性

任何決策行為，在進行方案選擇時，必須具備可行性特徵。可行性決定決策的價值，只有可行的決策才是有價值的。

4. 動態性

決策是特定環境的方案選擇行為，受客觀條件的制約。當外部環境發生變化時，決策隨之變化，必須進行適當修改和調整。

【案例4－1】

阿斯旺水壩的災難

規模在世界數得著的埃及阿斯旺水壩在20世紀70年代初竣工了。這座水壩給埃及人帶來了廉價的電力，控制了水旱災害，灌溉了農田。但是，水壩不可避免地破壞了尼羅河流域的生態平衡，造成了一系列災難：由於尼羅河的泥沙和有機質沉積到水庫底部，尼羅河兩岸的綠洲失去肥源——幾億噸淤泥，土壤日益鹽噴化；由於尼羅河河口供沙不足，河口三角洲平原向內陸收縮，使工廠、港口、國防工事有跌入地中海的危險；由於缺乏來自陸地的鹽分和有機物，致使沙丁魚的年獲量減少1.8萬噸；由於大壩阻隔，使尼羅河下游的活水變成相對靜止的「湖泊」，血吸蟲病流行。埃及造此大壩所帶來的災難性後果，使人們深深的感嘆：悲劇最有可能發生在抉擇過程中，什麼樣的抉擇導致什麼樣的結果。真所謂「一失足成千古恨哪！」

討論題：

為什麼決策方案在帶來實現預定目標所希望正面效果的同時，往往也可能引起各種負面效果？

資料來源：周華文，MBA聯考300分奇跡——管理分冊（第4版），復旦大學出版社，2002年，有刪改。

二、決策的類型

由於企業活動非常複雜，因而管理者的決策也多種多樣。管理者在進行決策之前，首先要瞭解決策問題特徵，根據不同的特徵選擇不同的方法。目前，決策的分類很多，不同的分類方法，具有不同的決策類型，一般可以將決策分為以下幾種類型：

（一）按決策的作用分類

決策在企業經營過程中的作用是不同的，部分決策涉及企業全局，關係到企業生死存亡，例如企業發展戰略選擇；部分決策只涉及企業部門或局部，諸如銷售決策、原材料採購決策等。按照決策的作用不同，大致可以把決策分為三類：

（1）戰略決策。戰略決策是指有關企業的發展方向的重大全局決策，由高層管理人員作出。

（2）管理決策。管理決策是指為保證企業總體戰略目標的實現而解決局部問題的重要決策，由中層管理人員作出。

（3）業務決策。業務決策是指基層管理人員為解決日常工作和作業任務中的問題所作的決策。

（二）按決策的性質分類

決策可能面臨著不同條件制約，部分決策是企業生產經營活動過程中經常出現的，企業可以按照程式化方式加以處理；部分決策較具偶然性，是企業在實際生產經營過程中非經常性的，企業必須反覆權衡，運用特殊方法加以處理。按照決策的性質不同，大致可以將決策分為兩類：

（1）程序化決策。程序化決策是指有關常規的、反覆發生的問題的決策。

（2）非程序化決策。非程序化決策是指偶然發生的或首次出現而又較為重要的非重複性決策。

（三）按決策問題的條件分類

企業實際經營活動過程中的決策面臨的條件是不同的，部分決策可供選擇的方案確定性高，部分決策確定性較低。按照決策問題的條件，大致可以將決策分為三類。

（1）確定性決策。確定性決策是指可供選擇的方案中只有一種自然狀態時的決策，即決策的條件是確定的。

（2）風險型決策。風險型決策是指可供選擇的方案中存在兩種或兩種以上的自然狀態，但每種自然狀態所發生概率的大小是可以估計的。

（3）不確定型決策。不確定型決策是指在可供選擇的方案中存在兩種或兩種以上的自然狀態，而且這些自然狀態所發生的概率是無法估計的。

（四）按照決策主體特點分類

按照決策主體特徵分類，決策大致分為集體決策和個人決策。

集體決策是指多個人一起作出的決策。個人決策是指個人參與組織活動中的各種決策，也就是決策者只有一個人的決策，所以也稱為個體決策。相對於個人決策，集體決策有以下優點：

（1）集體決策能更大範圍地匯總信息；
（2）集體決策能擬訂更多的備選方案；
（3）集體決策能得到更多的認同；
（4）集體決策能更好地溝通；
（5）集體決策能作出更好的決策等。

但集體決策也有一些缺點，如花費較多的時間、產生「從眾現象」以及責任不明等。

個人決策由於決策者只有一個人，所以決策結果受決策者經驗、知識、價值觀等因素的影響，個人色彩濃厚。由於決策者的差異性，在面臨同一決策時，不同的決策者的選擇是不同的，甚至差異很大。

個人決策作為決策的重要組成部分，一般具有時間短、快速有效、部分情況下還能分散風險等優點。

（五）按照決策需要解決的問題分類

按照決策需要解決的問題分類，決策可以劃分為初始決策和追蹤決策。

初始決策是指組織對從事某種活動或從事該種活動的方案所進行得出次選擇。

追蹤決策是在初始決策的基礎上對組織活動方向、內容或方式的重新調整。

【案例 4-2】

王廠長的會議

王廠長是佳迪飲料廠的廠長，回顧 8 年的創業歷程真可謂是艱苦創業、勇於探索的過程。全廠上下齊心合力，同心同德，共獻計策為飲料廠的發展立下了不可磨滅的汗馬功勞。但最令全廠上下佩服的還數 4 年前王廠長決定購買二手設備（國外淘汰生產設備）的舉措。佳迪飲料廠也因此擠入國內同行業強手之林，令同類企業刮目相看。今天王廠長又通知各部門主管及負責人晚上 8 點在廠部會議室開會。部門領導們都清楚地記得 4 年前在同一時間、同一地點召開會議王廠長作出了購買進口二手設備這一關鍵性的決定。在他們看來，又有一項新舉措即將出抬。

晚上 8 點會議準時召開，王廠長莊重地講道：「我有一個新的想法，我將大家召集到這裡是想聽聽大家的意見或看法。我們廠比起 4 年前已經發展了很多，可是，比起國外同類行業的生產技術、生產設備來，還差得很遠。我想，我們不能滿足於現狀，我們應該力爭世界一流水準。當然，我們的技術、我們的人員等諸多條件還差得很遠，但是我想為了達到這一目標，我們必須從硬件條件入手，即引進世界一流的先進設備，這樣一來，就會帶動我們的人員，帶動我們的技術等一起前進。我想這也並非不可能，4 年前我們不就是這樣做的嗎？現在工廠規模擴大了，廠內外事務也相應地增多了，大家都是各部門的領導及主要負責人，我想聽聽大家的意見，然後再作決定。」

會場一片肅靜，大家都清楚記得，4 年前王廠長宣布他引進二手設備的決定時，有近 70% 成員反對，即使後來王廠長談了他近三個月對市場、政策、全廠技術人員、工廠資金等廠內外環境的一系列調查研究結果後，仍有半數以上人持反對意見，10% 的人持保留態度。因為當時很多廠家引進設備後，由於不配套和技術難以達到等因素，均使高價引進設備成了一堆閒置的廢鐵。但是王廠長在這種情況下仍採取了引進二手設備的做法。事實表明這一舉措使佳迪飲料廠擺脫了企業由於當時設備落後、資金短缺所陷入的困境。二手設備那時價格已經很低，但在中國尚未被淘汰。因此，佳迪飲料廠也由此走上了發展的道路。

工廠長見大家心有餘悸的樣子，便說道：「大家不必顧慮，今天這一項決定完全由大家決定，我想這也是民主決策的體現，如果大部分人同意，我們就宣布實施這一決定；如果大部分人反對的話，我們就取消這一決定。現在大家舉手錶決吧。」

於是會場上有近 70% 人投了贊成票。

討論題：

1. 王廠長的兩次決策過程合理嗎？為什麼？
2. 如果你是王廠長，在兩次決策過程中應做哪些工作？
3. 影響決策的主要因素是什麼？

資料來源：MBA 智庫百科，有刪改。

三、決策的原則

決策原則是決策過程中必須遵從的基本準則,從宏觀上規定了決策過程中必須遵從的、共性地體現出決策本質的準則。它是科學決策指導思想的反應,也是決策實踐經驗的概括。根據決策活動的特徵和要求,大致可以將決策原則表述為五個方面。

(一) 滿意原則

決策遵循的是滿意原則,而不是最優原則。在進行方案選擇時,受到很多主觀、客觀因素的制約,諸如信息完全、信息透明、預測合理,這些條件在決策過程中很難同時滿足,從而導致最優方案很難實現。實際決策過程中通常會採用令人滿意的、在目前環境中足夠好的行動方案。

(二) 分級原則

決策的一個重要的特徵就是層次性,因而決策必須分級進行,分散進行。全局性的戰略性的決策由高層進行,一般部門性、常規的局部決策就由職能部門自身完成。

遵從分級原則體現了系統論的觀點,有利於提高決策效率。同時,由於部門決策存在著信息更加完全、決策者更加專業化、部分決策有例可循等特徵,有利於提高決策科學性,最終提高決策的效果。

(三) 集體和個人相結合原則

由於現實經濟世界中的決策問題多種多樣,條件也不盡相同。部分決策只涉及局部,要求短期內快速作出,比如突發事件決策;部分決策事關全局,要求決策高度科學、可行,比如企業戰略決策。因此,實際決策過程中必須要遵從集體決策和個人決策相結合的原則,充分發揮集體決策和個人決策的優點,同時規避集體決策和個人決策的局限性,最終提高決策的效率和效果。

(四) 定性分析與定量分析相結合原則

定性決策是一種直接利用決策者本人或有關專家的智慧來進行決策的方法,即是決策者根據所掌握的信息,通過對事物運動規律的分析,在把握事物內在本質聯繫基礎上進行決策的方法。定量決策方法常用於數量化決策,應用數學模型和公式來解決一些決策問題,即是運用數學工具,建立反應各種因素及其關係的數學模型,並通過對這種數學模型的計算和求解,選擇出最佳的決策方案。

定性決策依據專家自身知識、智慧、經驗等,一般適用於影響因素多、很難數量化的戰略問題。定量決策一般依賴數量化的方法,決策的時效性和準確性高,一般適用於能夠數量化條件的決策。實際決策中,必須做到定性與定量相結合的方法,盡可能提高決策科學性、時效性。

(五) 整體效用原則

管理是一個系統的工程,決策同樣是一個系統工程,任何決策必須有全局的觀點,始終遵從整體高於局部,強調決策的整體效益而非局部效益,這就要求實際決策過程中當整體效用與局部效用發生矛盾時,以整體效用作為決策的準繩,強調個體服從整體。

第二節　決策的過程和影響因素

決策是一項複雜的經濟活動，這項活動有其自身規律性，實際決策過程中必須遵從一定程序。作為管理學的學習者，掌握決策的過程，有利於提高自身管理能力，提高決策的正確率。

一、決策的過程

一般來說，決策的過程大致包含八個步驟，從識別問題開始，到選擇能解決問題的方案，最後結束於評價決策效果，如圖4－1所示。

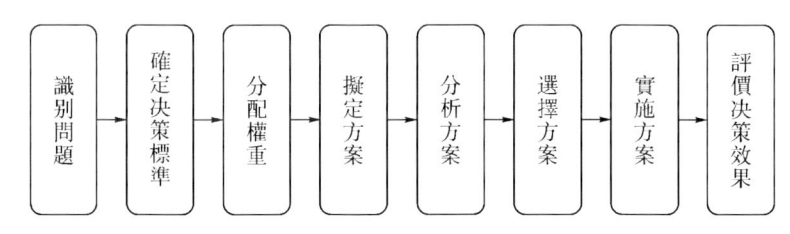

識別問題 → 確定決策標準 → 分配權重 → 擬定方案 → 分析方案 → 選擇方案 → 實施方案 → 評價決策效果

圖4－1　決策的過程

（1）識別問題。決策過程始於一個存在的問題，即現實與期望狀態之間存在的差異。

（2）確定決策標準。管理者必須確定什麼因素與決策相關。

（3）給每個標準分配權重。並非上一步所列的標準都是同等重要的，因此，為了在決策中恰當的考慮它們的優先權，有必要明確每個標準的重要性。

（4）擬訂方案。這一步要求制定者列出能夠成功解決問題的可行方案，這一步無需評價方案，只需列出即可。

（5）分析方案。方案一旦擬定後，決策者必須批評地分析每一個方案。這些方案經過與步驟2、3所述的標準與權重的比較後，每一方案的優缺點就變得明顯了。

（6）選擇方案。決策者要選擇方案中得分最高的。

（7）實施方案。

（8）評價決策效果。決策者要評價實施的方案，看它是否以解決了問題。

【即問即答】購置一輛小汽車的決策標準可以包括哪些？

二、決策的影響因素

決策總是在特定環境下，運用過去的信息作出的抉擇，必然受到諸如環境等諸多因素的制約，決策的影響因素有很多，包括環境、風險態度、決策者自身的知識經驗等。實際決策過程，必須要重視影響因素，分析影響因素。概括說來，決策的影響因素一般包括五個方面，如圖4－2所示。

（一）環境

決策總是在特定環境下進行的選擇，環境對組織決策的影響是不言而喻的。一般認為環境主要從兩個方面影響決策，這種影響是雙重的。

```
                        環境
決策時間的緊迫性     決策的      組織文化
                    影響因素

    決策者對風險的態度      過去的決策
```

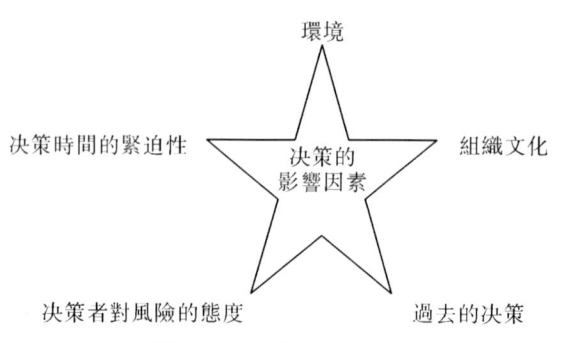

圖 4－2　決策的影響因素

1. 環境的特點影響著組織的活動選擇

就企業而言，需對經營方向和內容經常進行調整。位於壟斷市場上的企業，通常將經營重點致力於內部生產條件的改善、生產規模的擴大以及生產成本的降低；而處在競爭市場上的企業，則需密切註視競爭對手的動向，不斷推出新產品，努力改善營銷宣傳，建立健全銷售網絡。

2. 對環境的習慣反應模式也影響著組織的活動選擇

即使在相同的環境背景下，不同的組織也可能作出不同的反應。而這種調整組織與環境之間關係的模式一旦形成，就會趨向固定，限制著人們對行動方案的選擇。

(二) 組織文化

組織文化制約著組織及其成員的行為以及行為方式。在決策層次上，組織文化通過影響人們對改變的態度而發生作用。

任何決策的制定，都是對過去在某種程度上的否定；任何決策的實施，都會給組織帶來某種程度的變化。組織成員對這種可能產生的變化會懷有抵禦或歡迎兩種截然不同的態度。在偏向保守、懷舊、維持的組織中，人們總是根據過去的標準來判斷現在的決策，總是擔心在變化中會失去什麼，從而對將要發生的變化產生懷疑、害怕和抗拒的心理與行為；相反，在具有開拓、創新氣氛的組織中，人們總是以發展的眼光來分析決策的合理性，總是希望在可能產生的變化中得到什麼，因此渴望變化、歡迎變化、支持變化。顯然，歡迎變化的組織文化有利於新決策的實施，而抵禦變化的組織文化則可能給任何新決策的實施帶來災難性的影響。在後一種情況下，為了有效實施新的決策，必須首先通過大量工作改變組織成員的態度，建立一種有利於變化的組織文化。因此，決策方案的選擇不能不考慮到改變現有組織文化而必須付出的時間和費用的代價。

(三) 過去的決策

今天是昨天的繼續，明天是今天的延伸。歷史總是要以這種或那種方式影響著未來。在大多數情況下，組織決策不是在一張白紙上進行初始決策，而是對初始決策的完善、調整或改革。組織過去的決策便是目前決策過程的起點。過去選擇的方案的實施，不僅伴隨著人力、物力、財力等資源的消耗，而且伴隨著內部狀況的改變，帶來了對外部環境的影響。「非零起點」的決策不能不受到過去決策的影響。過去的決策對目前決策的制約受到與現任決策者的關係的影響。如果過去的決策是由現在的決策者制定的，而決策者通常要對自己的選擇及其後果負管理上的責任，因此會不願對組織

活動進行重大調整，而傾向於仍把大部分資源投入到過去方案的執行中，以證明自己的一貫正確。相反，如果現在的主要決策者與組織過去的重要決策沒有很深的淵源關係，則會易於接受重大改變。

(四) 決策者對風險的態度

風險是指失敗的可能性。由於決策是人們確定未來活動的方向、內容和目標的行動，而人們對未來的認識能力有限，目前預測的未來狀況與未來的實際狀況不可能完全相符，因此在決策指導下進行的活動，既有成功的可能，也有失敗的危險。任何決策都必須冒一定程度的風險。組織及其決策者對待風險的不同態度會影響決策方案的選擇。願意承擔風險的組織，通常會在被迫對環境作出反應以前就已採取進攻性的行動；而不願承擔風險的組織，通常只能對環境作出被動的反應。願冒風險的組織經常進行新的探索，而不願承擔風險的組織，其活動則要受到過去決策的嚴重限制。

(五) 決策時間的緊迫性

美國學者威廉・R. 金和大衛・I. 克里蘭把決策類型劃分為時間敏感決策和知識敏感決策。

時間敏感決策是指那些必須迅速而盡量準確的決策。戰爭中軍事指揮官的決策大多屬於此類，這種決策對速度的要求遠甚於質量。例如，當一個人站在馬路當中，一輛疾駛的汽車向他衝來時，關鍵是要迅速跑開，至於跑向馬路的左邊近些，還是右邊近些，相對於及時行動來說則顯得比較次要。

相反，知識敏感決策，對時間的要求不是非常嚴格。這類決策的執行效果主要取決於其質量，而非速度。制定這類決策時，要求人們充分利用知識，作出盡可能正確的選擇。組織關於活動方向與內容的決策，即前面提到的戰略決策，基本屬於知識敏感決策。

這類決策著重於運用機會，而不是避開威脅，著重於未來，而不是現在。所以，選擇方案時，在時間上相對寬裕，並不一定要求必須在某一日期以前完成。但是，也可能出現這樣的情況，外部環境突然發生了難以預料和控制的重大變化，對組織造成了重大威脅。這時，組織如不迅速作出反應，進行重要改變，則可能引起生存危機。這種時間壓力可能限制人們能夠考慮的方案數量，也可能使人們得不到足夠的評價方案所需的信息；同時，還會誘使人們偏重消極因素，忽視積極因素，倉促決策。

【看圖學管理】

管理者的任何決策都是在已知條件有限的情況下作出的，根本不存在各種條件都一清二楚，結果也一目了然的決策。但請記住：「猶豫不決固然可以免去一些做錯事的機會，但也失去了成功的機遇。」所以，凡事要當機立斷，立即行動，不能瞻前顧後、猶豫不決。只要是自己認定的事情，就迅速作出決策。

圖片來源：http://management.yidaba.com

第三節　決策方法

根據組織面臨的不同條件，決策需要採用不同的方法。決策的主要方法分為兩類——定性決策方法和定量決策方法。

一、定性決策方法

定性決策方法又稱軟方法，是一種直接利用決策者本人或有關專家的智慧來進行決策的方法，即是決策者根據所掌握的信息，通過對事物運動規律的分析，在把握事物內在本質聯繫基礎上進行決策的方法。這種方法適用於受社會經濟因素影響較大的，因素錯綜複雜以及涉及社會心理因素較多的綜合性的戰略問題，是企業界決策採用的主要方法。其主要優點是：可以發揮集體的智慧和力量，通過思維共振激發創造性；它有利於促進決策的科學化和民主化；形成一套如何利用專家集體創造力的基本理論和具體的具有可操作性和規範化、程序化特徵的方法；建立在現代科學理論和一系列學科群的基礎上，充分吸納了其他學科的知識和研究方法的長處，形成了以知識交換融和為基礎的系統思維和綜合論證條件；方便靈活，通用性強，適應範圍廣，容易為人們掌握和應用，特別適用於戰略政策、政治政策和非規範化政策的制定領域。

但這一方法也有顯而易見的局限性：其一，缺乏準確的量的分析和計算，在使用範圍上受到相當程度的限制；其二，在一定程度上限制人們對政策方案的理性選擇。

定性決策方法主要有德爾菲法、頭腦風暴法、哥頓法、電子會議等，其中以德爾菲法和頭腦風暴法最常用。

（一）頭腦風暴法

頭腦風暴法是由現代創造學的創始人——美國學者阿歷克斯·奧斯本於1938年首次提出。頭腦風暴法原指精神病患者頭腦中短時間出現的思維紊亂現象，病人會產生大量的胡思亂想。奧斯本借用這個概念來比喻思維高度活躍，打破常規的思維方式而產生大量創造性設想的狀況。現代頭腦風暴法要求參與者敞開思想，使各種設想在相互碰撞中激起腦海的創造性風暴。

1. 頭腦風暴法的基本程序

頭腦風暴法力圖通過一定的討論程序與規則來保證創造性討論的有效性，討論程序構成了頭腦風暴法能否有效實施的關鍵因素。

從程序來說，組織頭腦風暴法關鍵在於以下幾個環節：

（1）確定議題

一個好的頭腦風暴法從對問題的準確闡明開始。因此，必須在使用前確定一個目標，使參與者明確通過這次討論需要解決什麼問題，同時不要限制可能的解決方案的範圍。一般而言，比較具體的議題能使參與者較快產生設想，主持人也較容易掌握；比較抽象和宏觀的議題引發設想的時間較長，但設想的創造性也可能較強。

（2）會前準備

為了使頭腦風暴談會的效率較高，效果較好，可在會前做一點準備工作。如收集一些資料預先給大家參考，以便與會者瞭解與議題有關的背景材料和外界動態。就

參與者而言，在開會之前，對於要解決的問題一定要有所瞭解。會場可做適當布置，座位排成圓環形的環境往往比教室式的環境更為有利。此外，在頭腦風暴暢談會正式開始前還可以出一些創造力測驗題供大家思考，以便活躍氣氛，促進思維。

(3) 確定人選

一般以 8~12 人為宜，也可略有增減。與會者人數太少不利於交流信息，激發思維；而人數太多則不容易掌握，並且每個人發言的機會相對減少，也會影響會場氣氛。

(4) 明確分工

要推定一名主持人，1~2 名記錄員。主持人的作用是在頭腦風暴暢談會開始時重申討論的議題和紀律；在會議進程中啟發引導，掌握進程，如通報會議進展情況，歸納某些發言的核心內容，提出自己的設想，活躍會場氣氛，或者讓大家靜下來認真思索片刻再組織下一個發言高潮等。記錄員應將與會者的所有設想都及時編號，簡要記錄，最好寫在黑板等醒目處，讓與會者能夠看清。記錄員也應隨時提出自己的設想，切忌持旁觀態度。

(5) 規定紀律

根據頭腦風暴法的原則，可規定幾條紀律，要求與會者遵守。如要集中注意力積極投入，不消極旁觀；不要私下議論，以免影響他人的思考；發言要針對目標，開門見山，不要客套，也不必做過多的解釋；與會者之間相互尊重，平等相待，切忌相互褒貶；等等。

(6) 掌握時間

會議時間由主持人掌握，不宜在會前定死。一般來說，以幾十分鐘為宜。時間太短與會者難以暢所欲言，太長則容易產生疲勞感，影響會議效果。經驗表明，創造性較強的設想一般要在會議開始 10~15 分鐘後逐漸產生。美國創造學家帕內斯指出，會議時間最好安排在 30~45 分鐘之間。倘若需要更長時間，就應把議題分解成幾個小問題分別進行專題討論。

2. 成功的頭腦風暴法的關鍵因素

一次成功的頭腦風暴暢談會除了在程序上的要求之外，更為關鍵是探討方式和心態上的轉變，概言之，即充分的、非評價性的、無偏見的交流。具體而言，則可歸納以下幾點：

(1) 自由暢談

參加者不應該受任何條條框框限制，放鬆思想，讓思維自由馳騁。從不同角度，不同層次，不同方位，大膽地展開想像，盡可能地標新立異，與眾不同，提出獨創性的想法。

(2) 延遲評判

進行頭腦風暴暢談會時必須堅持當場不對任何設想作出評價的原則。既不能肯定某個設想，又不能否定某個設想，也不能對某個設想發表評論性的意見。一切評價和判斷都要延遲到會議結束以後才能進行。這樣做一方面是為了防止評判約束與會者的積極思維，破壞自由暢談的有利氣氛；另一方面是為了集中精力先開發設想，避免把應該在後階段做的工作提前進行，影響創造性設想的大量產生。

(3) 禁止批評

絕對禁止批評是頭腦風暴法應該遵循的一個重要原則。參加頭腦風暴暢談會的每

個人都不得對別人的設想提出批評意見，因為批評對創造性思維無疑會產生抑制作用。同時，發言人的自我批評也在禁止之列。有些人習慣於用一些自謙之詞，這些自我批評性質的說法同樣會破壞會場氣氛，影響自由暢想。

（4）追求數量

頭腦風暴暢談會的目標是獲得盡可能多的設想，追求數量是它的首要任務。參加會議的每個人都要抓緊時間多思考，多提設想。至於設想的質量問題，自可留到會後的設想處理階段去解決。在某種意義上，設想的質量和數量密切相關，產生的設想越多，其中的創造性設想就可能越多。

（5）會後的設想處理

通過組織頭腦風暴暢談會，往往能獲得大量與議題有關的設想。至此任務只完成了一半。更重要的是對已獲得的設想進行整理、分析，以便選出有價值的創造性設想來加以開發實施。這個工作就是設想處理。

頭腦風暴法的設想處理通常安排在頭腦風暴暢談會的次日進行。在此以前，主持人或記錄員應設法收集與會者在會後產生的新設想，以便一併進行評價處理。

設想處理的方式有兩種。一種是專家評審，可聘請有關專家及暢談會與會者代表若干人（5人左右為宜）承擔這項工作。另一種是二次會議評審，即由頭腦風暴暢談會的參加者共同舉行第二次會議，集體進行設想的評價處理工作。

（6）避免誤區

頭腦風暴是一種技能，一種藝術，頭腦風暴的技能需要不斷提高。如果想使頭腦風暴保持高的績效，必須每個月進行不止一次的頭腦風暴。

有活力的頭腦風暴暢談會傾向於遵循一系列陡峭的「智能」曲線，開始動量緩慢地積聚，然後非常快，接著又開始進入平緩的時期。頭腦風暴主持人應該懂得通過小心地提及並培育一個正在出現的話題，讓創意在陡峭的「智能」曲線階段自由形成。

頭腦風暴提供了一種有效的就特定主題集中注意力與思想進行創造性溝通的方式，無論是對於學術主題探討或日常事務的解決，都不失為一種可資借鑑的途徑。唯需謹記的是使用者切不可拘泥於特定的形式，因為頭腦風暴法是一種生動靈活的技法，應用這一技法的時候，完全可以並且應該根據與會者情況以及時間、地點、條件和主題的變化而有所變化、有所創新。

【案例4-3】

用直升飛機扇雪

有一年冬天，大雪接連襲擊美國北方，電線上積滿了冰雪，大跨度的電線常被積雪壓斷，造成了許多事故。電業公司緊急召集專業技術人員開會，研究清除電線上積雪的問題。會上，大家七嘴八舌地議論起來。有的提出設計一種帶機械手的專用清雪機，有的建議研製一種電熱裝置去化解電線上的積雪……

公司經理思考後認為，這些想法在技術上雖然可行，但研製費用較大，週期也太長，一時難以奏效。於是再問大家，有沒有更新的辦法，會場內鴉雀無聲。

這時，一位正在室內幹活的保潔員為打破沉悶的氣氛，逗趣地插嘴說：「既然你們沒辦法，那就讓我坐直升飛機去掃雪好了。」

帶著掃帚乘直升飛機去掃電線上的積雪，這真是個荒唐的想法，大家頓時哄笑起來。然而，一名工程師在百思不得新法時，聽到坐直升飛機掃雪的戲言，大腦像突然

受到了衝擊，一種簡單可行且高效率的清雪方法冒了出來。

他想，每當大雪過後，出動直升飛機沿積雪嚴重的電線飛行，依靠高速旋轉的螺旋槳產生的強大氣流，難道不能將電線上的積雪扇落嗎？於是他馬上提出了「用直升飛機扇雪」的新方案。

經過討論，大家都認為這的確是一種富有創意的設想，值得一試。

經過現場試驗，發現用直升機扇雪真能奏效，一個久懸未決的難題，終於在頭腦風暴會中得到了巧妙解決。

資料來源：丁文祥，荒唐與創新有時只差一步，思維與智慧，2006（08），有刪改。

（二）德爾菲法

德爾菲法以古希臘城市 Delphi 命名，具有集眾人智慧的意思，這種方法最早由赫爾姆和達克爾首創，經過戈登和蘭德公司進一步發展而成。

德爾菲法，又名專家意見法，是依據系統的程序，採用匿名發表意見的方式，即團隊成員之間不得互相討論，不發生橫向聯繫，只能與調查人員發生聯繫，以反覆地填寫問卷，整合問卷填寫人的共識並搜集各方意見，可用來構造團隊溝通流程，應對複雜任務難題的管理技術。

1. 德爾菲法的特徵

德爾菲法基本特徵包含兩個方面：

（1）匿名性

因為採用這種方法時，所有專家組成員不直接見面，只通過函件交流，就可以消除權威的影響。這是該方法的主要特徵。

（2）反饋性

該方法需要經過三到四個輪迴進行信息反饋，在每次反饋中使調查組和專家組都可以進行深入研究，使得最終結果基本能夠反應專家的基本想法和對信息的認識，所以結果較為客觀、可信。

2. 德爾菲法的程序

德爾菲法一般分為以下幾個步驟：

第一次，提出要求，明確預測目標，用書面通知被選定的專家。德爾菲法要求每位專家說明有什麼特別資料可用來分析這些問題以及這些資料的使用方法。同時，請專家提供有關資料，並請專家提出進一步需要哪些資料。

第二次，專家接到通知後，根據自己的知識和經驗，對所預測事件的未來發展趨勢提出自己的觀點，並說明其依據和理由，以書面答復主持預測的單位。

第三次，預測領導小組根據專家預測的意見，加以歸納整理，對不同的預測值分別說明預測值的依據和理由（根據專家意見，但不註明哪個專家意見），然後再寄給各位專家，要求專家修改自己原先的預測，以及提出還有什麼要求。

第四次，專家接到第二次資料後，就各種預測的意見及其依據和理由進行分析，再次進行預測，提出自己修改的意見及其依據和理由。

如此反覆往返徵詢、歸納、修改、直到意見基本一致為止，修改的次數根據需要決定。

（三）其他方法

1. 哥頓法

哥頓法是美國人哥頓於 1964 年提出的決策方法。該法與頭腦風暴法相類似，先由

會議主持人把決策問題向會議成員（即專家成員）作籠統的介紹，然後由會議成員海闊天空地討論解決方案。當會議進行到適當時機，決策者將決策的具體問題展示給小組成員，使小組成員的討論進一步深化，最後由決策者吸收討論結果，進行決策。

2. 電子會議

最新的定性決策方法是將名義群體法與尖端的計算機技術相結合的電子會議。會議所需的技術一旦成熟，概念就簡單了。多達50人圍坐在一張馬蹄形的桌子旁。這張桌子上除了一系列的計算機終端外別無他物。將問題顯示給決策參與者，他們把自己的回答打在計算機屏幕上。個人評論和票數統計都投影在會議室內的屏幕上。

4. 淘汰法

即先根據一定條件和標準，對全部備選方法篩選一遍，把達不到要求的方案淘汰掉，以達到縮小選擇範圍的目的。

5. 環比法

也叫「0-1評分法」，即在所有方案中兩兩比較，優者得1分，劣者得0分，然後以各方案得分多少為標準選擇方案。

二、定量決策方法

定量決策方法是指利用數學模型進行優選決策方案的決策方法，常用於數量化決策。應用數學模型和公式來解決一些決策問題，即是運用數學工具、建立反應各種因素及其關係的數學模型，並通過對這種數學模型的計算和求解，選擇出最佳的決策方案。對決策問題進行定量分析，可以提高常規決策的時效性和決策的準確性。運用定量決策方法進行決策也是決策方法科學化的重要標誌。

定量決策方法的優點有：

（1）它可以提高決策的準確性、最優性、可靠性；

（2）它可以使決策者從常規決策中解脫出來，把注意力集中在關鍵性、全局性的重大戰略決策方面，這又幫助了領導者提高重大戰略決策的正確性和可靠性。

定量決策方法也有其局限性，例如：有些變量難以定量；數學手段本身深奧難懂；花錢多，不適合一般決策問題。

定量決策一般分為確定型決策、風險型決策和不確定型決策三類。

（一）確定型決策

確定型決策方法的特點是只有一種選擇，決策沒有風險，只要滿足數學模型的前提條件，數學模型就會給出特定的結果。本書主要介紹盈虧平衡分析模型。

盈虧平衡分析又稱保本點分析或本量利分析法，是根據產品的業務量（產量或銷量）、成本、利潤之間的相互制約關係的綜合分析，用來預測利潤，控制成本，判斷經營狀況的一種數學分析方法，如圖4-3所示。

一般說來，企業收入＝成本＋利潤，如果利潤為零，則有收入＝成本＝固定成本＋變動成本，而收入＝銷售量×價格，變動成本＝單位變動成本×銷售量，這樣由銷售量×價格＝固定成本＋單位變動成本×銷售量，可以推導出盈虧平衡點的計算公式為：

盈虧平衡點（銷售量）＝固定成本/單位的貢獻毛益

例1：

某公司生產A產品固定成本為80萬元，單位變動成本1,200元，該產品的售價每

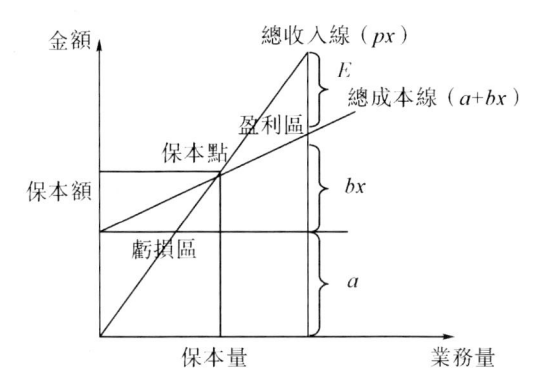

圖4-3　盈虧平衡點分析圖形

件1,600元，計算該產品的盈虧平衡點。

解：首先計算單位貢獻毛益：1,600 - 1,200 = 400（元）

其次計算盈虧平衡點的產量：Q = 800,000/400 = 2,000件

說明當企業該產品產量達到2,000件時，正好保本，實際產量大於2,000件，有盈利，實際產量小於2,000件，虧損。

(二) 風險型決策

現實經濟世界和企業生產經營過程中，會碰到這樣的情況，一個決策方案對應幾個相互排斥的可能狀態，每一種狀態都以一定的可能性（概率0～1）出現，並對應特定結果，這時的決策就被稱為風險型決策。風險型決策的目的是如何使收益期望值最大，或者損失期望值最小。期望值是一種方案的損益值與相應概率的乘積之和。下面我們用決策樹來說明風險型決策方法。

決策樹是用二叉樹形圖來表示處理邏輯的一種工具，可以直觀、清晰地表達加工的邏輯要求，特別適合於判斷因素比較少、邏輯組合關係不複雜的情況。

決策樹提供了一種展示在什麼條件下會得到什麼值這類規則的方法，一般需要通過圖形解決，如圖4-4所示。

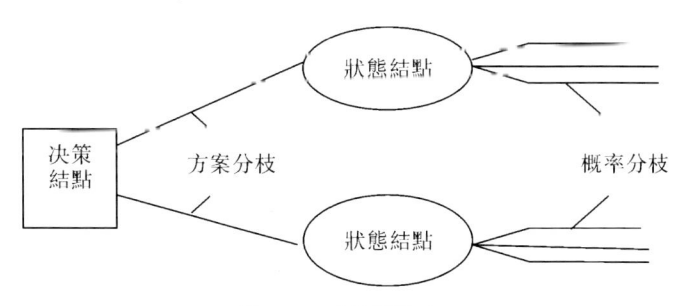

圖4-4　決策樹圖形

決策樹由節點和分枝組成。節點有兩種：一種叫決策點，從決策點引起的分枝叫方案分枝；另一種叫狀態點，從狀態點引起的分枝叫概率枝，每一概率枝表示一種自然狀態，是非決策者所能控制的。

決策樹法的實施步驟：

1. 畫出決策樹形圖

繪製決策樹形圖的基礎是決策者對未來各種可能情況周密思考的結果。即決策樹形圖是人們對某個決策問題未來發展情況的可能性所作的預測在圖紙上的反應。因此，繪製決策樹圖形的過程實際上也就是進行預測和決策模擬的認識過程。

2. 計算損益值

損益值，或稱期望值、損益期望值等，是衡量決策利弊、優劣的數量表示方式，也是用以比較各個抉擇方案經濟效益的一個準則。當損益值大於零為正數時，就是益值；當損益值小於零為負數時，就是損值。損益值越大，表示方案實施後可能獲得的利益也就越大；損益值越小，表示方案實施後可能獲得的利益也就越小，損失可能越大。損益期望值的計算要從右向左依次進行。首先根據各自然狀態的發生概率和相應的損益值計算各自然狀態的損益期望值，當遇到自然狀態點時，計算其各個概率分支的損益期望值之和，標於自然狀態點上。

3. 比較損益值的大小

比較不同方案的期望損益值大小，期望值最大的一個方案分支，即為選定的最優方案。

例2：

某企業在下年度有開發甲乙兩種產品的方案可供選擇，每種方案都面臨著暢銷、一般、滯銷三種狀態，各種狀態的概率及損益值如表4-1所示，試用決策樹法進行決策。

表4-1　　　　　　　　三種市場狀態的概率及損益值

市場狀態 損益值　概率 方案	暢銷 0.4	一般 0.3	滯銷 0.3
甲方案	500	200	-100
乙方案	300	150	0

解：

(1) 根據已知條件繪製決策樹

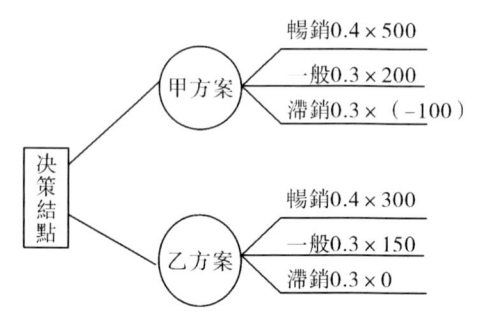

```
                       暢銷 0.4 × 500
                 ┌─ 甲方案 ─ 一般 0.3 × 200
                 │         滯銷 0.3 × (-100)
  決策結點 ──────┤
                 │         暢銷 0.4 × 300
                 └─ 乙方案 ─ 一般 0.3 × 150
                           滯銷 0.3 × 0
```

(2) 計算各方案的期望值

甲方案的期望值 = 0.4 × 500 + 0.3 × 200 + 0.3 × (-100) = 230

乙方案的期望值 = $0.4 \times 300 + 0.3 \times 150 + 0.3 \times 0 = 165$

（3）決策（剪枝）

剪去期望值小的乙方案

∴ 選擇甲方案為最佳方案

(三) 不確定型決策

風險型決策方法中計算期望值的前提是能夠判斷各種狀況出現的概率。如果出現的概率不清楚，就需要用不確定型決策。其具體方法主要有四種，即冒險法、保守法、折中法、最小遺憾值準則，採用何種方法取決於決策者對待風險的態度。

1. 冒險法（大中取大法）

冒險法也稱樂觀決策法，遵循大中取大的原則。決策者不知道各種自然狀態中任一種可能發生的概率，決策的目標是選最好的自然狀態下確保獲得最大可能的利潤。運用冒險法進行決策時，先確定每一可選方案的最大利潤值，然後在這些方案的最大利潤中選出一個最大值，與該最大值相對應的那個可選方案便是決策選擇的方案。由於根據這種準則決策也能有最大虧損的結果，因而稱之冒險投機的準則。

冒險法步驟一般分為：

（1）求出每個方案的最大損益值；

（2）求出各方案中最大損益值的最大值。

2. 保守法（小中取大法）

保守法也稱瓦爾德決策準則，遵循小中取大的原則。決策者不知道各種自然狀態中任一種發生的概率，決策目標是避免最壞的結果，力求風險最小。運用保守法進行決策時，先確定每一可選方案的最小收益值，然後從這些方案最小收益值中，選出一個最大值，與該最大值相對應的方案就是決策所選擇的方案。

保守法步驟一般分為：

（1）求出每個方案的最小損益值；

（2）求出各方案中最小損益值的最大值。

3. 折中法（現實估計值法）

折中法也稱拉普拉斯決策準則。採用這種方法，是假定自然狀態中任何一種發生的可能性是相同的，通過比較每個方案的損益平均值來進行方案的選擇，在利潤最大化目標下，選取擇平均利潤最大的方案，在成本最小化目標下選擇平均成本最小的方案。

折中法步驟一般分為：

（1）根據最大值系數計算每個方案的期望收益值（最大值和最小值的加權平均值）；

（2）求出各方案期望收益值中的最大值。

4. 最小遺憾值準則

最小遺憾值準則也稱薩凡奇決策準則，或是後悔值法。決策者不知道各種自然狀態中任一種發生的概率，決策目標是確保避免較大的機會損失。運用這種方法時，首先要將決策矩陣從利潤矩陣轉變為機會損失矩陣；然後確定每一可選方案的最大機會損失；再次，在這些方案的最大機會損失中，選出一個最小值，與該最小值對應的可選方案便是決策選擇的方案。

最小遺憾值準則步驟一般分為：

（1）求出每個方案在不同狀態下的後悔值；

（2）求出每個方案的最大後悔值；

（3）在各方案最大後悔值中求出最小值。

例3：

某企業計劃開發新產品，有三種設計方案可供選擇。不同的設計方案製造成本、產品性能各不相同，在不同的市場狀態下的損益值也不同。有關資料如表4-2所示。

表4-2　　　　　　　　　三種市場狀態下的概率及損益值

市場狀態 損益值 方案	暢銷	一般	滯銷
方案A	150	100	50
方案B	180	80	25
方案C	250	50	10

試用冒險法、保守法、折中法、後悔值法分別選出最佳方案（假設最大值系數為0.7）

解：

1. 冒險法

（1）求出每個方案的最大損益值

方案A Max {150, 100, 50} = 150

方案B Max {180, 80, 25} = 180

方案C Max {250, 50, 10} = 250

（2）求出三個方案中最大損益值的最大值

Max {150, 180, 250} = 250

∴它對應的C方案就是最佳方案。

2. 保守法

（1）求出每個方案的最小損益值

方案A Min {150, 100, 50} = 50

方案B Min {180, 80, 25} = 25

方案C Min {250, 50, 10} = 10

（2）求出三個方案中最小損益值的最大值

Max {50, 25, 10} = 50

∴它對應的A方案就是最佳方案。

3. 折中法

因為最大值系數為0.7，所以最小值系數為0.3。

（1）計算每個方案的期望收益值（最大值和最小值的加權平均值）

方案A 期望收益值 = 150 × 0.7 + 50 × 0.3 = 120

方案B 期望收益值 = 180 × 0.7 + 25 × 0.3 = 133.5

方案C 期望收益值 = 250 × 0.7 + 10 × 0.3 = 178

（2）求出三個方案中的最大值

Max {120, 133.5, 178} = 178

∴ 它對應的 C 方案就是最佳方案。

4. 後悔值法

（1）求出每個方案在不同狀態下的後悔值，此處的計算過程如表 4-3 所示。

表 4-3　　　　　　　　　　三種市場狀況下的後悔值

市場狀態　後悔值　方案	暢銷	一般	滯銷
方案 A	100	0	0
方案 B	70	20	25
方案 C	0	50	40

（2）求出每個方案的最大後悔值

方案 A Max ｛100, 0, 0｝ ＝100

方案 B Max ｛70, 20, 25｝ ＝70

方案 C Max ｛0, 50, 40｝ ＝50

（3）在三個方案最大後悔值中求出最小值

Min ｛100, 70, 50｝ ＝50

∴ 它對應的 C 方案就是最佳方案。

【本章小結】

　　決策是管理者為達到特定目的從若干個可行方案中優選方案的過程。科學決策建立在目標明確、多方案選擇和滿意決策原則的基礎上的。決策可以分成多種類型，諸如按照確定性程度分為確定型決策、風險型決策和不確定型決策。

　　理性決策一般分成若干步驟：確定目標，確定行動方案，行動方案評價，滿意方案選擇，決策監督反饋等，決策關鍵在於準確判斷問題的實質。決策過程中，需要考慮權變性，根據決策環境的變化進行相應調整；同時部分情況下需要直覺，注意信息的收集和使用。

　　決策方法有很多種，不同決策問題要求選用不同的決策方法。決策方法大致可分為定性方法和定量方法。

【復習思考題】

1. 決策過程分為哪幾個步驟？
2. 決策的原則是什麼？
3. 結合實際分析一下如何避免頭腦風暴法的失敗？
4. 有人說定量決策必定性決策更科學，你認為這種觀點對嗎？為什麼？
5. 為什麼說管理就是決策？如果你是企業管理者，應如何提高管理效率？

【案例分析】

<h3 style="text-align:center">決策錯在哪裡</h3>

　　B 廠是一家以生產生鐵為主的鄉鎮企業，已開辦了十年。2003 年，B 廠成了該縣第一創稅大戶。廠領導當機立斷，制定了更為宏偉的發展目標。2003 年高考一過，立即貼出招工啟事，以優惠條件招收 2002、2003 年高考落榜生 560 人，使職工人數猛增至 1380

人。然後他們把新招職工高價送至上海、成都、沈陽、鞍山等鋼鐵技術學校培訓3~6日，取得了圓滿的成功。2003年年底，廠領導橫下一條心，從銀行貸款2.4億元，分別從上海、哈爾濱、沈陽三地低價購買設備進行組裝，擬建軋鋼廠，生產東南亞及西南市場上緊缺的建築用鋼筋、生產用鋼管。而新廠廠址已破土動工，預計在設備運抵前竣工。

天有不測風雲，2005年8月，新廠設備安裝完畢，進行試運行階段，雖有哈爾濱、上海、沈陽三家鋼鐵廠的技師共同努力，仍不能正常生產，試生產品質量很差。於是三位技術員互相指責對方設備是淘汰設備。在無法改變這一局面的條件下，廠領導只得先把新招員工分配到職工已過剩的煉鐵廠，這造成了一人的活三人做的局面，於是職工工資年內全部減半，大家怨聲載道，做事互相推諉，原來有人干的活，現在卻沒人去干了。

與此同時，本縣及鄰縣新上馬的幾家小鋼鐵廠已投產，致使生鐵價格猛跌。至2006年9月，中南縣鋼鐵廠已累計欠款達5.7億元，軋鋼廠仍不能使用，生鐵由於質量低劣已嚴重滯銷。面對這個局面，廠長焦急了，上級主管領導也急了，面對這一難題，怎麼辦？

討論題：
1. 請分析導致本案例結局的主要管理問題是什麼？
2. 面對這樣的問題，您將怎麼辦？

資料來源：http://cjlkongjian1.blog.sohu.com，有刪改。

【課後閱讀——管理大師】

弗雷德里克·赫茨伯格
（Frederick Herzberg，1923—2000年）

教育背景：紐約市立學院的學士學位和匹茲堡大學的博士學位。

思想/專長：雙因素理論

簡介：美國心理學家，管理理論家，行為科學家，雙因素理論的創始人。在美國和其他30多個國家從事管理教育和管理諮詢工作，是猶他大學的特級管理教授，曾任美國凱斯大學心理系主任。

評價/榮譽：赫茨伯格在管理學界的巨大聲望，是因為他提出了著名的「激勵與保健因素理論」即「雙因素理論」。雙因素理論促使企業管理人員注意工作內容因素的重要性，特別是它們同工作豐富化和工作滿足的關係，因此有著積極的意義。

出版物：《再論如何激勵員工》是赫茨伯格最為著名、影響力最大的著作。赫茨伯格告訴人們，滿足各種需要所引起的激勵深度和效果是不一樣的，他的理論指導了諸多管理人的管理實踐，隨著時代的進步與生產技術的發展，赫茨伯格的理論愈發顯示出應用性價值。他還著有《工作的激勵因素》（與伯納德·莫斯納、巴巴拉·斯奈德曼合著）、《工作與人性》及《管理的選擇：是更有效還是更有人性》。

資料來源：百度百科，整理。

第二篇　職能篇

第五章
計劃

【學習目標】
1. 理解計劃的概念、特徵及類型；
2. 熟悉計劃制訂和編製過程；
3. 掌握常用的計劃工具和方法；
4. 理解戰略管理的含義及其作用；
5. 掌握戰略管理的類型；
6. 掌握戰略的分析與選擇。

【管理故事】

晉文公退避三舍

晉文公即位以後，整頓內政，發展生產，把晉國治理得漸漸強盛起來。他便向中原擴大自己的勢力，爭奪霸主地位。這時，齊國國勢已大不如以前，南方的楚國乘機把中原黃河以南的地方都變成了自己的地盤，大有替代齊桓公成為霸主之勢。這樣，晉楚兩國之間發生了利害衝突。

公元前632年，晉文公採納了中軍元帥先軫的計謀，離間了楚國與齊、秦的關係後，又離間了曹、衛與楚的關係。楚成王被激怒，立即令成得臣率軍北上，徵伐晉國。

楚軍一進軍，晉文公立刻命令將士們退避三舍。將士們大惑不解，他們認為，晉軍的統帥是國君，對方帶兵的是臣子，哪有國君讓臣子的道理。晉臣狐偃解釋說：「楚王曾經有恩於國王，他這樣做，是為了實現他當年的諾言，國王曾在楚王面前答應過：要是兩國交戰，晉國情願退避三舍。如果今天國王言而無信，我們就理屈了。」

晉軍一口氣後撤了九十里，到了城濮才停下來，布置好了陣勢。楚國有些將軍見晉軍後撤，想停止進攻。可是成得臣卻不答應，一步盯一步地追到城濮，跟晉軍遙遙相對。成得臣還派人向晉文公下戰書，措辭十分傲慢。晉文公也派人回答說：「貴國的恩惠，我們從來都不敢忘記，所以退讓到這兒。現在既然你們不肯諒解，那麼只好在戰場上比個高低了。」

晉楚之戰爆發。兩軍才一交手，晉軍統帥指揮軍隊假裝敗退，還在戰車的後面掛上樹枝，揚起一陣一陣塵土，顯出慌忙敗退的樣子，把楚軍引進埋伏圈。晉軍的中軍精銳，猛衝過來，向楚軍攔腰殺來，結果楚軍被殺得七零八落，大部分被殲滅。成得臣見勢不好，急忙收兵回撤，好不容易才逃出重圍。成得臣戰敗後，覺得沒法向楚成王交代，自殺了。晉軍占領了楚國營地，晉文公借此機會會合諸侯，訂立盟約，當了霸主。

管理啟示：

戰略決策是成功之母。晉文公退避三舍看似實現諾言，更重要的還是軍事上的需要。晉軍以退為進，避敵鋒芒，疲憊敵軍，這應該說是晉文公動用了以退為進的戰略。進退是緊密聯繫在一起的，要進中有退、退中有進。以退為進是一種求生存和求成功的有利戰術，是一種眼光和魄力。

資料來源：林漢達、曹餘章，上下五千年，上海人民出版社，2003年，有刪改。

計劃是管理活動中的重要職能，時時刻刻都存在於人們生活和工作中。人們對未來的工作進行規劃，以期能夠更好實現自身目標。企業在經營活動中，同樣需要以計劃作為行動的先導和指南，通過制訂合理的計劃，避免工作中的盲目性，盡量少走彎路。

第一節　計劃與計劃工作

孔子說，凡事預則立，不預則廢。做任何事情要取得成功，都必須進行周密的計劃。沒有計劃，倉促行事，肯定會招致失敗。計劃活動是連接可能與現實、今天與明天、現在與未來的橋樑。通過計劃活動，那些本來不一定能夠實現的事情變得有可能實現，有可能變糟的事情得以向好的方向轉化。

一、計劃的概念和特徵

計劃，用一個字來說就是「謀」，謀你所追求的目標以及實現目標的途徑等。中國古代所說的「謀定而後動」、「深謀遠慮，多謀善斷」、「運籌於帷幄之中，決勝於千里之外」，等等，也都是在講計劃。哈羅德·孔茨認為計劃就是確定目標和使命以及制定完成目標和使命的行動方案。

計劃作為管理的首要職能，在整個管理活動中占據重要地位。管理的控制、組織等其他職能都是在計劃職能前提下逐步實現的，計劃可以看成管理諸職能中的先發職能。管理者只有在明確目標之後，才能確定合適的組織結構和適當的人員，確定領導方針和控制方法。也就是說，為了有效地將各項管理工作做好，首先必須進行計劃活動。計劃活動的影響貫穿於組織、人力資源管理、領導及控制活動中。

因此，計劃具有以下四個主要特徵：

(1) 目的性：計劃工作旨在有效地達到某種目標。首先就是確立目標，然後使今後的行動集中於目標，朝著目標的方向邁進。

(2) 主導性：組織、人力資源管理、領導和控制等方面的活動都是為了支持組織目標的實現。因此，計劃職能在管理職能中居首要地位，具有主導性特徵。

(3) 普遍性：計劃工作在各級管理人員的工作中是普遍存在的。組織中的管理者，無論職位高低，職責大小，或多或少地都要進行計劃活動。計劃活動是各級管理者的共同職能。由於所處的位置和所擁有的職權不同，各級管理者所從事的計劃活動會有不同的特點和範圍。一般來說，高層管理者主要致力於戰略性計劃，而中層或基層管理者則主要致力於戰術性計劃。

(4) 效率性：計劃的效率是指從組織目標所作貢獻中扣除制訂和執行計劃所需費

用及其他因素後的總額。在制訂計劃時，要時時考慮計劃的效率，不但要考慮經濟方面的利益，而且還要考慮非經濟方面的利益和損耗。

二、計劃的內容和分類

(一) 計劃的內容

計劃的含義廣泛，一般有動詞和名詞之分。動詞的計劃指的是制訂計劃過程，也就是管理者確定目標，制訂行動方案，以期在未來行動中實現目標過程。名詞的計劃指的是管理者對未來活動所作的預測、安排、應變處理。

無論在名詞意義上還是在動詞意義上，計劃都必須清楚地確定和描述這些內容：做什麼（What）、為什麼做（Why）、何時做（When）、在哪裡做（Where）、誰來做（Who）和怎樣做（How）。這五個內容也就是我們常說的「5 W 1 H」。

根據上述計劃的含義，一個全面的計劃既要設置目標，又要進行行動和方案的設計，保證目標的最終實現；同時，計劃工作還包含在目標過程中監督、反饋、調整、完善的過程。

(二) 計劃的種類

根據不同的劃分標準，計劃可以劃分為不同的類型，因而可以說計劃種類複雜多樣，實際的管理工作中，管理者會根據不同的環境、滿足不同的需要，制訂不同的計劃。

1. 根據計劃對企業影響程度和範圍不同，計劃可分為戰略計劃和戰術計劃

戰略計劃是關於企業活動的總體目標和戰略方案的計劃。戰略計劃所包含的時間跨度長，涉及範圍寬廣；計劃內容抽象、概括，不要求直接的可操作性；不具有既定的目標框架作為計劃的著眼點和依據，因而設立目標本身成為計劃工作的一項主要任務；

戰術計劃是有關組織活動具體如何運作的計劃。戰術計劃所涉及的時間跨度比較短，覆蓋的範圍也較窄；計劃內容具體、明確，並通常要求具有可操作性；計劃的任務主要是規定如何在已知條件下實現根據企業總體目標分解而提出的具體行動目標，計劃制訂的依據明確。

2. 按照計劃跨越的時間間隔長短，計劃可分為長期計劃、中期計劃、短期計劃

長期計劃描繪了組織在一段較長時期（通常為五年以上）的發展藍圖，它規定在這段較長時間內組織以及組織的各部分從事的活動應該達到什麼樣的狀態和目標。

中期計劃一般是指　至五年期的計劃。中期計劃根據長期計劃制定，比長期計劃詳細具體，一般需要綜合考慮組織內部和外部條件和環境的變化，計劃要求具有可執行性。

短期計劃具體規定了組織總體和各部分在目前到未來的各個時間間隔相對較短的時段（如一年、半年以至更短的時間）特別是最近的時段中所應該從事的各種活動及從事該種活動所應達到的水準。

【即問即答】有人認為：計劃總是趕不上變化，因此制訂長期計劃是無用的。你認為這種說法對嗎？

3. 按計劃的內容，計劃可分為專項計劃和綜合計劃

專項計劃又稱專題計劃，是指為完成某一特定任務而擬訂的計劃。例如，基本建設計劃、新產品試製計劃等。

綜合計劃是指對組織活動所做出的整體安排。綜合計劃與專項計劃之間的關係是整體與局部的關係。專項計劃是綜合計劃中某項重要項目的特殊安排，它必須以綜合計劃為指導，以避免同綜合計劃相脫節。

4. 按照管理職能分，計劃可分為生產計劃、財務計劃、供應計劃、勞資計劃、安全計劃、人員培訓計劃、新產品開發計劃等

這些計劃通常是與組織中按職能劃分的管理部門的組織結構體系相對應的。

三、計劃工作的作用

計劃作為管理首要職能，在實際管理過程中起著重要的作用。計劃既是一切行動的先導，為其他行動確定目標，又可以作為一切行動的依據，使管理措施行之有效，少走彎路。具體說來計劃具有如下作用：

1. 應對變化和不確定性

未來是不確定的，甚至是瞬息萬變的。管理者必須對未來的變化進行預測，推測和估計這些變化對實現組織目標可能造成的各種影響，擬訂在變化發生時應當採取什麼對策以及有哪幾種備選方案。這樣一旦出現變化，便可以及時採取措施，而不至於手足無措，無所適從。周密的計劃將使得未來的不確定性和風險被降到最低限度。

2. 使組織集中全力於目標

周密的計劃有利於使各部門的努力協調一致，有利於推動組織中的全體人員形成一股指向整體目標的合力，也有利於促使埋頭於日常事務的管理者去思考未來。缺乏計劃的指引，組織中的成員和各個部分就會各自為政，相互損耗，相互掣肘，難以順利實現預訂的目標。

3. 使組織的活動經濟合理

計劃活動旨在以目標明確的共同努力來代替互不協作的分散活動，以均勻一致的工作流程來代替缺乏協調的隨意行動，以深思熟慮的決策來代替倉促草率的判斷。這將大大有利於減少組織活動中的浪費，提高資源的使用效率，使企業以及其他各種組織的活動經濟合理。

4. 為控制奠定基礎

控制就是使事情按計劃進行。如果沒有既定的目標和計劃作為衡量尺度，管理者就無法瞭解工作的進展情況，也就無法考核下級任務完成的情況。因此，計劃是控制的基礎，它為有效控制提供了標準和尺度。沒有計劃，控制工作也將不存在。人們常常將這兩項職能稱為管理的一對孿生子，或稱為一枚硬幣的兩面。

【案例 5-1】

班長的困惑

某班班長以提高班級整體工作能力為目標，制訂出一系列計劃，並嚴格按照計劃執行。執行過程中沒有向班級成員談及執行的內容和預期實現的目標。班級成員不理解，經常向班長抱怨「不需要這樣做吧，其他班沒這樣做也挺好的啊，為什麼就咱們班不同呢？」班長認為本班的目標不同於其他班級，立刻否決道：「那是因為每個班級的特點情況不同。」隨著執行力度的深入，執行過程中常出現問題，成效不明顯，成員也認為班長的想法和自己格格不入，無法理解。班長很困惑。

討論題：

為什麼班長在計劃執行過程中費力又沒有達到應有的效果呢？而且還引起其他成員的反感呢？

資料來源：百度文庫，有刪改。

四、計劃與決策的關係

計劃與決策之間既相互區別又有緊密相連，兩者相輔相成，密不可分。

(一) 計劃與決策的聯繫

決策是計劃的前提，計劃是決策的邏輯延續。計劃與決策聯繫在一起，不可能截然分開。決策為計劃的任務安排提供依據，計劃為決策活動提供保證。計劃是組織的一個基本職能，它確定組織未來的發展方向、步驟、規模、發展的具體方法等問題，是一個宏觀的、全面的規劃及實施過程；決策是計劃過程中的一項活動，決策只是計劃中的先導。而計劃的編製過程，既是決策的組織落實過程，也是對決策更為詳細的檢查和修訂過程。

(二) 計劃與決策的區別

決策與計劃所解決問題不同。決策是關於組織活動方向、目標的選擇。任何組織在任何時期，必須從事某種社會活動。在從事這項活動之前，組織首先必須對活動的方向和方式進行選擇。計劃就是對組織內部不同部門和不同成員在一定時期內行動任務的具體安排，它詳細規定了不同部門和成員在該時期內從事活動的具體內容和要求。

計劃與決策的範圍不同。計劃更加寬泛，包括環境分析、目標確定、方案選擇等過程，決策僅是這一過程中某一階段的工作內容。

第二節　計劃的編製過程

計劃通常具有重複性和無限性。隨著條件的變化、目標的更新以及新方法的出現，計劃總是持續進行中。計劃的制訂過程，就是計劃的內容逐步體現過程，具體說來計劃制訂一般包含以下七個步驟：

1. 明確任務和目標

制訂計劃首先必須明確目標，目標是計劃的方向。明確目標的過程通常就是明確計劃的制訂方向的過程。任務是計劃將要實現的結果，計劃的制訂最終必須有利於任務的完成。

計劃中的目標和任務必須同時具備可度量性、簡明易懂、可完成性的特徵，任何目標和任務制定必須切合實際，不能過高，不能過低。過高，任務的參與人員經過努力難以實現，過低不利於調動積極性和創造性。目標和任務必須以簡明語言表述，必須是能夠計量的。

目標和任務是一項計劃的核心，一項計劃的目標和任務最好具有單一性特徵，如果設立目標過多，行動就有可能會出現方案選擇時的目標衝突，就會導致任務參與人員不知如何決定的情形，可能會導致協調困難，部門利益衝突，最終不利於目標實現和任務完成。

2. 分析與計劃有關的條件

任何計劃的制訂都是基於現實條件的，脫離現實條件的計劃是沒有價值的。確定目標後，就必須積極與各方溝通，收集各方信息，明確計劃的前提或該計劃的各種限制條件。分析時既包括內部環境分析，也包含外部影響因素的分析。條件分析必須切合實際，實事求是。條件分析的最終結果，直接決定著計劃的可行性。

3. 制定戰略和行動方案

確定目標、分析條件後，就必須從現實出發，制訂解決問題的行動方案。首先確定達成目標所要進行的各項工作；工作明確後，通過對各項工作間的相互關係和次序的分析，可以運用統籌決策優選法確定行動路線。

制訂行動方案時，主要從可行性和效率性角度出發，確定最終解決問題方法。當然還需要考慮資源約束和成本問題。最後，在綜合考慮上述因素的前提下確定行動方案。

4. 落實人選，明確責任

工作確定後，就要進行落實。首先要確定人選，具體工作由誰負責，哪些部門人員參與，如何協調。同時，確定工作標準和檢驗標準，制訂相應的獎懲措施，使計劃工作中的每一個人明確自己的工作，每一項工作明確到具體的人。

5. 制訂進度表

確定各項活動所需要的時間，最終確定該項計劃的進度表，每項工作時間多少，資源需要量多少，都是需要考慮的重要因素。一項工作時間通常以正常完成該項活動所需要時間的較少量來考慮，同時在制定進度表時還需考慮工作與工作之間的結合，單項工作的完成所需要的時間以及完成總目標和任務所需要的時間等，在此前提下制訂進度表。

需要注意的是進度表必須留有餘地，必須盡可能考慮全面，切實可行。

6. 分配資源

進度表制訂後，就要分配資源。首先必須明確達成目標所需要的資源和目前企業所擁有的資源；其次需要瞭解各項資源需要量；再次要明確資源需要時間；最後確定分配順序和數量。分配時，還要考慮工作的重要性和緊急性。每一項工作分配的資源數量多少取決於該項工作的行動路線和進度表。

需要注意的是，計劃制訂所需的資源不能留有缺口，必須完全解決。同時為了應對突發意外情況，要求留有一定餘地，以保證計劃的順利實行。

【即問即答】為什麼分配資源時不能留有缺口，還要留有一定餘地？

7. 制定應變措施

計劃是對未來的一種規劃，制訂計劃總是在對條件和環境進行分析前提下所作出的未來工作安排，未來具有不確定性，因而計劃的制訂需具有彈性，必須考慮未來環境的變化，必須體現出應對環境變化的措施，通常要求事先準備好兩三套替代方案。

應對措施可以是一個完整的計劃，也可以只是簡單說明一旦出現最壞情況時的措施。

上述計劃的編製和制訂過程並不是一成不變的，也不需要完全遵從上述過程，不過需要強調的是完備的計劃一般都包含上述的環節。

【案例 5-2】
企業年金制

某在京合資企業，約有職工三千人，其中，20%為退休員工，在職人員平均年齡為36歲。由於所處行業的員工在職期間收入較高，根據現有的退休福利，平均替代率僅為35%，員工退休後生活落差大。該企業的薪酬結構除基本社保外，整個體系缺乏長期激勵和養老保障的內容。

面對激烈的人才競爭，為了留住員工，降低未來員工的退休養老風險，解除員工的後顧之憂，公司產生了建立企業年金的想法。一方面，選擇了從公司內部的人力資源、財務、工會等部門的相關人員成立年金項目小組。另一方面，還邀請了專業的企業年金受託機構—太平養老（市場上多數有企業年金資質的機構都可以提供企業年金計劃建立的諮詢服務）為整個計劃的建立提供支持。

1. 前期準備

太平養老通過對該公司薪酬體系的分析，發現有兩大問題需要解決：需要對已退休和臨近退休員工，在基本養老金之外，提供短期性的補充養老安排；另外，對在職員工應建立著眼於未來的長期企業年金計劃。

與此同時，企業成立企業年金管理委員會，包括領導小組和工作小組，明確相關職責；邀請年金專家為對所有小組成員進行了企業年金知識培訓和當前政策環境的解析。工作小組隨後制訂了詳細的整體計劃，並在此基礎上形成了時間表和周計劃。

計劃建立的目標有兩個：對在職員工，結合收入水準，設計替代率目標；對退休員工，不納入企業年金而建立其他類型的補償計劃。

關於企業年金基金受託模式，該企業在法人受託和理事會受託這兩種模式中選擇了前者。

2. 方案細則的制定

企業年金方案主要條款包括成員資格、利益種類/公式、繳費金額/比例、繳費方式、領取年齡及領取方式選擇、利益歸屬、離職處理、計劃轉換和投資選擇。該企業經過專業機構對其數據的詳細測算及分析，確定了以工資為繳費基數的繳費比例及歸屬比例。在確定年金方案的所有條款後，形成標準的書面文件並提交職工代表大會決議通過。

3. 機構的選擇

該企業委託太平養老以受託人的身分負責對其他企業年金管理機構的選擇工作。由於太平養老前期已經對各管理機構進行了評估、篩選，因此根據客戶的需求及各方面的實際情況，確定了部分管理機構，採取邀請招標的方式。

通過正規的招投標過程，選定了兩家有資質的機構分別擔任四個管理機構中的兩個機構，市場上稱之為「2+2模式」。主要是考慮到目前中國的年金市場剛剛起步，有多個機構介入的計劃，日常流程相對繁瑣，選擇「2+2模式」可以相應地減少流程，提高效率。

4. 帳戶的建立

在受託機構對合同報備的同時，企業在受託機構的協助下開始對員工信息進行整理核對，並與帳戶管理人就日常的溝通、數據的交換等各種流程進行了詳細的商榷並形成操作手冊，作為企業、受託人以及帳戶管理人相關經辦人員的備忘錄。同時，受

託人將企業員工的信息交給帳戶管理人，由帳戶管理人算出詳細的繳費數據，並建立個人帳戶及企業帳戶所對應的繳費金額。受託合同報備通過後，企業在接到受託人的繳費通知後，根據通知書上的資金帳號，將資金足額劃入該帳戶，至此，整個企業年金計劃建立工作初步完成。

討論題：
該案例計劃制訂過程包含哪些環節？

資料來源：http://www.hroot.com，有刪改。

第三節　常用的計劃工具和方法

計劃在管理職能中處於首要地位，計劃工作的周密性及實用性事關行動成敗以及突發情況的應對。計劃工作的質量很大程度上取決於計劃所採用的方法。隨著計劃方法的發展和豐富，現代計劃方法已經為計劃工作提供了合理的手段；現代計算機的發展，使得計劃工作更加有效率；現代計劃方法的使用，能夠對複雜經濟環境進行合理處理和分析，並且能夠根據環境進行合理的預測，大大提高了計劃編製的質量。計劃方法多種多樣，本章主要介紹三種常用計劃方法。

一、目標管理

目標管理（Management by Objectives，簡稱 MBO）是由美國著名企業家彼得・德魯克在 1954 年《管理的實踐》一書中提出的。德魯克認為「企業的目的和任務必須轉化為目標。企業如果無總目標及與總目標相一致的分目標，來指導職工的生產和管理活動，則企業規模越大，人員越多，發生內耗和浪費的可能性越大」。

目標管理是指由下屬與上級共同決定具體的績效目標，並且定期檢查績效目標進展情況的一種管理方式。由此而產生的獎勵或處罰則根據目標的完成情況來確定。目標管理法屬於結果導向型的考評方法之一，以實際產出為基礎，考評的重點是員工工作的成效和勞動的結果。目標管理的重點是讓組織中的各層管理人員都與各自的下屬圍繞著下屬的工作目標以及如何完成這些目標進行充分的溝通。

目標管理的實質包含以下三個方面：
（1）目標管理強調的是以目標為中心的管理。
（2）目標管理強調的是以目標網絡為基礎的系統管理。
（3）目標管理強調的是以人為中心的主動式管理。
它的本質是實現組織和個人的雙重滿足。

目標管理法體現出來的是現代管理過程中雙向互動、全員參與的管理思想。首先目標制定是一個領導和下屬共同參與、雙向互動的過程，員工和領導共同確定工作目標，這個目標制定依賴於企業的目標或戰略，並同企業戰略和目標相統一；其次，目標管理法強調目標考核，以結果作為考核的依據；再次，目標管理避免了目標之間的衝突，減少了管理過程中的內耗，一定程度上提高管理工作效率。

（一）目標管理的原則

目標管理是以目標為核心的管理，集過程管理、績效考核、結果管理於一體。實

際使用目標管理過程中，目標管理通過一種專門設計的過程使目標具有可操作性，這種過程一級接一級地將目標分解到組織的各個單位。組織的整體目標被轉換為每一級組織的具體目標，即從整體組織目標到經營單位目標，再到部門目標，最後到個人目標。在此結構中，某一層的目標與下一級的目標連接在一起，而且對每一位員工而言，目標管理都提供了具體的個人績效目標。目標管理一般遵從以下原則：

（1）企業的目的和任務必須轉化為目標，並且要由單一目標評價，轉變為多目標評價。

（2）組織必須為企業各級各類人員和部門規定目標。如果一項工作沒有特定的目標，這項工作就做不好，部門及人員也不可避免地會出現「扯皮」問題。

（3）目標管理的對象包括從領導者到員工的所有人員，大家都要被目標所管理。

（4）實現目標與考核標準一體化。即按實現目標的程度實施考核，由此決定升降獎懲和工資的高低。

（5）目標管理強調發揮各類人員的創造性和積極性。每個人都要積極參與目標的制定和實施。領導者應允許下級根據企業的總目標設立自己參與制定的目標，以滿足自我成就的要求。

（6）任何分目標都不能離開企業總目標自行其是。在企業規模擴大和分成新的部門時，不同部門有可能片面追求各自部門的目標，而這些目標未必有助於實現用戶需要的總目標。企業總目標往往是擺好各種目標位置，實現綜合平衡的結果。

（二）目標管理的過程與步驟

目標管理一般分為目標設置、目標的實施、總結和評價三個步驟。

1. 目標設置

目標設置是一個自下而上和自上而下相結合的過程，是目標管理首要環節，也是最重要的環節。目標設置的好壞，事關目標管理的成敗。明確的合理的目標設置，有利於目標管理的後面環節的實施。

【看圖學管理】

目標的設置一定要合理。目標定得太高，再努力也沒法完成，員工就會失去信心，消極怠工；目標定得太低，很容易就可以完成，會導致員工們不思進取，敷衍了事。目標的設定應比員工的能力稍高一些，才會激勵員工去學習，適應工作需要，不斷進取。

圖片來源：xtoolsCRM。

一般來講，目標設置可以細分成以下五個環節：

（1）最高管理部門提出組織的預定目標。組織的目標設置是一切個人目標設置的

基礎和出發點，所有的個人目標和部門目標都是來源於組織目標設置，統一於組織目標。組織目標制定有兩個環節。首先，領導者和員工共同商定組織目標，這是一個民主的過程；其次，企業的領導者根據企業的客觀情況和面臨的內外部條件決定組織目標，這是一個集中的過程。

（2）進行有關組織人事決策。組織目標確定了之後，根據組織目標，確定達成目標的資質機構的設置，進行組織機構調整；機構設置完成後，根據組織目標，確定內部部門的目標，進行合理的人員配置。在設定具體部門目標時，一般要做到一個部門一個目標，權責明確。

（3）確定下屬目標。根據組織目標和部門目標，首先由部門領導人召集學習組織目標，然後根據上述組織目標和部門目標，確定下屬機構及員工的目標。這個過程是一個層層落實過程，在落實過程中，具體目標的制定又是一個民主和集中相結合的過程。

（4）目標的平衡和調整。上級和下級就目標實施和最終結果考核等相關事宜達成一致，同時按照完成目標的要求，授予各種資源的使用權。

（5）目標體系的整理和確立。上級和下級就達成的一致，寫成書面材料，整理、匯總，最終形成合理而翔實的目標體系。

2. 目標的實施

目標的實施階段是目標管理具體監控、實施過程，也是目標管理主體階段，是企業內部各部門和員工共同實現目標的階段。

目標管理實施階段的管理人員主要工作包括以下三個方面：對下級按照目標體系的要求進行授權，以保證每個部門和職工能獨立地實現各自的目標；加強與下屬的交流，進行必要的指導，最大限度地發揮下屬的積極性和創造性；嚴格按照目標及保證措施的要求從事工作，定期或不定期地進行檢查。檢查應是外鬆內緊的，利用雙方經常接觸的機會和正常的信息反饋渠道自然地進行。

3. 目標管理總結和評價階段

在達到預定的期限之後，由下級提出書面報告，上下級在一起對目標完成情況進行考核，決定獎懲、工資和職務的提升和降免，並同時討論下一輪的目標，開始新循環。如果目標沒有完成，應分析原因，總結教訓，但最忌相互指責。上級應主動承擔應承擔的責任，並啟發下級作自我批評，以維持相互信任的氣氛，為下一循環打好基礎。

（三）目標管理優缺點評價

目標管理的評價標準直接反應員工的工作內容，結果易於觀測，所以很少出現評價失誤，也適合對員工提供建議，進行反饋和輔導。由於目標管理的過程是員工共同參與的過程，因此，員工工作積極性大為提高，增強了責任心和事業心。具體說來，目標管理法優點是：改善管理工作，提高管理水準；組織明晰化；鼓勵員工勇於承諾和自我實現；形成有效的控制；目標管理表現出良好的整體性。

目標管理法沒有在不同部門、不同員工之間設立統一目標，因此難以對員工和不同部門之間的工作績效橫向比較，不能為以後的晉升決策提供依據。具體來說，目標管理法缺點還包含：目標難以制定；強調短期目標；目標的商定很費時間。

【案例 5-3】

制藥廠怎麼了

一家制藥公司，決定在整個公司內實施目標管理，根據目標實施和完成情況，一年進行一次績效評估。公司通過對比實際銷售額與目標銷售額，支付給銷售人員相應的獎金，這樣銷售人員的實際薪資就包括基本工資和一定比例的個人銷售獎金兩部分。銷售額大幅度提上去了，但是卻苦了生產部門，他們很難完成交貨計劃。銷售部門抱怨生產部門不能按時交貨。總經理和高級管理層決定為所有部門和個人經理以及關鍵員工建立一個目標設定流程。為了實施這個新的方法他們需要用到績效評估系統。生產部門的目標包括按時交貨和庫存成本兩個部分。他們請了一家諮詢公司指導管理人員設計新的績效評估系統，並就現有的薪資結構提出改變的建議。他們付給諮詢顧問高昂的費用修改基本薪資結構，包括崗位分析和工作描述。他們還請諮詢顧問參與制訂獎金系統，該系統與年度目標的實現程度密切相連。他們指導經理們如何組織目標設定的討論和績效回顧流程。總經理期待著很快能夠提高業績。然而不幸的是，業績不但沒有上升，反而下滑了。部門間的矛盾加劇，尤其是銷售部門和生產部門。生產部門埋怨銷售部門銷售預測準確性太差，而銷售部門埋怨生產部門無法按時交貨。每個部門都指責其他部門的問題。客戶滿意度下降，利潤也在下滑。

討論題：
1. 制藥廠的問題可能出在哪裡？
2. 為什麼設定目標並與工資掛勾反而導致了矛盾加劇和利潤下降？

資料來源：http://www.jyu.edu.cn，有刪改。

二、滾動計劃法

滾動計劃法是用來編製和調整長期計劃的一種十分有效的方法。這種方法按照「近細遠粗」的原則制訂一定時期內的計劃，然後根據計劃的執行情況和環境變化情況定期修訂未來的計劃，並逐期向前推移，使短期計劃、中期計劃有機地結合起來。

（一）滾動計劃法編製的流程

滾動計劃法是一種動態編製計劃的方法。在每次編製或調整計劃時，均將計劃按時間順序向前推進一個計劃期，即向前滾動一次。但是由於各種原因，在計劃執行過程中經常出現偏離計劃的情況，因此要跟蹤計劃的執行過程，以發現存在的問題，然後修正，制訂新的計劃。

如圖 5-1 所示，假定計劃的制訂期是五年，2010 年制訂 2010—2014 年的五年計劃，計劃制訂過程，一般要「近細遠粗」，2010 年、2011 年制訂的較為詳細，2012 年、2013 年、2014 年一般較粗；2011 年初根據 2010 年計劃完成情況調整，調整需要考慮計劃與實際的差異、產生原因、環境變化，制訂新的五年計劃，即 2011—2015 年，同樣採用近細遠粗方法，依次類推，滾動制訂，長期與短期結合起來。

本期五年計劃（2010－2014年）				
2010年	2011年	2012年	2013年	2014年
很細致	較細致	一般	較粗略	很粗略

2010年實際完成情況 → 計劃與實際之間的差異 → 計劃修正因素（差異分析、環境變化、措施調整）→ 修訂計劃

下期五年計劃（2011－2015年）				
2011年	2012年	2013年	2014年	2015年
很細致	較細致	一般	較粗略	很粗略

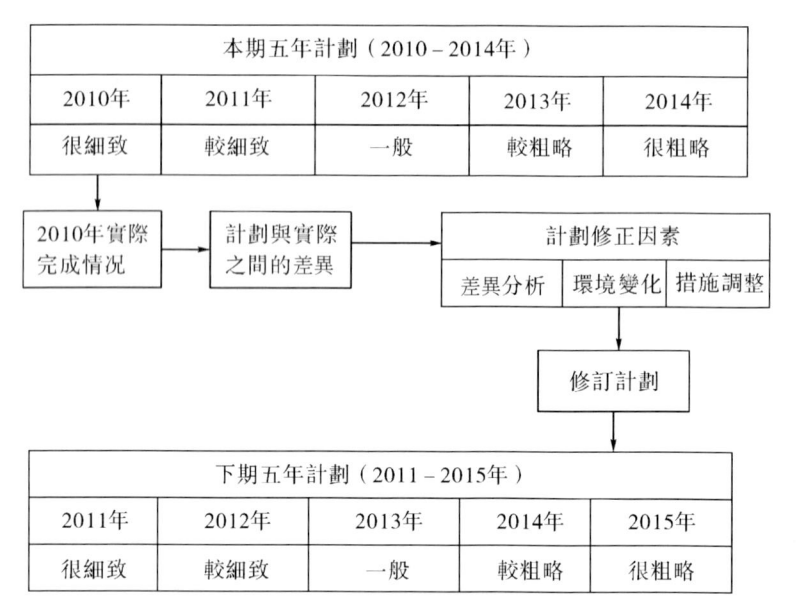

圖5－1　滾動計劃法示意圖

　　滾動式計劃法能夠根據變化了的組織環境及時調整和修正組織計劃，體現了計劃的動態適應性。而且，它可使中長期計劃與年度計劃緊緊地銜接起來。
　　滾動計劃法既可用於編製長期計劃，也可用於編製年度、季度生產計劃和月度生產作業計劃。不同計劃的滾動期不一樣，一般長期計劃按年滾動；年度計劃按季滾動；月度計劃按旬滾動；等等。
　　(二) 滾動計劃法優缺點
　　由於計算機技術的使用，滾動計劃法應用日益廣泛，具有許多優點，例如：適合於任何類型的計劃；縮短了計劃的預計時間，提高了計劃的準確性；使短期計劃和中期計劃很好地結合在一起；使計劃更富有彈性，實現了組織和環境的動態協調。
　　但是，滾動計劃法的工作量大，一般需要專業計劃制訂人員；專業性強，進行差異分析分析時，可能需要考慮的因素較多。

三、網絡計劃技術

　　為了適應對複雜系統進行管理的需要，網絡計劃技術於20世紀50年代末在美國研究並發展起來了。這種管理方法包括各種以網絡為基礎制訂計劃的方法，如計劃評審技術和關鍵路線法。
　　計劃評審技術最早應用於工程學。計劃評審技術就是把工程項目當作一種系統，用網絡圖或者表格或者矩陣來表示各項具體工作的先後順序和相互關係，以時間為中心，找出從開工到完工所需要時間的最長路線，並圍繞關鍵路線對系統進行統籌規劃，合理安排以及對各項工作的完成進度進行嚴密的控制，以達到用最少的時間和資源消耗來完成系統預定目標的一種計劃與控制方法。
　　關鍵路線法是一種通過分析哪個活動序列（哪條路線）進度安排的靈活性（總時差）最少來預測項目工期的網絡分析技術。具體而言，該方法依賴於項目網絡圖和活

動持續時間估計，通過正推法計算活動的最早時間，通過逆推法計算活動的最遲時間，在此基礎上確定關鍵路線，並對關鍵路線進行調整和優化，從而使項目工期最短，使項目進度計劃最優。

這兩種方法基本原理是相同的，即用網絡圖來表達項目中各項活動的進度和它們之間的相互關係，並在此基礎上，進行網絡分析，計算網絡中各項時間多數，確定關鍵活動與關鍵路線，利用時差不斷地調整與優化網絡，以求得最短週期。然後，還可將成本與資源問題考慮進去，以求得綜合優化的項目計劃方案。因這兩種方法都是通過網絡圖和相應的計算來反應整個項目的全貌，所以又叫作網絡計劃技術。網絡計劃技術的實施一般有四個步驟：編製網絡圖；確定項目的時間；決定關鍵路徑；制訂進度。

1. 網絡圖

網絡圖又叫箭線圖或統籌圖，它是項目及其組成部分內在邏輯關係的綜合反應，是進行計劃和計算的基礎。繪製初步網絡圖可以按下列步驟進行：項目分解；工作關係分析；估計工作的基本參數；繪製初步網絡圖。如圖 5-2 所示。

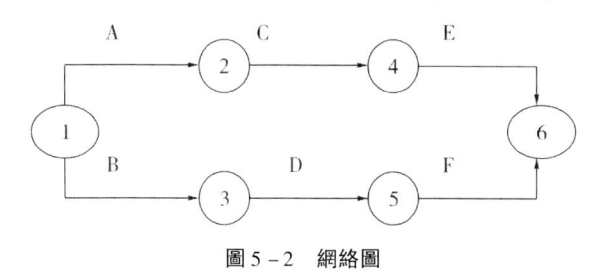

圖 5-2 網絡圖

（1）箭線（或工作）「→」。在一個項目中，任何一個可以定義名稱、獨立存在、需要一定時間或資源完成的工作或稱活動、任務、工序等都可以用一個箭線表示。

工作通常可以分為兩種：①需要消耗時間和資源的工作。這類工作稱為實工作，在網絡圖中用實箭線表示。②既不消耗時間，也不消耗資源的工作。這類工作稱為虛工作，在網絡圖中用虛箭線表示。

（2）節點（或事項）「○」。每一項工作都存在一個開始時刻和結束時刻，緊前工作和緊後工作的結束和開始標誌，稱為節點或事項。節點的主要作用是聯結箭線。箭線尾部的節點稱為箭尾節點或開始節點；箭線頭部的節點稱為箭頭節點或結束節點。

（3）路線。從起始節點開始，沿著箭線的方向連續通過一系列箭線與節點，最後到達終止節點的通路稱為路線。在網絡圖的各條路線中，路長最長的路線稱為關鍵路線，位於關鍵路線上的所有工作稱為關鍵工作；其他路線則稱為非關鍵路線，位於非關鍵路線上的所有工作都稱為非關鍵工作。關鍵路線決定了項目的最早完工時間和最遲結束時間。關鍵路線並不是一成不變的，在一定條件下，由於干擾因素的影響，關鍵路線可能會發生變化，這種變化可能體現在兩個方面：一方面關鍵路線的數量增加了；另一方面關鍵路線和非關鍵路線可能會發生互相轉化。

【即問即答】區分關鍵路線和非關鍵路線有什麼意義？

2. 網絡計劃時間參數的組成

網絡計劃時間參數可歸納為三類：
(1) 節點參數：包括節點最早時間和節點最遲時間；
(2) 工作參數：包括基本參數、最早時間、最遲時間和時差；
(3) 路線參數：包括計算工期和計劃工期。

網絡計劃技術有如下優點：①它促使管理人員重視計劃工作。因為如果不進行計劃，不瞭解各個局部之間的相互配合關係，就談不上網絡分析，所以，管理人員必須重視計劃工作。②它增進組織內部的意見交流。因為各單位、部門或作業機構的工作關係清楚地顯示在網絡圖上，所以管理者可明確工作對於實現目標的重要程度以及與其他單位的依賴關係，在工作進度和控制上與員工達成及時而有效的意見交流。③可對工程的時間進度與資源利用實施優化。調動非關鍵路線上的人力、物力和財力從事關鍵作業，進行綜合平衡，這樣既能節省資源又能加快工程進度。④它有利於管理人員將注意力集中於關鍵問題上。由於對關鍵路線上的關鍵工作實施重點控制，可發揮例外管理的功效。⑤便於組織與控制。對於複雜的大項目，通過採用網絡計劃法可以將一個大型的項目分成許多支系統來分別控制，這樣才能保證各個局部最優。

網絡計劃技術也有局限性。由於作業時間的長短直接關係到關鍵路線的確定及控制效果，所以，如果無法確定作業時間或對進度「瞎估計」，那麼網絡計劃技術可能就沒有意義了。此外，網絡計劃技術強調時間因素而忽略費用因素。

第四節　戰略管理

戰略管理是對戰略目標的形成、戰略對策的制定及戰略方案的實施等過程進行管理的活動，它決定組織的長期績效。隨著科技的發展、全球化的深入，企業的競爭越演越烈，戰略管理在企業經營管理佔有越來越重要的地位。分析環境、識別優劣勢及挑戰、選擇戰略、實施戰略、評估戰略及調整戰略必須納入企業的日常經營管理中。

一、戰略管理概述

(一) 戰略的概念

「戰略」一詞的希臘語是 Strategos，意思是「將軍指揮軍隊的藝術」，原是一個軍事術語，指軍事方面事關全局的重大部署。20世紀60年代，戰略思想開始運用於商業領域，並與達爾文「物競天擇」的生物進化思想共同成為戰略管理學科的兩大思想源流。

從管理學角度來看，戰略是指企業為實現預定目標所作的全盤考慮和統籌安排，或者說，戰略是為了實現預定的目標，對組織全局的長遠的重大問題進行的謀劃。簡而言之，戰略就是長遠性、全局性的謀劃或方案。戰略由計劃（Plan）、政策（Policy）、模式（Pattern）、定位（Position）和觀念（Perspective）組成，簡稱5P要素。

(二) 戰略管理的含義和作用

戰略管理的鼻祖伊戈爾·安索夫在其1976年出版的《從戰略規劃到戰略管理》一書中提出：企業的戰略管理是指將企業的日常業務決策同長期計劃決策相結合而形成

的一系列經營管理業務。

斯坦納在他1982年出版的《企業政策與戰略》一書中則認為：企業戰略管理是確定企業使命，根據企業外部環境和內部經營要素確定企業目標，保證目標的正確落實並使企業使命最終得以實現的一個動態過程。

根據國內外學者的各種觀點，我們把戰略管理定義為：戰略管理是指企業確立組織使命，依據外部環境和內部條件制定戰略目標並為實現戰略目標制定戰略決策、實施戰略方案、控制戰略績效的一個動態管理過程。

戰略管理對企業經營有著非常重要的作用：

（1）戰略管理促使管理者重視對經營環境的研究，能使企業更好地把握外部環境所提供的機會，增強企業經營活動對外部環境的適應性。

（2）戰略管理是一個把近期目標與長遠目標、總體戰略目標同局部的戰術目標統一起來的系統工程，有利於調動各級管理人員參與戰略管理的積極性，並充分利用企業的各種資源提高協同效果。

（3）戰略管理能使企業在日常生產經營活動中根據環境的變化對戰略不斷地評價和修改完善，這反過來又提高了戰略管理水準。這種循環往復的過程，突出了戰略在管理實踐中的指導作用。

（4）戰略管理在戰略的評價與更新的過程中，有利於促使企業管理者不斷地在新的起點上對外界環境和企業戰略進行連續性探索，增強創新意識。

【案例5-4】

彪馬：思路決定出路

走過60年發展歷程的彪馬公司，已成為全球最大的運動鞋、服飾及服飾用品製造商之一。其實，它在發展中並非一帆風順的，它也曾遭遇過近乎倒閉的生存危機。而轉危為安的背後則是彪馬採用明確的戰略思路來指導企業發展。

彪馬已經是一個國際化的品牌。為成功實施全球戰略，彪馬採用的指導思想是：從全球的視角來看待市場開發。因此，公司制定了四步走企業發展戰略：從1993年開始，對全球業務進行重組，著力改善公司財務狀況；從1997年秋季開始，加大市場推廣和產品設計力度，研發投入由營業額的2%提高到4%，市場推廣費用由10%提高到15%；從2002年開始，加強公司長期發展戰略，保持業務健康發展並獲取應有的利潤；從2006年開始，進一步完善公司管理體系，全面提高企業管理效率。

但世事無常，2007年1月，彪馬被全球著名奢侈品集團PPR（法國皮諾—春天—雷都集團）控股了。PPR經過股票公開收購，持有彪馬62.1%的股份。因此，外界擔心彪馬被併購後的命運，比如會不會放棄原有發展戰略，改走高端時裝路線。針對併購戰略，彪馬公司首席執行官和董事會主席約亨·蔡茨說：「彪馬要求控制核心業務。在合資公司中，彪馬要占主導地位，擁有控股權。以休閒、運動為主的定位不會變化，當然也會去平衡運動與時尚的定位關係，但不會走PPR旗下高端奢侈品消費品牌的路子。」

當然，不同的市場有各自不同的情況，但要100%執行彪馬的戰略，我們還要控制市場資源。基於彪馬在各主要市場的增長態勢，有效控制核心市場是獲得長期績效的關鍵。

資料來源：黎衡森．經理人．http://www.sino-manager.com，有刪改。

(三) 戰略的層次

一般來說，企業戰略不是單一的，而是有層次的，企業的規模大小不同，企業戰略層次也會不同。企業戰略層次的具體內容包括三個方面。

1. 公司層戰略

公司層戰略，又稱公司總體戰略。在大中型企業特別是在多種經營的企業裡，公司層戰略是企業戰略中最高層次的戰略。它需要根據企業的使命和目標，選擇企業可以競爭的經營領域，合理配置企業經營所必需的資源，使各項經營業務相互支持、相互協調。公司層戰略由企業的高層管理人員制定和推行，並與企業的組織形態有著密切的關係，是有關企業全局發展的、整體性的、長期的戰略行為。

2. 經營層戰略

經營層戰略是在服務企業層戰略的前提下，指導和管理具體經營單位的計劃和行為，為企業的整體目標服務的戰略。經營層戰略與公司層戰略具有很大的不同，它的制定和實施者是具體的各事業部或子公司的經理，而且僅僅著眼於企業中有關事業部或子公司的局部性戰略問題，影響著某一具體事業部或子公司的具體產品和市場，只能在一定程度上影響公司層戰略的實現。

3. 職能層戰略

職能層戰略又稱職能部門戰略，是指企業中的各職能部門制定的指導職能活動的戰略，如營銷戰略、人事戰略、財務戰略、生產戰略、研究與開發戰略、公關戰略等。職能層戰略描述了在執行公司層戰略和經營層戰略的過程中，企業中的每一職能部門所採用的方法和手段。

如果說公司層戰略和經營層戰略考慮「怎樣做正確的事」，那麼職能層戰略則回答「如何將事情做好」。與公司層戰略和經營層戰略相比較，職能層戰略更為詳細、具體和具有可能操作性。實際上，職能層戰略是公司層戰略、經營層戰略與實際達成預期戰略目標之間的一座「橋樑」。三個層次之間相互作用，構成了一個企業戰略的完整體系，如圖5-3所示。

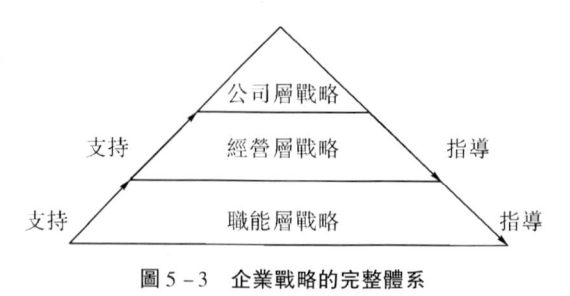

圖5-3 企業戰略的完整體系

【即問即答】企業戰略的三個層次間是如何相互作用的？

二、戰略的類型

(一) 基本戰略

企業戰略是一個戰略體系，在這個戰略體系中，有競爭戰略、發展戰略、市場營銷戰略、人才戰略等，企業經營過程中的各種基本戰略類型，如表5-1所示。

表 5－1　　　　　　　　　　　各種基本戰略類型

類型	特徵
單一經營戰略	企業經營範圍限定在某一種產品或服務上，方向明確，力量集中
一體化戰略	若干關聯單位組合在一起形成的經營聯合體
外包戰略	企業將其輔助業務以合同的方式委託給專業的公司運作
戰略聯盟	兩個或兩個以上的企業在相對獨立的前提下合作，以實現共同目標
產業集群	各種相互關聯的經濟實體在空間上集聚以降低成本、提高收益

1. 單一經營戰略

單一經營戰略是指企業把自己的經營範圍限定在某一種產品或服務上的經營戰略。這種戰略使企業經營方向明確，力量集中，能強化競爭能力和優勢。

單一經營戰略把企業有限的資源放到同一經營方向上，可以集中優勢，形成較強的核心競爭力，實現規模經營，降低產品或服務的平均成本。這種戰略還有助於企業通過專業化的知識和技能提供精細、全面、滿意和有效的產品和服務，在生產技術、客戶服務、產品創新或整個業務活動的其他領域開闢新途徑。

世界上有許多企業，包括一些大型企業，都通過單一經營而成為某一領域的主導者。如：可口可樂主要從事碳酸飲料的生產銷售。

單一經營戰略的弊端也是顯而易見的。它把所有的雞蛋都放進一個籃子裡。當單一經營所在的行業發生衰退、停滯或者缺乏吸引力時，實行單一經營戰略的企業將難於維持企業的成長。同時，因為公司的聲譽、品牌、文化、技術知識以及日積月累的知識和經驗等具有多種用途的資源可能存在剩餘，未被充分利用而造成資源浪費。不過，一般說來，企業如果注意到這些劣勢，採取有效的變革措施也可以將負面影響降低。

2. 一體化戰略

一體化戰略是由若干關聯單位組合在一起形成的經營聯合體，主要包括縱向一體化（生產企業同供應商、銷售商串聯）和橫向一體化（同行業企業之間的聯合）。

（1）縱向一體化

縱向一體化也稱為垂直一體化，是指生產或經營過程相互銜接、緊密聯繫的企業之間實現一體化。按物質流動的方向又可以劃分為前向一體化和後向一體化。前向一體化是指企業與用戶企業之間的聯合；後向一體化是指企業與供應企業之間的聯合。

前向整合可以穩定銷售渠道，降低開拓市場的營銷成本；後向整合可以保障供給、獲得供應商初期的規模經濟、降低生產成本，提高企業競爭能力。此外，實現縱向一體化還可以利用眾多的資源和銷售渠道提高企業對沒有一體化競爭者的防禦性，以及獲得掌握上下游相關技術的機會。

縱向一體化後，因組織過於龐大，對市場反應遲鈍，產品的更新換代速度放慢，難以滿足顧客的新要求；另外，固定的供銷渠道和較低的憂患意識容易弱化組織內部激勵效應並降低組織的靈活性。

（2）橫向一體化

橫向一體化，也稱為水準一體化，是指與處於相同行業、生產同類產品或工藝相

近的企業實現聯合，實質是資本在同一產業和部門內的集中，目的是實現擴大規模、降低產品成本、鞏固市場地位。

橫向一體化有利於公司通過合作、收購和兼併同類企業實現規模擴張，取得規模經濟和實現跨越式發展，減少競爭對手的數量，增強企業的競爭能力，還可以在不被政府指控為有很強削弱競爭傾向的前提下獲得一定程度的壟斷。

不過，橫向一體化容易造成壟斷，企業必須在不違反政府法規限制的前提下進行。橫向一體化過程還難免會遭遇企業間文化和管理方式的衝突；合作過程中核心技術也有可能會被洩露或複製。

3. 外包戰略

所謂外包戰略，是指企業為集中精力增強核心競爭力，而將其輔助業務以合同的方式委託給專業的公司運作，以實現利益最大化。

實施外包戰略有利於企業降低經營風險、節約成本、提高企業靈活性、提升企業核心競爭力。但同時也隱藏著許多潛在的風險，若處之不當，不但不能發揮外包戰略的優勢，還會使合作雙方產生矛盾，甚至給企業造成難以挽回的損失。因此，實施外包戰略要注意以下幾點：

（1）企業在考慮外包之初，必須對服務商進行充分的比較和評估，要選擇那些信譽好、業務對口、專業化程度高、彼此之間能達成優勢互補的第三方企業作為自己的合作夥伴，這樣才能便於協調溝通、長期合作；

（2）合作雙方應建立合理的協調溝通機制、績效評價標準和明確的合作範圍，避免合作雙方在以後的合作過程中產生不必要的利益分歧；

（3）企業還必須防止公司的商業機密和核心技術的外洩，做到進退自如。

4. 戰略聯盟

戰略聯盟就是兩個或兩個以上經營實體為達到共同的戰略目標，使自身得以發展而建立的一種相對穩固的合作夥伴關係。其本質是指兩個或更多公司將力量聯合起來共同獲得有利的戰略結果。

戰略聯盟主要分為資本聯盟和職能聯盟兩類。其中，資本聯盟包括合資和股權相互持有；職能聯盟包括技術開發聯盟、合作生產聯盟、市場營銷聯盟等。

通過戰略聯盟，企業間可以實現優勢互補，更易於獲取新資源和新技術，從而降低因獨自承擔研發費用而帶來的成本和風險；企業強強聯合還有利於集聚資源和能力，增強綜合競爭力，鞏固在行業內的領先地位，實現一定程度上的壟斷，保持並拓展市場佔有率。而中小企業之間以及中小企業與大企業之間進行戰略聯盟，則有利於迅速提升企業應對市場風險的能力，提高企業對抗行業主導者的綜合競爭力。

當然，企業在進行戰略聯盟時一定要慎重，選擇戰略夥伴之前應明確雙方的戰略意圖、合作標準、合作方式和控制權問題，在合作過程中要依據市場需要及時調整戰略協議，以避免使企業陷於被動。另外，聯盟和合作戰略還應避免「在關鍵技能和能力上長時間依賴於別的公司」這種局面。

5. 產業集群

產業集群是指有關聯性的企業、專業化供應商、服務供應商、金融機構和其他相關機構為了實現資源共享、風險共擔、降低成本和提高收益的目的，在地理上集中、空間上集聚的現象。如北京中關村的電子產業集群、廣東東莞的電腦零配件產業集

群等。

集群內部企業一般都是規模不大的中小型企業，相互間以具有某個或某幾個顯著的產業特徵作為連接。產業內部企業之間實行專業化分工與協作。最常見的是以供應商－客戶作為聯結模式，如紹興紡織業的化纖、織造、印染服裝一條龍的產品關聯，圍繞該產業鏈還出現了紡機、染料助劑、紡織技術服務等輔助性行業，這些內在緊密聯繫並頻繁互動的行業及其所屬企業就構成了一個龐大的紡織產業集群。

產業集群對於地區經濟和企業發展都具有重要的意義和作用：

（1）產業集群有利於提高區域內基礎設施的利用率，實現企業間資源共享，加強企業間的有效合作和相互信任，通過內部競爭與合作提升整個區域的競爭能力，並形成一種集群競爭力。

（2）產業集群有利於為企業創造良好的創新氛圍，降低企業的創新成本，促進知識和技術的轉移和擴散，增強企業創新能力和促進企業發展。

（3）產業集群有利於形成「區位品牌」。「區位品牌」即產業區位是品牌的象徵，如法國的香水、義大利的時裝、瑞士的手錶等。這不僅有利於企業對外交往，開拓國內外市場，確定合適的銷售價格，也有利於提升整個區域的形象，為招商引資和未來發展創造有利條件。而區位品牌共享大大增強了集群內企業的比較競爭優勢。

（二）競爭型戰略

如何在競爭中求發展，是每個企業都在思考的課題。根據邁克爾·波特的相關理論，常用的競爭戰略有三種類型，如表 5-2 所示。

表 5-2　　　　　　　　　　常用的競爭戰略類型

類型	特徵
成本領先戰略	品質保證，成本領先，高於同行的平均利潤水準
差異化戰略	產品或服務獨具特色，滿足特殊需求、異於競爭對手的市場策略
聚焦戰略	資源集中於某一特定的細分市場，擁有比較競爭優勢，高收益率

1. 成本領先戰略

成本領先戰略也稱低成本戰略，是指企業在不犧牲產品的品質和服務的前提下，通過提高生產力或加強成本控制，使企業在較長時期內具有比競爭對手低的成本，成為同行業的成本領先者，並獲取高於行業平均水準利潤的戰略。

成本領先戰略是企業所採取的最普遍、最基本的競爭方式之一。成本領先戰略有助於阻礙新競爭者的進入；有助於增強企業對供方和買方的討價還價的能力；有利於降低替代品的威脅進而保持競爭地位。總之，採用成本領先戰略，可以使企業有效地面對行業中的五種競爭力量，以低成本來贏得競爭優勢。

實施成本領先戰略主要有以下幾種途徑：

（1）規模經營

規模經營能夠使擴大生產規模形成的投資費用相對節約，使成本下降。產量的增加使固定費用可以分攤到更多的產品中去，從而導致成本降低。

（2）生產經營標準化、專業化和自動化

產品和服務的標準化、專業化和自動化可以使生產效率大幅度提高，並因降低工

作的複雜程度而降低了對員工的培訓成本。

（3）在組織內部實現資源或機會共享

組織內部不同部門之間為了達成組織的總體目標相互協作和資源的共同利用可以有效降低成本，實現利益最大化。連鎖經營也可算為該模式。

（4）垂直一體化與外包

部分或全部一體化進入供應商或前向渠道聯盟，可以使公司繞開具有相當大的討價還價能力的供應商或購買者；同時，將某些職能和活動外包給具有成本優勢的專業廠商，因為他們具有專業技術和大規模生產線，開展這些活動會更具成本優勢。

（5）改善價值鏈結構

巨大的成本優勢來自於以創造性的方式消除高成本的價值鏈活動。用來通過改造價值鏈獲得成本優勢的主要方式有：對電子商務技術的應用；採用直接針對用戶的銷售和營銷方法；避免使用高成本的原材料或零配件；重新布置各種設施等。

企業在選擇成本領先戰略時，應看到這一戰略也有其不足。如果不清晰準確地把握這一點，採用成本領先戰略的企業有可能處於不利的地位。因此，在使用成本領先戰略時應注意以下幾個方面：

（1）成本領先戰略的目標是獲取比競爭對手相對低的成本，而不是以犧牲特色產品和服務為代價獲取絕對的低成本。

（2）真正的成本領先應是持續的、競爭對手難以複製的，而不是小幅度的、一時的成本領先。

（3）太關注於成本的降低有可能導致顧客需求的改變。企業如果過分地追求低成本，降低了產品和服務的質量，會影響顧客的需求。結果是適得其反的，企業非但無法獲得競爭優勢，反而會處於劣勢。

（4）過度降價導致利潤率非但沒有提高反而降低了。削價幅度高於成本優勢的規模或銷量的增加不足以在降低單位產品銷售利潤率的情況下增加總利潤，會使企業蒙受損失。

2. 差異化戰略

差異化戰略又稱差別化戰略，是指企業提供具有獨特價值的產品或服務，滿足顧客特殊的需求，形成競爭優勢的戰略。簡單地講，差異化戰略是指與競爭對手有所不同的市場策略。例如，企業可以根據不同客戶的不同需要定制產品或服務；也可使產品具有差異而服務無差別，如不同類型的手機企業在售後服務方面無異；還可使產品無差別而服務各有特點，如通用電氣的全程服務。

企業採用這種戰略，可以很好的防禦行業中的五種競爭力量，獲得超過行業平均水準的利潤。具體來講，差異化戰略的作用主要表現在以下幾個方面：

（1）差異化戰略可以形成行業壁壘。由於產品的特色，顧客對產品或服務具有很高的忠誠度，使該產品和服務具有極大的進入障礙。潛在的進入者要與該企業競爭，需要克服這種產品的獨特性。

（2）差異化戰略有利於降低顧客對價格的敏感程度。由於差異化，顧客對該產品或服務具有較高的忠誠度，當這種產品的價格發生變化時，顧客對價格的敏感度不高。生產該產品的企業便可以運用產品差異化的戰略，在行業的競爭中形成一個隔離帶，避免競爭者的傷害。

（3）差異化戰略有利於增強企業的討價還價能力。產品差異化戰略可以為企業帶來較高的邊際收益，降低企業的總成本，增強企業對供應者的討價還價能力。同時，由於購買者別無選擇，對價格的敏感程度又降低，企業可以運用這一戰略削弱購買者的討價還價能力。

（4）差異化戰略有利於降低替代品的威脅。實施差異化戰略的企業的產品或服務具有特色，能夠贏得顧客的信任，這可以使企業在與替代品的較量中處於有利的地位。

企業選擇差異化戰略時需具有很強的研究與開發能力和創新氛圍；具有以其產品質量或技術領先的聲望；具有很強的營銷能力；研發與營銷等部門之間要具有很強的協作性。此外，企業還必須確保這種差異與顧客的需求價值相吻合。

企業實施差異化戰略時需注意如果形成產品差別化的成本過高，超出了購買者的承受能力，企業也就難以盈利。競爭對手的產品價格降得很低時，企業即使控制其成本水準，購買者也會不再願意為具有差別化的產品支付較高的價格。另外，有一些企業會陷入低成本與差異化的迷失之中。如果企業既追求低成本帶來的市場份額，又渴望差異化帶來的可觀利潤，把握不好必將導致模糊不清的企業文化、彼此衝突的組織安排和相互抵消的激勵系統，因為兩種戰略對資源稟賦、業務流程、組織安排、營銷手段和管理風格的要求迥異。若企業不能通過價值鏈組合實現二者兼容，勢必陷入市場泥潭。

3. 聚焦戰略

聚焦戰略又叫集聚化戰略，指公司把優勢資源集中於某一個特定的細分市場，在該特定市場建立起比較競爭優勢，比競爭對手更好地服務於這一特定市場的顧客，並以此獲取高的收益率。

《孫子·虛實篇》中說：「我專為一，敵分為十，是以十攻其一也，則我眾而敵寡；能以眾擊寡者，則吾之所與戰者約矣。」專，即集中兵力；分，即分散兵力。在軍事上，「集中兵力打殲滅戰」是一條重要原則。土地革命時期，力量薄弱的工農紅軍依靠「集中優勢兵力各個殲滅」的指導原則挫敗了國民黨的四次「圍剿」。在現代商場上，企業也應該實施聚焦戰略，集中優勢資源於某一特定領域，做精做細，實現目標。

企業實施聚焦戰略意味著將全部精力專注於某一特定領域，相對於在多個細分市場定位的企業來講，更容易實現專業化，從而獲得低成本優勢或者差異化優勢，或者兩者兼而有之。由此滿足客戶的期望值，阻礙競爭者的進入，削弱買方的討價還價能力等，最終提升企業的綜合競爭力。如日本佳能公司將優勢集中在數碼相機領域，逐步形成讓同行望塵莫及的局勢。

實施聚焦戰略還有利於凝聚整個企業的各種力量和資源，明確目標，簡化管理，提高企業的靈活性，有效地進行市場評估、產品研發、營銷策略規劃和實施等，進而提高產品相對質量，提升企業形象，穩定顧客的忠誠度和拓展企業在目標市場的份額，最終獲得相對高的收益。

不過，企業在實施聚焦戰略過程中一定要避免細分市場定位不清和隨意變更目標市場的情況。目標市場確立後應進行對目標市場的精細化認識，以避免產品與顧客的特殊需要相背離。同時，企業還要做好對細分後目標市場的跟蹤和反饋，及時進行相應的調整和改進。

(三) 擴張戰略

當企業發展到一定階段,企業採取的擴張戰略與以後的發展密切相關,選擇適合自己的模式進行擴張才能長遠發展。企業常用的擴張戰略如表 5-3 所示。

表 5-3　　　　　　　　　　　　常用的擴張戰略類型

類型	特徵
多元化戰略	企業同時經營兩種以上基本用途不同的產品或服務的一種發展戰略
併購戰略	企業兼併或收購其他經營實體,以減少競爭對手並壯大自身實力
國際化戰略	企業產品與服務在本土之外的發展戰略

1. 多元化戰略

多元化戰略又稱多元化經營戰略,是指企業為了獲得最大的經濟效益和長期的穩定經營,同時經營兩種以上基本用途不同的產品或服務的一種發展戰略。多元化戰略包括產品多元化、市場多元化、投資區域多元化和融資方式多元化等模式。

相對於單一經營戰略來講,多元化戰略可以充分利用企業在管理經驗、技術創新、市場開發和品牌效應的價值,實現利益最大化,如海爾集團新推出的電腦業務可以充分利用它在家電領域形成的銷售網絡、技術實力和品牌影響力。另一方面,企業經營的好壞不僅取決於企業經營者,還要受宏觀經濟環境的影響。因此,多元化經營可以通過減少企業利潤的波動來達到分散經營風險的目的。第三方面,多元化的企業可以憑藉其在規模及不同業務領域經營的優勢,在單一業務領域實行低價競爭,從而取得競爭優勢;也可以與其主要客戶簽訂長期合同,互相提供所需的產品,以實現相互利益的最大化。

雖然,實施多元化戰略有單一經營戰略無法比擬的優勢,但也存在著分散企業資源、加大管理難度、增大投資風險和顧客對新產品的質疑等風險。因此,企業在實施多元化戰略時應遵循以下原則:

(1) 堅持把主營業務做好之後再考慮多元化。穩定而具有相當優勢的主營業務是企業利潤的主要源泉和企業生存的基礎。企業在採用多元化發展戰略時,需要主營業務提供雄厚的實力和穩定的保障來支持,這不僅是企業多元化發展的前提,更是企業避免因多元化的風險而遭受滅頂之災的客觀要求。

(2) 實施多元化時應該有利於企業資源的優化配置,而且最好是向主業的上下游發展。這樣不僅可以共享原有的人才資源、市場渠道、採購渠道,還能為一部分現有顧客提供更多的產品或服務進而提高顧客的忠誠度。此外,向現有顧客提供關聯產品或服務的營銷成本必定比發展新顧客要低許多,這能為低成本擴張提供可能。

(3) 新舊業務領域之間應具有一定的戰略關聯。所謂關聯分為有形關聯和無形關聯。有形關聯是建立在共同的市場、渠道、生產、技術、採購、信息、人才等方面,相關業務之間的價值活動能夠共享。無形關聯則指建立在管理、品牌、商譽等方面的共享。如果新舊業務之間具有關聯性特別是有形關聯,可以實現資源轉移和共享,在新業務拓展時更容易成功。

(4) 加強企業內部不同業務單元之間的協調性。現代企業管理面臨企業內部管理出現斷層等新問題,隨著企業的壯大和經營業務的增多,各部門之間的溝通和協調的

難度也會相應加大，協調不好就會出現會議增多和市場反應遲鈍等問題。因此實施多元化戰略時，要注意加強企業內部不同業務單元之間的協調性，這樣企業才能順利地實施擴張，及時對市場環境作出反應進而規避風險。

（5）樹立「拓展一行，精通一行」的理念。盲目實施多元化，不僅會過度分散企業資源，也會因吞下的業務不能消化而給企業帶來風險。只有樹立「做一行，精一行」的理念，穩扎穩打，步步為營，才可能實現企業的整體利益最大化。

2. 併購戰略

併購戰略是指一個企業為了增強競爭優勢、實現經營目標，購買另一個企業的全部或部分資產或產權，從而影響和控制被收購企業的戰略。

併購是兼併和收購的合稱。兼併含有吞並、合併的意思，是指兩家以上的獨立企業合併成一家，通常是實力雄厚的企業兼併實力弱小的企業，被兼併企業作為法人實體不復存在；收購是指一家企業用現金、債券或股票購買另一家企業的股票或資產，以獲得對該企業的控制權，被收購的企業可仍以法人實體存在。

實施併購戰略可以幫助企業在極短的時間內將規模做大，在行業內迅速建立領先優勢，提高競爭能力，將競爭對手擊敗。通過併購，企業也能獲取競爭對手的市場份額，迅速提高市場佔有率，增強企業在市場上的競爭能力，並通過一定的壟斷加強對市場的控制能力。當企業進入一個新行業時，通過併購可以輕鬆繞開行業壁壘，降低自身拓展帶來的風險。而當企業欲跨國發展時，通過併購的方式進駐他國，則有利於減少該國政府的限制，快速實現不同地域之間文化和管理理念的整合。

企業實施併購戰略應該注意以下幾個方面的問題：

第一，企業實施併購戰略應首先明確併購目標，使其與公司戰略相符合。如果併購目標不明確或目標企業與本企業的發展戰略不能很好地吻合的話，那麼即使併購目標企業付出的代價很小也應該慎重行事，因為對其收購後，不但不會通過企業間的協作、資源的共享獲得競爭優勢，反而會將有限的企業資源耗散在盲目的併購和內部的衝突協調中。

第二，在併購前應對目標企業做好詳細的審查。因為在併購的過程中，目標企業可能會存在著併購方沒有注意到的重大問題（比如隱瞞債務），併購方以前所設想的機會可能根本就不存在，或者雙方的企業文化、管理制度、管理風格很難相融合，因此很難將目標公司融合到整個企業的運作體系當中，從而導致併購的失敗。

第三，準確估計自身實力。在併購過程中，併購方的實力對於併購能否成功有著很大的影響，因為在併購中收購方通常要向外支付大量的現金，這必須以企業的實力和良好的現金流量為支撐，否則企業就要大規模舉債，造成本身財務狀況的惡化，企業很容易因為沉重的利息負擔或者到期不能歸還本金而導致破產。

第四，併購後應對目標企業進行迅速有效的整合。由於目標企業在企業文化、管理模式、用人機制等方面與併購方存在著或多或少的差異，在併購後一段時間內應對目標企業進行迅速有效的整合，使其經營重新步入正軌並與整個企業的運作系統的各個部分有效配合。

3. 國際化戰略

國際化戰略是公司在國際化經營過程中的發展規劃，是企業產品與服務在本土之外的發展戰略。

企業的國際化戰略可以分為本國中心戰略、多國中心戰略和全球中心戰略三種。

本國中心戰略的特點是母公司集中進行產品的設計、開發、生產和銷售協調，管理模式高度集中，經營決策權由母公司控制。其優點是集中管理可以節約大量的成本支出；缺點是產品對東道國當地市場的需求適應能力差。

多國中心戰略的特點是在母公司的目標控制和財務監督下，海外的子公司擁有較大的經營決策權，可以根據當地的市場變化作出迅速的反應。這種戰略的優點是對東道國當地市場的需求適應能力好，市場反應速度快；缺點是增加了子公司和子公司之間的協調難度。

全球中心戰略是將全球視為一個統一的大市場，在全世界的範圍內獲取最佳的資源並在全世界銷售產品。這種戰略既考慮到東道國的具體需求差異，又可以顧及跨國公司的整體利益，已經成為企業國際化戰略的主要發展趨勢。但是這種戰略也有缺陷，對企業管理水準要求高，管理資金投入大。

按照企業的主導戰略類型，中國企業的國際化戰略大致可以分為四種模式：

第一種是海外設廠，生產本地化，如海爾；

第二種是自有產品直接出口，如華為和中興；

第三種是併購國外企業，如聯想；

第四種是產品貼牌出口，這類企業以浙江溫州企業為多。

此外，企業國際化戰略有時會採取多種戰略，即組合戰略來進軍海外。

總之，在全球經濟一體化的今天，國際化戰略聯盟顯示了極強的優越性，越來越受到跨國公司的推崇。這是因為實施國際化戰略有利於企業將產品和服務推向國外市場，拓展營銷空間和發展空間，減輕國內市場給企業帶來的競爭壓力，為公司的長遠發展提供新的增長途徑；有利於企業充分利用不同國家與地區間資源的優化組合，實現規模經濟和降低成本；有利於企業享受國外的優惠政策並繞開國際間的貿易壁壘，同時提高企業的聲譽和影響力，打造國際化品牌；有利於企業通過在不同的國外市場運作來分散完全依靠國內市場而帶來的商業風險。

不過，我們應該看到，國際化戰略是一把雙刃劍，在關注它給企業帶來機遇的同時，也應做好應對挑戰的準備。實施國際化戰略的企業不僅要考慮目標國家對產品的認可度，還應該時刻關注該國政治制度的穩定性和戰爭爆發的可能性、財政和金融政策的有效性以及不同文化的兼容性，做到趨利避害、隨機應變和因時因地制宜，才能實現企業利益的最大化。

(四) 防禦型戰略

和「戰略」一詞來源於軍事一樣，「防禦型戰略」也來源於軍事。在軍事中，作戰中的一方由於實力較弱，出於長期考慮，在較長一段時間內，採取不主動進攻戰略。在企業營運過程中，為了應付市場可能給企業帶來的威脅，採取一些措施企圖保護和鞏固現有市場的戰略就稱為防禦型戰略。常見的防禦型戰略如表 5-4 所示。

表 5-4　　　　　　　　　　　　常見的防禦戰略類型

類型	特徵
收縮戰略	企業內部進行資產重組和產權調整，縮小規模、削減開支，以退為進

表 5-4（續）

類型	特徵
剝離戰略	出售劣勢項目、保留資產與優良項目、人員，從而形成新的增長點
清算戰略	資產轉讓、出賣或者停止全部經營業務，結束企業的生命

1. 收縮戰略

收縮戰略是指企業從目前的戰略經營領域和基礎水準收縮和撤退，將其部分資產或股份進行分離、轉移或重新進行有效配置，實行企業內部的資產重組和產權調整，達到以資本為紐帶將鬆散聯合變成緊密聯合的充滿競爭活力的有機體的戰略。收縮戰略具有明顯的短期性和過渡性，其根本目的並不在於長期節約開支，停止發展，而是為了今後的發展積蓄力量，其實質是一種以退為進的戰略。

實施收縮戰略的目的是幫助企業在經營不利的情況下節約開支和費用，最大限度地降低損失，保留企業的實力；克服開支龐大、機構冗雜的大企業病，提高企業活力從而化解市場風險、經營風險與財務風險；促進企業轉換機制、精簡機構和重新確立戰略目標，實現資產的最優組合，獲得競爭優勢。

實施收縮戰略要注意以下兩個方面的問題：

（1）實行收縮型戰略的尺度較難以把握。如果盲目地使用收縮型戰略的話，可能會扼殺具有發展前途的業務和市場，使企業的總體利益受到傷害。

（2）一般來說，實施收縮型戰略會面臨來自管理層、企業組織、工會、政策和法律以及金融機構的阻力，並引起企業內外部人員的不滿和員工情緒低落。因為實施收縮型戰略常常意味著不同程度地裁員和減薪，而且實施收縮型戰略在某些管理人員看來意味著工作的失敗和不利。

2. 剝離戰略

剝離戰略是指出售公司呈現劣勢的分部、分公司或任何一整塊業務，保留優良資產與優良項目、人員，從而形成新的增長點的戰略。它是在收縮戰略未奏效，未從根本上解決失敗因素的情況下進行的。

一般企業在下述兩種情況下實施剝離戰略：

（1）用剝離戰略使某項業務退出公司。其前提是，某項業務只有在衰退的早期出售才能使淨投資收益最大化，而不是實施收縮戰略之後再出售。及早出售常常使公司從收購中實現價值最大化，因為出售越早，出賣者的討價還價能力越強。一旦衰退明顯，產業內的資產購買者將具有很強的討價還價能力，可能將價格壓得低於實際價值。

（2）採取剝離戰略調整公司總體戰略的方向。它來源於眾多公司致力於集中加強自己的核心優勢，降低多元化經營的程度。例如：1994 年，美國公司完成的剝離總值達到 226 億。進行剝離的公司其股票市值在第一年平均上升了 20.2%，而同期的標準普爾股票價格綜合指數僅上升了 1.5%。

3. 清算戰略

清算戰略又稱清理戰略，是指企業在收縮戰略與剝離戰略無效的情況下受到全面威脅、瀕於破產時，通過將企業的資產轉讓、出賣或者停止全部經營業務結束企業的生命。清算戰略也就是指企業由於無力償還債務，通過出售或轉讓企業的全部資產，

以償還債務或停止全部經營業務，從而結束企業生命的一種戰略。

清算等於承認失敗，因而是一種在感情上難以接收的戰略。然而，停止營業可能是比繼續大筆虧損更為有利的選擇。實施清算戰略，企業可以有計劃的逐步降低企業的市場價值，盡可能多的收回企業資產，從而減少全體股東的損失。因此，清算戰略在特定的情況下，也是一種明智的選擇。要特別指出的是，清算戰略的淨收益是企業有形資產的出讓價值，而不包括其相應的無形價值。

三、戰略分析與戰略選擇

（一）確定企業的使命

所謂企業的使命是指企業的根本性質和存在的理由，說明企業的經營領域、經營思想，為企業目標的確立與戰略的制定提供依據。企業使命決定了企業在發展中所應擔當的角色和責任。

簡單地理解，企業使命包含三個方面：第一，企業的使命實際上就是企業存在的原因或理由，也就是說，是企業生存的目的定位；第二，企業使命是企業生產經營的哲學定位，也就是影響經營者決策和思維的經營觀念；第三，企業使命是企業生產經營的形象定位，它反應了企業試圖為自己樹立的形象，諸如「我們是一個願意承擔責任的企業」、「我們是一個健康成長的企業」、「我們是一個在技術上卓有成就的企業」，等等。表5-5中羅列了部分世界優秀企業的使命，從中我們可以體會到這些企業的經營思想。

表5-5　　　　　　　　　　部分世界優秀企業的使命

企業	使命
迪斯尼公司	使人們過得快活
微軟公司	致力於提供使工作、學習、生活更加方便、豐富的電腦軟件
索尼公司	體驗發展技術造福大眾的快樂
惠普公司	為人類的幸福和發展做出技術貢獻
沃爾瑪公司	給普通百姓提供機會，使他們能與富人一樣買到同樣的東西
IBM公司	無論是一小步，還是一大步，都要帶動人類的進步
耐克公司	體驗競爭、獲勝和擊敗對手的感覺

明確企業的使命有利於確定企業經營領域和戰略目標並保持整個企業經營目的的統一性；有利於為企業職工提供共同的經營理念，建立統一的企業氛圍和環境，加快企業的文化建設；有利於指導企業的經營資源配置、協調內部矛盾和提高職工的積極性；有利於企業明確發展方向與核心業務，樹立用戶導向的思想，表明企業的社會政策。

制定企業使命應注意企業使命的合理性問題。使命不是隨便任意寫的，也不是主觀口號性的東西。使命的形成是在主體和環境之間展開的，是要解決主體意願和客觀環境之間的矛盾，只有是組織能勝任而又能被環境所接納的重大社會責任才能形成組織的使命。使命要有針對性和動態性，使命是一個歷史的範疇、動態的概念，在不同

時期有不同的內涵。同時，還需注意使命是否真誠的問題。使命是發自組織內心的，是一種自覺的意識。當前，很多公司的使命只是為了裝飾門面，是寫給客戶、員工和社會看的，不是股東或高層自覺的意識和行為，是虛假的使命，所以起不到應有的作用。

總之，一個公司的使命必須是組織能勝任而又能被環境所接納的責任才是合理的，使命要符合所選擇事業發展的趨勢，而且使命的確立本身是自覺的、真誠的，並且公司所有的行為都是圍繞公司的使命在進行，這樣才能被客戶、員工和社會所認可接納，才能激勵公司的員工為實現其使命而奮鬥。

【即問即答】企業的使命對企業有何作用？

(二) 戰略分析

1. 外部環境分析

外部環境是指存在於企業之外、企業不能控制但是對企業決策和績效產生影響的外部因素的總和。外部環境分為宏觀環境和微觀環境。

(1) 宏觀環境分析

一般認為企業的宏觀環境因素有五類，即政治法律因素、經濟因素、社會文化因素、自然因素以及技術因素。

政治法律因素，是指那些制約和影響企業的政治要素、法律系統及其運行狀態。企業必須根據所在國家和地區的政治和法律因素進行相應的決策，使企業活動適應所在國家和地區的政治、法律環境。

經濟因素，主要指國民經濟發展的總概況、國際和國內經濟形勢和經濟發展趨勢等。通常對企業產生直接影響的經濟因素有國民生產總值、社會購買力水準、消費者收入水準、物價水準以及銀行利率、通貨供應量、政府支出、匯率等國家貨幣和財政政策等。

社會文化因素，是指企業所處一個國家和地區的民族特徵、文化傳統、價值觀、宗教信仰、社會結構、教育水準、人口趨勢等情況。企業經營活動能否融入所在地區的社會文化環境直接影響到產品的營銷狀況。

自然因素，是指企業所處的自然資源與生態環境，包括土地、森林、河流、海洋、生物、礦產、能源、水源、環境保護、生態平衡等方面的發展變化。這些因素關係到企業確定投資方向、產品改進與革新等重大經營決策問題。

技術因素，是指企業所處的環境中的科技要素及與該要素直接相關的各種社會現象的集合，包括國家科技體制、科技政策、科技水準和科技發展趨勢等。技術因素影響到企業能否及時調整戰略決策，以獲得新的競爭優勢。

(2) 微觀環境分析

企業的微觀環境主要包括行業環境和市場環境兩個方面。行業生命週期、行業競爭、市場結構、市場需求狀況、成功關鍵因素分析等方法是微觀環境分析的重要內容。

①行業生命週期分析。行業的生命週期是一個行業從出現直至完全退出社會經濟領域所經歷的時間階段，一般分為開發期、成長期、成熟期和衰退期四個階段，如圖5-4所示。只有瞭解行業目前所處的生命週期階段，才能決定企業在該行業中是否採取進入、維持或撤退，才能進行正確的投資決策，才能對企業在多個行業領域的業務進行合理組合，提高整體盈利水準。

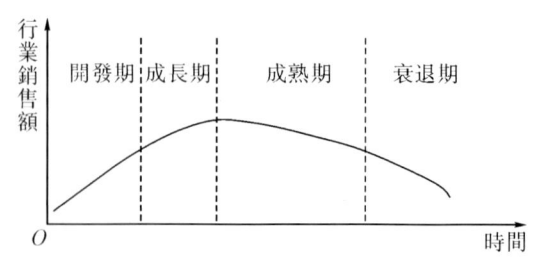

圖 5-4　行業生命週期圖

②行業競爭分析。哈佛大學商學院邁克爾·波特教授認為，在一個行業中，存在著五種基本的競爭力量，即行業中現有的競爭者、替代品生產者、潛在的進入者、購買者和供應者。可以根據這五種競爭力量之間的抗衡來分析行業競爭的強度以及行業利潤率，如圖 5-5 所示。

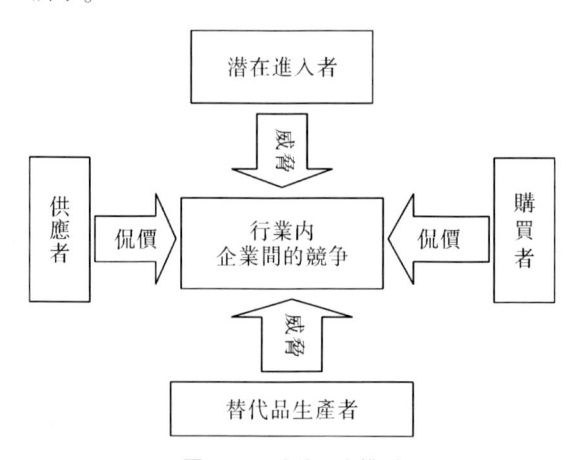

圖 5-5　波特五力模型

潛在進入者的進入威脅在於將激發現有企業間的競爭，並且使原有的市場份額被瓜分。替代品作為新技術與社會新需求的產物，對現有行業的「替代」威脅的嚴重性十分明顯，但幾種替代品長期共存的情況也很常見，替代品之間的競爭規律仍然是價值高的產品獲得競爭優勢。購買者、供應者討價還價的能力取決於各自的實力，比如買（賣）方的集中程度、產品差異化程度與資產專用性程度、信息掌握程度以及縱向一體化程度等。行業內現有企業的競爭，即一個行業內的企業為市場佔有率而進行的競爭，通常表現為價格競爭、廣告戰、新產品開發以及增進對消費者的服務等方式。

③市場結構與競爭。經濟學中將市場結構分為四類：完全競爭、壟斷競爭、寡頭壟斷和完全壟斷。分析這四類競爭形式有利於對市場競爭者的性質加以正確地估計，幫助企業做出正確、合理的決策。分析如表 5-6 所示。

表 5-6　　　　　　　　　　　　四類競爭形式分析

競爭形式	存在形態	主要特徵
完全競爭	幾乎不存在	進入無障礙，買賣主體多且不固定，交易量比重小，經營領域相同

表 5－6（續）

競爭形式	存在形態	主要特徵
壟斷競爭	企業數目多	進入無障礙，企業依靠產品的差異性對價格有一定的控制能力
寡頭壟斷	企業數目少	進入受限制，企業之間相互協商以達成決策均衡
完全壟斷	單個企業	進入受限制，產品獨一無二，企業對價格有著強大的控制力

④市場需求狀況分析。我們可以從市場需求的決定因素和需求價格彈性兩個角度分析市場需求狀況。人口、購買力和購買慾望決定著市場需求的規模，其中生產企業可以把握的因素是消費者的購買慾望，產品價格、差異化程度、促銷手段、消費者偏好等影響著購買慾望。影響產品需求價格彈性的主要因素有產品的可替代程度、產品對消費者的重要程度、購買者在該產品上的支出在總支出中所占的比重、購買者轉換到替代品的轉換成本、購買者對商品的認知程度以及對產品互補品的使用狀況等。

⑤成功關鍵因素分析。企業在特定行業或特定時期內獲得競爭優勢所必須集中精力做好的一些因素稱為成功關鍵因素，這些因素可能是價格優勢、特定的資本結構或消費組合等。不同行業的成功關鍵因素各不相同，隨著產品生命週期的演變，成功關鍵因素也會發生變化，即使是同一行業中的各個企業，也可能對該行業的成功關鍵因素有著不同的側重。

2. 內部條件分析

企業內部條件是指企業內部的物質、文化因素的總和，包括企業資源、企業能力、企業文化等，也稱企業內部環境，即組織內部的一種共享價值體系，包括企業的指導思想、經營理念和工作作風。

在《孫子兵法·謀攻篇》中，孫子曰：「故曰：知己知彼，百戰不殆；不知彼而知己，一勝一負；不知彼不知己，每戰必殆。」因此，企業戰略目標的制定及戰略選擇既要知彼又要知己，其中「知己」便是要分析企業的內部環境或條件，認清企業內部的優勢和劣勢。企業內部條件分析的目的在於掌握企業歷史和目前的經營狀況，明確企業所具有的優勢和劣勢。它有助於企業制定有針對性的戰略，有效地利用自身資源，發揮企業的優勢；同時避免企業的劣勢，或採取積極的態度改進企業劣勢，不斷調整，提高企業的競爭力，使企業立於不敗之地。

企業內部條件分析的主要內容包括以下幾個方面：

（1）內部管理分析。內部管理分析包括計劃、組織、激勵、任用和控制五個職能領域，這五個職能相輔相成，缺一不可。企業通過計劃職能來制定和評價戰略目標，利用組織職能來協調企業內各種資源，通過任用和激勵職能提高企業職工的素質和士氣，採取控制職能糾正偏差以保證企業計劃和目標的有效實現並減少企業的損失。

（2）企業財務分析。企業財務分析包括企業財務管理水準和財務狀況的分析，企業通過財務管理實現資金籌措、運作和分配，管理水準的高低直接關乎企業資金的利用效率和效果。因為企業的清償能力、債務資本的比率、流動資本、利潤率、資產利用率、現金產出、股票的市場表現等可能會排除許多原本可行的戰略選擇，而企業財務狀況的惡化也會導致戰略實施的中止和現有企業戰略的改變，所以企業必須通過對財務狀況的分析不斷調整和完善企業戰略。

（3）市場營銷分析。市場營銷分析包括市場定位和營銷組合。市場定位是企業高層管理者在制定新的戰略之前必須要回答的「誰是我們的顧客」這一問題，明確合理的市場定位，可以使企業集中資源在目標市場上創造「位置優勢」，從而在競爭中獲得優勢地位；營銷組合是通過產品、價格、分銷和促銷等變量影響市場需求和取得競爭優勢的手段，有效的營銷組合可以使企業產品迅速占領市場，並根據市場變化及時反饋公司規避商場風險。

（4）企業文化分析。企業文化是由企業成員所共同分享和代代相傳的各種信念、期望、價值觀念的集合。企業文化為員工提供了一種認同感，激勵員工為集體利益工作，增強了企業作為一個社會系統的穩定性，可以作為員工理解企業活動的框架和行為的指導原則。企業文化規定了企業成員的行為規範，對於企業戰略的實施具有十分重要的影響。

3. 戰略分析方法

（1）SWOT 分析

SWOT 分析就是指同時分析組織內部的優勢（Strengths）、劣勢（Weaknesses）、外部的機遇（Opportunities）和威脅（Threats），以便尋找到能夠使企業有效利用的市場利基。

SWOT 分析的主要目的在於對企業的綜合情況進行客觀公正的評價，以識別各種優勢、劣勢、機會和威脅因素，有利於開拓思路，正確地制定企業戰略。SWOT 分析還可以作為選擇和制訂戰略的一種方法，因為它提供了四種戰略思路，即 SO 戰略、WO 戰略、ST 戰略和 WT 戰略，如圖 5-6 所示。

SWOT 分析	內部優勢 a. 成本優勢 b. 競爭優勢 c. 產品創新 ……	a. 管理不善 b. 技術落後 c. 競爭惡化 ……
外部機會 a. 市場增長迅速 b. 客戶群體增加 c. 可與優秀企業聯盟 ……	SO 戰略 依靠內部優勢 利用外部機會	WO 戰略 利用外部機會 克服內部劣勢
外部威脅 a. 競爭壓力增大 b. 新競爭者的進入 c. 不利的政府政策 ……	ST 戰略 依靠內部優勢 迴避外部威脅	WT 戰略 減少內部劣勢 迴避外部威脅

圖 5-6 SWOT 分析圖

SO 戰略就是依靠內部優勢去抓住外部機會的戰略。如一個資源雄厚（內在優勢）的企業發現某一國際市場未曾飽和（外在機會），那麼它就應該採取 SO 戰略去開拓這一國際市場。

WO 戰略是利用外部機會來改進內部弱點的戰略。如一個面對計算機服務需求增長的企業（外在機會），卻十分缺乏技術專家（內在劣勢），那麼就應該採用 WO 戰略培

養招聘技術專家，或購入一個高技術的計算機公司。

ST 戰略就是利用企業的內部優勢去避免或減輕外部威脅的打擊。如一個企業的銷售渠道（內在優勢）很多，但是由於各種限制又不允許它經營其他商品（外在威脅），那麼就應該採取 ST 戰略，走集中型、多元化的道路。

WT 戰略就是直接克服內部弱點和避免外部威脅的戰略。如一個商品質量差（內在劣勢），供應渠道不可靠（外在威脅）的企業應該採取 WT 戰略，強化企業管理，提高產品質量，穩定供應渠道，或走聯合、合併之路以謀生存和發展。

SWOT 分析方法的基本點，就是企業戰略的制定必須使其內部能力（強處和弱點）與外部環境（機遇和威脅）相適應，以獲取經營的成功。

(2) BCG 矩陣

BCG 矩陣又叫波士頓矩陣，是美國波士頓諮詢公司在 1960 年，為一家造紙公司諮詢時而提出的一種投資組合分析方法。這種方法是將組織的每一個戰略事業單位標在一種二維的矩陣圖上，以縱軸表示企業銷售增長率，橫軸表示市場佔有率，各以 10% 和 20% 作為區分高、低的中點，將坐標圖劃分為四個象限，依次為「問題（？）」、「明星（★）」、「金牛（¥）」、「瘦狗（×）」。在使用中，企業可將產品按各自的銷售增長率和市場佔有率歸入不同象限，使企業現有產品組合一目了然，同時便於對處於不同象限的產品作出不同的發展決策，如圖 5－7 所示。

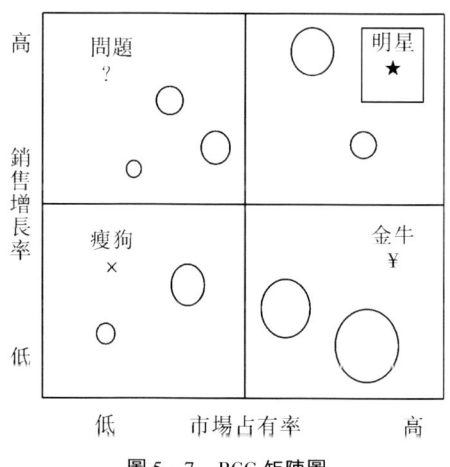

圖 5－7　BCG 矩陣圖

(1) 高增長/低競爭地位的「問題」業務。這類業務，通常處於最差的現金流量狀態。一方面，所在行業的市場增長率高，企業需要大量的投資支持其生產經營活動；另一方面，其相對份額低，能獲得的資金很少。因此，企業在對於「問題」業務的進一步投資上需要進行分析，判斷使其轉移到「明星」業務所需要的投資量，分析其未來盈利，研究是否值得投資等問題。

(2) 高增長/強競爭地位的「明星」業務。這類業務處於迅速增長的市場，具有很大的市場份額。在企業的全部業務當中，「明星」業務在增長和獲利上有著極好的長期機會，但它們是企業資源的主要消費者，需要大量的投資。為了保護或擴展「明星」業務在增長的市場中占主導地位，企業應在短期內有限供給它們所需的資源，支持它

們繼續發展，使其上升為「金牛」業務。

（3）低增長/強競爭地位的「金牛」業務。這類業務處於成熟的低速增長的處境，市場地位有利，盈利率高，本身不需要投資，反而能為企業提供大量資金，用以支持其他業務的發展。

（4）低增長/弱競爭地位的「瘦狗」業務。這類業務處於飽和的市場當中，競爭激烈，可獲利潤很低，不能成為企業資金的來源。如果這類經營業務還能自我維持，則應縮小經營範圍，加強內部管理。如果這類業務已經徹底失敗，企業應及早採取措施，清理業務或退出經營。

波士頓矩陣分析的目的在於通過產品所處不同象限的劃分，使企業採取不同決策，以保證其不斷地淘汰無發展前景的產品，保持「問題」、「明星」、「金牛」產品的合理組合，實現產品及資源分配結構的良性循環。

後來，湯姆森和斯迪克蘭德發展了波士頓矩陣。他們將處於不同象限中的經營單位可以採用的戰略列入象限中，從而使戰略的選擇變得更為清晰，如圖5-8所示。

	低市場占有率	高市場占有率
高銷售增長率	問題 a.單一經營 b.橫向一體化合并 c.放棄 d.清算	明星 a.單一經營 b.縱向一體化 c.同心多元化
低銷售增長率	瘦狗 a.緊縮 b.多元化 c.放棄 d.清算	金牛 a.抽資 b.多元化 c.合資經營

圖5-8　發展了的BCG矩陣法

（三）選擇戰略類型

1. 發展型企業戰略

發展型企業戰略是以企業的發展戰略為指導，將企業的資源導向開發新產品、開拓新市場，採用新的生產方式和管理方式，以便擴大企業的產銷規模，增強企業的競爭實力。發展型戰略一般會取得大大超過社會平均投資收益率的收益水準。發展型戰略包括單一經營戰略、一體化戰略和多元化戰略。

2. 穩定型企業戰略

穩定型企業戰略是在戰略規劃期內將企業的資源基本保持在目前狀態和水準上的戰略。它滿足於過去的投資收益水準，決定繼續追求與過去相同或相似的目標，每年所期望取得的投資收益以大體相同的比率增長，企業繼續用基本相同的產品或勞務為

它的顧客服務。

穩定型戰略的風險較小，對處於正在上升的產業和穩定環境的成功企業來說，是極為有效的。對許多產業和企業來說，穩定發展是最合邏輯、最為適宜的戰略。它避免了開發新產品和新市場所必需的巨大投資、激烈的競爭和開發失敗的風險。穩定型戰略也有一定的風險。當外部環境發生動盪時，就會打破企業的戰略目標、外部環境、企業實力三者的平衡使實行穩定型戰略的企業陷入困境，它還會降低企業的風險意識，從而使企業面臨風險時缺乏適應性和抗爭性。

3. 緊縮型企業戰略

當企業的經營狀況、資源條件不能適應外部環境的變化，難以為企業帶來滿意的收益，以致威脅企業生存和發展時，企業常常採取緊縮型戰略。一般說來，企業只想在短期內實行這一戰略，以使企業度過危機，然後轉而採用其他戰略方案。

4. 組合戰略

許多大型企業並不局限於實施單一的戰略，而是將戰略組合起來。組合戰略使將相關的戰略配合起來使用，使集中戰略形成一個有機整體。

【即問即答】企業有哪幾種戰略類型可供選擇？請分析每種類型戰略的適用情況。

(四) 制定戰略方案

制定戰略方案是在明確企業使命和戰略方向的前提下，為順利實現企業目標和解決重大問題所擬訂的多種可供企業領導者選擇的可操作性方案。

（1）戰略思想的貫徹。在戰略實施之初，企業的領導人應研究如何將企業戰略的思想變為企業大多數員工的實際行動，調動起大多數員工實現新戰略的積極性和主動性。這就要求對企業管理人員和員工進行培訓，向他們灌輸新的思想、新的觀念，提出新的口號和新的概念，消除一些不利於戰略實施的舊觀念和舊思想，以使大多數人逐步接受一種新的戰略，並堅定地實施下去。

（2）戰略步驟的劃分。企業戰略是一個系統工程，不可能一蹴而就，它總是需要分成若干步驟才能完成，每一個階段都應明確該階段相應的戰略目標、戰略重點和戰略措施。

（3）階段性戰略結果的評價。對每一階段進行評價可以時刻把握戰略實施進度，糾正偏差，確保階段性戰略實施的效果。對戰略方案進行反饋和論證，概括方案的主要特點和不足，並按照利多弊少的原則提出完善建議。

四、戰略實施與評價

(一) 戰略實施基本原則

由於企業內外部環境或條件的不確定性，在戰略實施的過程中會遭遇許多難以預料的問題，這就決定了企業在戰略實施過程中必須遵循以下幾個原則：

1. 統一領導和指揮的原則

戰略實施是一個全局性和系統性的工程，需要大量人力、物力、財力以及時間上的合理調配。這就需要由對公司戰略瞭解最深刻、信息掌握最全面並具有較高組織和協調能力的高層領導人擔任整個戰略實施的統一領導者；同時，要在戰略的具體實施過程中堅持統一指揮的原則，要求每個部門只能接受一個上級的命令，避免政出多門，讓下級無所適從的現象，以確保以最小的代價圓滿完成各項指標和任務。

2. 階段性目標原則

企業的戰略不可能一蹴而就,而是在多個高質量階段性成果的基礎上實現的。這就需要在戰略實施過程中把企業的總體戰略目標分解為多個具體而明確的短期目標,明確這些目標完成的時間和標準,並不斷地對其進行評價、反饋和糾偏。此外,還應注意階段目標之間合理的銜接以及完成每一個階段目標之後對企業員工的激勵措施。

3. 合理性原則

由於受企業自身資源和能力的限制、各方面利益平衡要求的制約和外部環境的約束,企業所制定的經營戰略目標並非最優,而且戰略目標的實現也不可能完全符合預期,因此,如果基本上達到了戰略預定的目標,就應當認為這一戰略的制定及實施是成功的。在戰略實施過程中,戰略的某些內容或特徵有可能因具體的需要和創新而改變,並且由於本位主義的存在,各部門之間以及和企業整體利益之間必然會發生一些矛盾和衝突,但如果這些變化和衝突不妨礙總體目標及戰略的實現,就應被認為是合理的。

4. 權變原則

企業戰略的制定和實施是建立在動態變化的環境基礎之上,在戰略實施過程中,事情的發展與原先的假設有所偏離是不可避免的,如果企業內外環境或條件發生變化,這時就需要把原定的戰略進行相應的調整,這就是戰略實施的權變問題。權變的觀念應當貫穿於戰略實施的全過程,不僅戰略目標要進行權變調整,而且在時間、人員、資源配置以及實施方法上也需要隨環境的變化做出相應的調整。權變的原則應與合理性原則相結合,使戰略的制定和實施具有一定的彈性,保持戰略執行的靈活性,確保底線戰略目標的實現。

(二) 戰略實施過程

戰略實施是一個自上而下的動態管理過程。所謂「自上而下」主要是指,戰略目標在公司高層達成一致後,再向中下層傳達,並在各項工作中得以分解、落實。所謂「動態」主要是指戰略實施的過程中,常常需要在「分析→決策→執行→反饋→再分析→再決策→再執行」的不斷循環中達成戰略目標。

在將企業戰略轉化為戰略的行動過程中,有四個相互聯繫的階段。

(1) 戰略動員階段。戰略的實施是一個發動廣大員工的過程,企業領導人要向廣大員工講清楚企業內外環境的變化給企業帶來的機遇和挑戰、舊戰略存在的各種弊病、新戰略的優點以及存在的風險等,使大多數員工能夠認清形勢,認識到實施戰略的必要性和迫切性,樹立信心,打消疑慮,為實現新戰略的美好前途而努力奮鬥。在動員的過程中要努力爭取戰略的關鍵執行人員的理解和支持,企業的領導人要考慮機構和人員的認識調整問題並掃清戰略實施的障礙。

(2) 戰略計劃階段。我們常將經營戰略分解為幾個戰略實施階段,每個戰略實施階段都有分階段的目標,相應地有每個階段的政策措施、部門策略以及相應的方針等。要訂出分階段目標的時間表,對各分階段目標進行統籌規劃、全面安排,並注意各個階段之間的銜接,對於遠期階段的目標方針可以概括一些,但是對於近期階段的目標方針則應該盡量詳細一些。對戰略實施的第一階段應注意新戰略與舊戰略的良好銜接,以減少阻力和摩擦,其分目標及計劃應該更加具體化,如年度目標、部門策略、方針與溝通等,使戰略最大限度的具體化,使企業各個部門有章可循。

(3) 戰略執行階段。企業戰略的實施運作主要與下面六個因素有關,即:各級領

導人員的素質和價值觀念；企業的組織機構；企業文化；資源結構與分配；信息溝通；控制及激勵制度。通過對這六項因素的調整和控制使戰略真正進入到企業的日常生產經營活動中去，成為制度化的工作內容。

(4) 戰略的控制與評價階段。戰略是在變化的環境中實踐的，企業只有加強對戰略執行過程的控制與評價，才能適應環境的變化並不斷調整和完善戰略部署，完成戰略任務。這一階段主要是建立控制系統、監控績效和評估偏差、控制及糾正偏差三個方面。

(三) 戰略評價與調整

1. 戰略評價

戰略評價是檢測戰略實施進展，評價戰略執行業績，不斷修正戰略決策，以期達到預期目標。戰略評價的內容包括：戰略是否與企業的內外部環境相一致；從利用資源的角度分析戰略是否恰當；戰略涉及的風險程度是否可以被接受；戰略實施的時間和進度是否恰當；戰略是否可行等。

美國戰略學家斯坦納·麥納認為，戰略評價時應考慮六個要素：

(1) 戰略要有環境的適應性。企業所選的戰略必須和外部環境及其發展趨勢相適應。

(2) 戰略要有目標的一致性。企業所選的戰略必須能保證企業戰略目標的實現。

(3) 戰略要有競爭的優勢性。企業所選的戰略方案必須能夠充分發揮企業的優勢，保證企業在競爭中取得優勢地位。

(4) 戰略要有預期的收益性。企業要選擇能夠獲取最大利潤的戰略方案。需要注意的是，這裡所說的戰略利潤是長期利潤而不是短期利潤。其指標很簡單，用投資利潤率來評價。

投資利潤率＝預期利潤/預期投資總額。

(5) 戰略要有資源的配套性。企業戰略的實現必須有一系列戰略資源作保證，這些資源不僅要具備，而且要配套，暫時不具備而經過努力能夠具備的資源也是可取的。

(6) 戰略要注意規避其風險性。未來具有不確定性，因此任何戰略都會具有一定的風險性，在決策時要認真對待風險。一方面，在態度上要有敢於承擔風險的勇氣；另一方面，在手段上事先要科學地預測風險，並制訂出應變的對策，盡量避免孤註一擲。

2. 戰略調整

戰略調整是企業經營發展過程中對過去選擇的、目前正在實施的戰略方向或線路的完善或改變。

在下述情況企業需要進行戰略調整：

第一，企業發展的外部環境發生了重大變化。這種變化可能源自某種突發性的政治、經濟、技術變革，這種變革打破了原先市場的平衡。

第二，企業外部環境本身並無大變化，但企業對環境特點的認識產生了變化或企業自身的經營條件與能力發生了變化。

第三，上述兩者的結合。不論緣自何種原因，企業能否及時進行有效的戰略調整，決定著企業在未來市場上的生存和發展水準。

一般情況下，企業常用的戰略調整的方法有三種：

(1) 常規調整：在對戰略實施進行評估時，針對產品、服務、顧客和市場以及營運等方面的變化，對各層次戰略目標和戰略方案、規劃的調整。

（2）緊急調整：當企業經營環境發生重大變化時，由企業高層召開緊急會議，對戰略目標、方案和規劃實行緊急性的調整。

（3）動態調整：有許多公司採用動態式的戰略策劃，例如：在 2006 年制訂 2007—2009 年三年戰略目標和戰略方案，到 2007 年進行環境分析，制定 2008—2010 三年戰略目標和戰略方案，使得戰略能夠不斷地因企業內外部環境和條件的變化，進行動態的有效調整。

當進行戰略調整時，應當評估所要作的調整對企業其他戰略組成部分的影響，以保證整體戰略的一致性、完整性和正確性。

【本章小結】

計劃作為管理的首要職能，在整個管理活動中占據重要地位。計劃是對未來活動所做的安排，必須清楚地確定和描述「5 W 1 H」。管理人員可以理性化地通過明確任務和目標、分析與計劃有關的條件、制定戰略和行動方案、落實人選、明確責任、制訂進度表、分配資源、制定應變措施來制訂計劃。常用的計劃方法包括目標管理法、流動計劃法和網絡計劃技術。

戰略管理是對戰略目標的形成、戰略對策的制定及戰略方案的實施等過程進行管理的活動，它決定組織的長期績效，具體包括分析環境、識別優劣勢及挑戰、選擇戰略、實施戰略、評估戰略及調整戰略。

【復習思考題】

1. 試闡述計劃的含義以及其對組織發展的作用。
2. 請分析計劃與決策的聯繫與區別。
3. 從實際應用角度來闡述計劃編製的具體過程。
4. 結合目標管理的具體管理方式闡述目標管理的原則。
5. 請闡述戰略管理的含義及類型特徵。

【案例分析】

耐克的計劃

耐克公司的創意產生於 1962 年菲利普·耐特在斯坦福大學攻讀工商管理碩士時寫的一篇論文。1964 年，耐特和他的來自俄勒岡大學的田徑教練比爾·鮑爾曼創立了藍帶運動鞋商品公司，用來樹立優勝者的形象。從 1972 年到 1990 年，耐克公司有了巨大的發展。1972 年的銷售額為 200 萬美元，到 1982 年，銷售額達到 1.94 億美元，平均每年增長率為 82%。到了 1990 年，由於邁克爾·喬丹的加入，銷售額有了驚人的發展，達到了 20 億美元。即使在喬丹宣布退出美國職業籃球聯賽前，耐特和他的同行們一直在不斷地尋找商業機會。他們知道，雖然喬丹有驚人的天賦，但他不可能打一輩子的籃球。耐克公司的另外一個促銷手段稱為「耐克鎮」。「耐克鎮」由體育用品博物館、體育用品商店和遊樂場組成，目的就是樹立耐克公司「精力充沛、富有生命力」的產品形象。耐克鎮裡還有三維廣告、巨型漁缸和籃球場。起初，耐克公司在俄勒岡州的波特蘭和伊利諾伊州的芝加哥各建一座耐克鎮，還計劃使耐克鎮遍布全球。為索尼公司建造類似商店的大為·曼費雷迪說：「這只是樹立公司形象的一部分，它決定公司在世界面前的形象。」這個創意強調的是形象，而不是開銷，所以這裡的商品不打折。當芝加哥的耐克鎮開業後，每週吸引大約 5000 名顧客，平均每人消費 50 美元。為了適應不斷變化的市場需求，耐克公司的管理者開始向各方面發展。1992 年，耐克公

司專門建立了銷售耐克產品的專賣店。這一年,耐克公司拿出全部利潤中的1千萬美元來孕育3家專賣店和兩個耐克鎮的銷售。儘管耐克公司是從汽車後備箱銷售運動鞋起家的,但它在運動服銷售的發展上比運動鞋發展更快。

討論題:

1. 請從計劃職能的角度分析耐克公司如何根據外部的變化,制訂並執行相應的計劃?

2. 案例中耐克公司在發展過程中應用了哪些戰略?

資料來源:http://www.jyu.edu.cn,有刪改。

【課後閱讀——管理大師】

邁克爾‧波特

(Michael E. Porter, 1947年-)

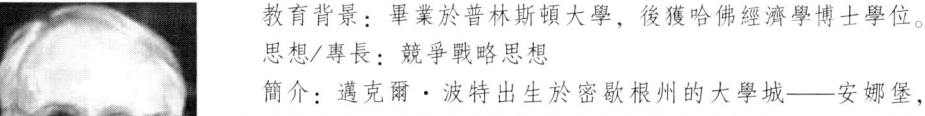

教育背景:畢業於普林斯頓大學,後獲哈佛經濟學博士學位。

思想/專長:競爭戰略思想

簡介:邁克爾‧波特出生於密歇根州的大學城——安娜堡,父親是位軍官。波特在普林斯頓時學的是機械和航空工程,隨後轉向商業,獲哈佛大學的工商管理碩士及經濟學博士學位,並獲得斯德哥爾摩經濟學院等七所著名大學的榮譽博士學位。他是哈佛商學院的大學教授(大學教授,University Professor,是哈佛大學的最高榮譽,邁克爾‧波特是該校歷史上第四位獲得此項殊榮的教授)。

評價/榮譽:他曾在1983年被任命為美國總統里根的產業競爭委員會主席,開創了企業競爭戰略理論並引發了美國乃至世界的競爭力討論。他先後獲得過大衛‧威爾茲經濟學獎、亞當‧斯密獎,五次獲得麥肯錫獎,擁有很多大學的名譽博士學位。他是當今全球第一戰略權威,被譽為「競爭戰略之父」,當今世界上少數最有影響的管理學家之一。在2005年世界管理思想家50強排行榜上,他位居第一。

出版物:作為國際商學領域最備受推崇的大師之一,邁克爾‧波特博士至今已出版了17本書及70多篇文章。其中,《競爭戰略》一書已經再版了53次,並被譯為17種文字;另一本著作《競爭優勢》,至今也已再版32次。目前,波特博士的課已成了哈佛商學院的必修課之一。邁克爾‧波特的三部經典著作《競爭戰略》、《競爭優勢》、《國家競爭優勢》被稱為競爭三部曲。

資料來源:百度百科,整理。

第六章 組織

【學習目標】
1. 理解組織的含義及其類型；
2. 掌握組織設計的原則及內容；
3. 熟悉常見的組織結構的形式及特點；
4. 理解人力資源管理的含義及目標；
5. 掌握人力資源的吸引、開發與保持；
6. 掌握組織力量整合的基本理論。

【管理故事】

王珪鑒才

在一次宴會上，唐太宗對王珪說：「你善於鑑別人才，尤其善於評論。你不妨從房玄齡等人開始，都一一作些評論，評一下他們的優缺點，同時和他們互相比較一下，你在哪些方面比他們優秀？」

王珪回答說：「孜孜不倦地辦公，一心為國操勞，凡所知道的事沒有不盡心盡力去做，在這方面我比不上房玄齡。常常留心於向皇上直言建議，認為皇上能力德行比不上堯舜很丟面子，這方面我比不上魏徵。文武全才，既可以在外帶兵打仗做將軍，又可以進入朝廷搞管理擔任宰相，在這方面，我比不上李靖。向皇上報告國家公務，詳細明了，宣布皇上的命令或者轉達下屬官員的匯報，能堅持做到公平公正，在這方面我不如溫彥博。處理繁重的事務，解決難題，辦事井井有條，這方面我也比不上戴冑。至於批評貪官污吏，表揚清正廉署，疾惡如仇，好善喜樂，這方面比起其他幾位能人來說，我也有一日之長。」唐太宗非常贊同他的話，而大臣們也認為王珪完全道出了他們的心聲，都說這些評論是正確的。

管理啟示：

從領導的角度看，要看人的長處，在唐太宗的管理實踐中，他考慮房玄齡、魏徵、李靖、溫彥博等人的優點，將每人都安排在他團隊中的適當位置，就連王珪，也考慮他「善於鑑別人才、善於評論」的優點，利用宴會之機給團隊成員們上一課，讓各人瞭解自己，從而更加發揮優勢，繼續做出業績。

從王珪（下屬）的角度看，應該認識同事和自己的長處，他能看到同事們和自己的長處，也必將能在工作中利用這些長處，從而為大唐的興盛共同作出貢獻。

未來企業的發展是不可能只依靠一種固定組織的形態而運作，必須視企業經營管

理的需要而有不同的團隊。所以，每一位領導者必須學會如何組織團隊，如何掌握及管理團隊。企業組織領導應以每個員工的專長為思考點，安排適當的位置，並依照員工的優缺點，進行機動性調整，讓團隊發揮最大的效能。

資料來源：王玨鑒才，理財雜誌，2008（06），有刪改。

第一節　組織結構設計

一、組織與組織結構

在管理學中，組織含義可以從靜態與動態兩個方面來理解。靜態方面是指人們為了實現某一特定的目的而形成的一個系統的集合，是對完成特定使命的人們的系統性安排，是一種由人們組成的，具有明確目標和系統性結構的實體。就像人類是由骨架確定形體一樣，組織實體是由組織結構確定的。動態方面是指維持與變革組織結構以完成組織目標的過程。正是從動態的角度，組織被視為管理的一種基本職能。組織必須根據其目標建立組織結構，並不斷地協調組織結構以適應環境的變化。

（一）組織的類型

組織作為具有明確目標和系統性結構的實體，可以用不同的標準區分出不同的類型。

1. 正式組織與非正式組織

正式組織是組織設計工作的結果，是經由管理者通過正式的籌劃並借助組織結構圖和職務說明書等文件予以明確規定的。正式組織有明確的目標、任務、結構、職能以及由此形成的成員間的責權關係，因此對成員行為具有相當程度的強制力。與之對比，非正式組織是未經正式籌劃而由人們在交往中自發形成的一種個人關係和社會關係的網絡。在非正式組織中，成員之間的關係是一種自然的人際關係，他們不是經由刻意的安排，而是由於日常的接觸、感情交融、情趣相投或價值取向相近而發生聯繫。

非正式組織和正式組織相互交錯地同時並存於一個單位、機構或組織之中，這是組織生活的一個現實。非正式組織的存在及其活動，既可對正式組織目標的實現起到積極的促進作用，也可能產生消極的影響。非正式組織的積極作用表現在它可以為員工提供在正式組織中很難得到的心理需要的滿足，創造一種更加和諧、融洽的人際關係，提高員工的相互合作精神，最終改變正式組織的工作狀況。非正式組織的消極作用在於，如果非正式組織的目標和正式組織的目標發生衝突，則可能對正式組織的工作產生極為不利的影響。非正式組織要求成員行為一致性的壓力，可能會束縛其成員個人的發展。此外，非正式組織的壓力還會影響到正式組織的變革進程，造成組織創新的惰性。由於非正式組織的存在是一個客觀的、自然的現象，也由於非正式組織對正式組織具有正反兩個方面的作用，所以，管理者不能採取簡單的禁止和取締的態度，而應該對它加以妥善地管理。也就是要因勢利導，最大限度地發揮非正式組織的積極作用，克服消極的作用。

2. 營利性組織與非營利性組織

營利性組織，是以利潤為目的的組織，是通過提供產品或服務來獲取利潤的組織，企業就是典型的營利性組織。與營利性組織相對應的是非營利性組織，它們的主要宗

旨是向社會提供服務，如社會福利組織、宗教組織、部分醫療和教育組織等。它們所進行的活動是不以盈利為目的的。

3. 經濟組織、政治組織、文化組織及其他組織

經濟組織是以經濟生產為導向，它的作用在於向社會提供產品和服務，並獲得利益，如工商企業。政治組織是以政治為導向，它的社會功能在於實現某種政治目的，如政黨。文化組織是以社會文化教育事業的發展為導向，目的是促進整個社會精神文明的發展，如學校。

(二) 組織結構的概念

在一個組織裡，任何一級管理者都要將他所負責的工作分解成若干個較小的單元，以便分配給不同的人員去完成。總經理將企業工作分解到生產管理、財務管理、技術管理等職能部門，交給各主管副總經理和部門經理來完成；生產管理部門的經理又將工作進一步分解為生產計劃、生產調度、現場管理等，交給各職能科長和車間主任來完成；科長和車間主任們又繼續將工作細分下去⋯⋯這樣的程序一步步進行下去，直到企業的全部工作被分解為許許多多的小項目，這些小項目能夠由某一個人員單獨承擔完成。工作分解後，企業形成了不同的管理層次，有處、科、室、車間、工段、班組等；形成了不同的管理部門，有計劃處、生產處、銷售處等。這種對管理層次的確定和對部門的劃分以及相應的職能、職責、職權等配置問題，就是組織結構問題。而組織結構就是組織中正式確定的使工作任務得以分解、組合和協調的框架體系，它可以通過組織結構圖反應出來。示列性的組織結構，如圖 6-1 所示。

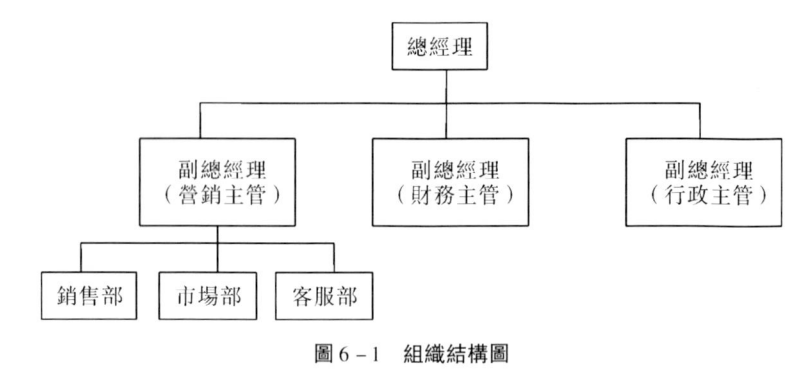

圖 6-1 組織結構圖

二、組織結構設計的內容

組織結構的設計，就是把為實現組織目標而需完成的活動，劃分為若干性質不同的活動，再依據其相似性和相近性，把這些活動「組合」成若干部門，並確定各部門的職責與職權的過程。也就是對組織內的管理幅度及管理層次、部門和職權進行合理劃分的過程。

(一) 管理幅度與管理層次的劃分

1. 管理幅度與管理層次

管理幅度又稱「管理跨度」或「管理寬度」，指的是一名主管人員有效地監督、管理其直接下屬的人數。法國管理顧問格拉丘納斯認為，在管理幅度的算術級數增加時，主管人員和下屬間可能存在的互相交往的人際關係數幾乎將以幾何級數增加。據

此，他提出了一個可以用在任何管理幅度下計算上下級人際關係數目的經驗公式：

$$C = n[2n-1 + (n-1)]$$

式中，C——可能存在的人際關係數；

　　n——管理幅度。

由此可見，隨著管理幅度的增加，上下級之間的相互關係數量也在急遽上升，這說明管理較多下屬的複雜性。而一個人受其時間和精力的限制，能直接有效管理的下屬人數總是有限的，當超過這個限度時，管理的效率就會隨之下降。因此，超過了管理幅度，就必須增加一個管理層次。這樣，可以通過委派工作給下一級主管人員而減輕上層主管人員的負擔。如此下去，便形成了有層次的結構。但是，上級主管人員減輕這部分負擔的同時，也帶來了監督下一級主管人員怎樣執行的工作負擔，而監督也需要時間和精力。所以，增加管理層次節約出來的時間，一定要大於用於監督的時間，這是衡量增加一個管理層次是否合理的重要標準。

管理幅度的大小對組織形態和組織活動會產生顯著的影響。在組織中人員數量一定的情況下，管理幅度越小，組織層次的設置就越多，從而組織就表現為高而瘦的結構特徵，因此稱這種組織為高聳型組織；反之，稱為扁平型組織。高聳型組織與扁平型組織各有利弊。

扁平型組織有利於縮短上下級距離，密切上下級關係，信息縱向流通快，管理費用低，而且由於管理幅度較大，被管理者有較大的自主性、積極性、滿足感，同時也有利於更好地選擇和培訓下層人員；但由於不能嚴密地監督下級，上下級協調較差，管理幅度的加大，也加重了同級間相互溝通聯絡的困難。

高聳型組織具有管理嚴密、分工明確、上下級易於協調的特點。但層次增多，帶來的問題也越多。這是因為層次越多，需要從事管理的人員迅速增加，彼此之間的協調工作也急遽增加。管理層次增多之後，在管理層次上所花費的設備和開支，所浪費的精力和時間也自然增加。管理層次的增加，信息傳遞失真的可能性增大，會使上下的意見溝通和交流受阻，最高層主管人員所要求實現的目標，所制定的政策和計劃，不是下層不完全瞭解，就是層層傳達到基層之後變了樣。管理層次增多後，上層管理者對下層的控制變得困難；同時由於管理嚴密，而影響下級人員的主動性和創造性。因此，一般來說，為了達到有效，應盡可能地減少管理層次。

2. 影響管理幅度的因素

研究管理幅度問題，首先需要瞭解影響管理幅度的因素是什麼。根據許多管理學家所進行的大量的實證研究，影響管理幅度的因素概括起來主要有以下幾個：

（1）主管人員與其下屬的素質和能力

凡受過良好訓練的下屬，不但所需的監督比較少，而且不必時時事事都向上級請示匯報，這樣就可以減少與其主管接觸的次數，從而增大管理幅度。同樣道理，素質和能力均較強的主管人員能夠在不降低效率的前提下，比在相同層次，擔負類似工作的其他主管人員管轄較多的人員而不會感到過分緊張。

（2）工作的性質和條件

主管人員若經常面臨的是較複雜、困難的或涉及方向性、戰略性的工作，則花費在這類工作上的時間和精力相對較多而用於處理日常事務的時間和精力較少，故直接管轄的人數不宜過多；反之，若主管人員大量面臨的是日常事務，則管轄的人數可以

較多一些。另外，工作職能的相同或相似，工作任務簡單、少變且與其他工作的關聯性小，則減少了管理人員與下屬單獨溝通的次數和時間，從而允許管理人員保持較大的管理幅度。

（3）授權

適當和充分的授權可以減少主管人員與下屬之間接觸的次數和密度，節約主管人員的時間和精力，以及鍛煉下屬的工作能力和提高其積極性。所以，在這種情況下，管轄的人數可適當增加。不授權、授權不足、授權不當或授權不明確，都需主管人員進行大量的指導和監督，因而管理幅度也不會大。

（4）計劃與控制的完善程度

良好的計劃和完善的控制，使員工都能明了各自的目標和任務，並有利於員工的自我控制，可減少主管人員指導及糾正偏差的時間，那麼管轄的人數就可以多一些，管理幅度也可以大一些。

此外，下屬人員的空間分佈，技術因素、組織的穩定程度以及外部環境等因素也影響著管理幅度。

3. 組織層次的分工以及相互關係

在組織的縱向結構中，通過組織層次的劃分，組織目標也隨之作呈梯形狀的分化。因此，客觀上要求每一管理層次都應有明確的分工。一個組織中管理層次的多少，應具體地根據組織規模的大小，活動的特點以及管理幅度而定。如前所述，一般說來，大部分組織的管理層次往往可以分為三層，即上層、中層、基層。具體來說，上層的主要任務是從組織整體利益出發，對整個組織實行統一指揮和綜合管理，並制定組織目標以及實現目標的一些大政方針；中層的主要任務是負責分目標的制定、擬定和選擇計劃的實施方案、步驟和程序，按部門分配資源，協調下級的活動，以及評價組織活動的成果和制訂糾正偏離目標的措施等；而基層的主要任務則是按照規定的計劃和程序，協調基層員工的各項工作，完成各項計劃和任務。

美國斯隆管理學院提出一種叫做「安東尼結構」的經營管理層次結構。該結構把經營管理分成三個層次，即戰略規劃層、戰術計劃層和運行管理層。這相當於我們上面所說的上層、中層、基層的劃分法。

（二）部門劃分

實現組織目標的活動眾多而繁雜，要使這些活動高效而有序地進行就必須對整個組織的活動進行充分細緻的分析，並進行明確的分類。在此基礎上按照一定的方式將相關的活動予以劃分和組合，形成易於管理的組織部門，也就是通常所說的部門化，也稱為活動分組。組織的部門化可以依據多種不同的標準進行選擇安排，常見的有職能部門化、產品或服務部門化、地域部門化、顧客部門化和流程部門化。

1. 職能部門化

職能部門化是比較基本、比較傳統的部門化方式。它依據一個企業所需從事的基本工作活動的相似性來組合工作，職能部門化的結果是在組織內形成各種職能部門，如生產部、人力資源部、財務部、市場銷售部等。組織的目標不同，決定了所需開展的活動不同，從而具體的職能會有不同。職能部門化優點主要有：它符合工作活動專業分工要求，將同類專家和專業人員集中起來，便於統一管理和專業培訓，避免部門的重疊設置；它能夠突出業務活動的重點；職能部門內員工在價值觀和工作目標上具

有相似性，在技能發展上具有連貫性。其缺點是：因為部門利益的存在，導致各職能部門之間難以協調，從而影響組織整體目標的實現；部門負責人缺少全面的培養，不利於管理人員的全面發展。

2. 產品或服務部門化

產品或服務部門化是依據產品線或服務內容來組合工作的。比如一家家電企業的主要產品是洗衣機、空調、彩電和小家電等，那麼，產品或服務部門化的結果就是在該企業內部形成洗衣機部、空調部、彩電部、小家電部等各種產品或服務部門。其優點包括：各部門可以專注於各自產品或服務的經營，便於進行產品或服務的專業化經營；產品或服務部門化更易於與客戶的交流與溝通；產品或服務部門化有利於人才的全面發展。其缺點是：每個產品部下職能機構的重複設置會導致企業成本增加；產品或服務部門化易於產生部門化傾向，不利於組織整體目標的統一。

3. 地域部門化

地域部門化是按照地理區域劃分組織的業務活動，並設置管理部門管理其業務活動。如以全國為目標市場，則可將部門劃分為華中地區部、華南地區部、華東地區部、華北地區部和華西地區部等。其優點包括：地域部門化有利於增強地區部門對當地市場的靈活應對能力；地域部門化通過職員本土化為地方創造就業崗位，有利於與當地關係的協調和發揮熟悉當地市場的優勢。其缺點是：地域部門化易造成公司職能管理與地域職能管理重複配置；地域間的協調有一定難度。

4. 顧客部門化

同類顧客有著共同的需求和問題，顧客部門化是依據同類顧客來組合工作的過程。其優點是：顧客部門化有利於區別不同的顧客滿足不同的需求，並在此過程中不斷加強與顧客的溝通，取得顧客及時的反饋，有助於企業不斷創造顧客需求，從而建立可持續發展的競爭優勢。其缺點有：顧客部門化需要顧客群體有一定的數量規模；部門職能重複設置。

5. 流程部門化

流程部門化是根據工作或者業務流程來組合業務活動。如產品生產過程要經過鍛壓、機加工、電鍍、裝配和檢驗等流程，相應地，流程部門化的結果就是在組織內形成鍛壓部、機加工部、電鍍部、裝配部和檢驗部等部門。其優點主要是：流程部門化能對市場需求的變動快速反應；在組織內部形成良好的學習氛圍，容易發揮集中的技術優勢。其缺點是：部門之間的緊密協作有可能得不到貫徹。

(三) 職權的劃分

職權亦即職務範圍內的管理權限，是正式組織通過正式的程序授予某管理職位的職務範圍內的管理權限。所有主管人員想要通過他所率領的隸屬人員去完成某項工作，就必須擁有包括指揮、命令等在內的各種必須具備的權力。換句話說，職權是主管人員行使職責的一種工具。同職權共存的是職責。正如法約爾所說，職責與職權是孿生子，是職權的當然結果和必要補充。作為一個主管人員，當處於某一職位擔負一定職務時，必然要盡一定的義務。這種佔有某職位，擔任某職務時應履行的義務，稱之為職責。職權、職責都是針對同一任務而言的，權責應相等，職責不可能小於也不應大於所授予的職權。在組織內，最基本的信息溝通就是通過職權關係來實現的。主管人員通過職權關係上傳下達，使下級按指令行事，上級得到及時反饋的信息，進行有效

的控制，作出合理的決策。組織內的職權有兩種類型：直線職權、參謀職權。

直線和參謀的概念既可以泛指部門的設置，也可以專指職權關係。直線部門通常被認為是對組織目標的實現直接作出貢獻的單位，如工業企業中的生產系統、銷售系統都被列為直線部門，而財務、人力資源、設備維修和質量管理等被列為參謀部門。但從職權關係來看，無論哪個系統，只要存在上下級關係，就必定有直線職權發生。生產系統和銷售系統同是直線部門，但它們是兩條線上的關係，如果銷售部門主管跨系統對生產部門人員提出如何包裝產品的要求，這就不是直線關係，而是非直線關係了。我們將跨系統發生的非直線關係以及參謀部門對直線部門提供的輔助關係，統稱為參謀職權或參謀關係，而將直接上下級之間的關係稱為直線關係。

1. 直線職權

直線職權是直線人員所擁有的包括發布命令及執行決策等的權力，也就是通常所指的指揮權。直線主管指能領導、監督、指揮、管理下屬的人員。很顯然，每一管理層的主管人員都應具有這種職權，只不過每一管理層次的功能不同，其職權的大小及範圍各有不同而已，例如廠長對車間主任擁有直線職權，車間主任對班組長擁有直線職權。這樣，從組織的上層到下層的主管人員之間，便形成一個權力線；這條權力線被稱為指揮鏈或指揮系統。在這條權力線中，職權的指向由上而下。由於在指揮鏈中存在著不同管理層次的直線職權，故指揮鏈又叫層次鏈。它頗像一座金字塔，通過指揮鏈的信息傳遞，由上而下，或由下而上地進行，所以，指揮鏈既是權力線，又是信息通道。在組織運作中要求指揮命令和匯報請示都必須沿著指揮鏈這樣一條明確而又不間斷的路線逐級傳遞，上級不得越級發號施令（但可以越級檢查），下級也不得越級匯報請示（但可以越級告狀和建議），這樣才能保證指揮的統一。在這個指揮鏈中，職權關係有兩條必須遵循的原則。

（1）分級原則

每一層次的直線職權應分明，這樣才有利於執行決策職責和信息溝通。一位廠長在總結經驗時曾說過這樣一段話：「在我的廠，廠長的職權不容侵犯，令行禁止，不能違抗；廠長的責任也一絲一毫不容推卸……副手的權力，我也從不侵犯，該車間主任、科長管的事，我決不干預，我不是一個人說了算，而是在各自職權範圍內，人人說了算。這樣，生產才能有秩序地進行。如果大事小事都來找廠長，那就說明下屬幹部不負責任，廠長用人不當。」這是符合分級原則的。超越層次，越俎代庖，下級人員失去積極性、主動性，這是違背分級原則的。

（2）職權等級原則

作為下級來講，應該「用足」自己的職權，在自己職權範圍內作出決策，只有當問題的解決超越自身職權界限時，才可提交給上級。相反，懼怕擔當風險的主管人員，或才能平庸的主管人員，常常是把一切問題上交，僅僅起「交換臺」的作用。這樣，一方面造成上級忙於應付具體事務；另一方面，自己則失去指揮功能，徒占其位。

2. 參謀職權

參謀職權是參謀所擁有的提供諮詢、建議等輔助性職權。參謀職權的概念由來已久。在中外歷史上很早就出現了一種為統治者出謀劃策的智囊人物。在中國歷史上，有過許多食客、謀士、軍師、諫臣的記載。近代組織中出現的參謀及其職權的概念來自軍事系統。1807年，普魯士軍事改革家香霍斯特，創建了軍事參謀本部體制。所有

軍事統帥的決策過程，必須依賴參謀部集體智慧的支持來完成。以後德國、美國等軍隊也相繼建立了參謀組織，並成為軍隊中不可缺少的一部分。隨著社會的發展，管理問題的日益複雜，由於知識的局限性，由管理人員獨自完成工作已經成為不可能，必須依賴擁有不同專業知識和技能的參謀人員為其出謀劃策。參謀的種類有個人與專業之分。前者即參謀人員。參謀人員是直線人員的諮詢人，他協助直線人員執行職責。專業參謀常為一個單獨的組織或部門，就是一般的「智囊團」或「顧問班子」。專業參謀部門的出現，是時代發展的產物，它聚合了一些專家，運用集體智慧，協助直線主管進行工作。

參謀和直線之間的界限是模糊的。作為一個主管人員，他既可以是直線人員，也可以是參謀人員，這取決於他所起的作用及行使的職權。當他處在自己所領導的部門中，他行使直線職權，是直線人員；而當他同上級打交道或同其他部門發生聯繫時，他又成為參謀人員。例如醫院院長在醫院內是直線人員，但在衛生局進行計劃或決策而徵詢他的意見時，他便成為參謀人員了。

跨系統行使職權，與在同一直線系統中越級行使職權一樣，都可能違背統一指揮的要求。統一指揮是指組織中每個下屬應當而且只能向一個上級主管直接匯報工作，接受一個上級主管的指揮和命令。為了保證組織成員的行動協調一致，組織設計和運作中除了規定直線系統中只有直接上級才能對下級行使指揮權外，還必須明確跨系統（包括不同直線系統之間以及參謀系統與直線系統之間）的職權關係。

參謀部門對直線人員的斜向關係，是發生權力衝突重要原因。設置參謀部門是勞動分工從生產作業領域擴展到其他領域的必然結果，但參謀機構的存在使組織中的職權關係趨於複雜化。從統一指揮要求出發，參謀作用應該僅僅局限於提供服務和諮詢建議這類性質的輔助工作，但在實際中企業往往還是設立起幫助協調（如計劃部門）和幫助控制（如質量部門、財務部門）作用的參謀機構。對直線人員來說，協調、控制本是他們的權限範圍，允許參謀機構也行使這方面的權力，權力衝突也就在所難免。如何充分發揮參謀的作用，又不破壞統一指揮的要求，還要把衝突控制在有利於組織運行和發展的範圍內，也就成了組織管理的一門藝術了。

從組織管理科學的角度處理直線和參謀的關係，需要對參謀機構的輔助作用及其權限強度作出明確的規定。通常而言，參謀職權可以分為以下幾種：

（1）諮詢建議權

諮詢建議權，即參謀人員的權限僅限於提供諮詢、建議、提案或協助，其意見可以得到有關人員的採納，也可能被置之不理。

（2）強制協商權

此時參謀人員的影響力在一定程度上有所提高。即有關人員在作出決定之前必須先詢問和聽取參謀人員的意見。處理這種關係的關鍵在於，要具體規定在何種情況下參謀人員的意見應得到重視，而又不限制直線主管人員的自主決定權。

（3）共同決定權

這時參謀人員的權限提高到了足以影響有關人員自主決定權的程度。即有關人員不僅要在作出決定前認真聽取參謀人員的意見，而且在命令採取行動時還需要得到參謀人員的同意和許可。這種權力常在企業必須確保某項決策得到專家評定的情況下採用。比如，有些企業可能規定任何合同都需經過法律顧問復審，任何人事決定都需通

過人事部門的檢查等。

(4) 職能職權

這是對直線主管人員行使決策和指揮權限的最高程度的限制，這種情況允許對有關直線人員下達指示，而且這些指示與來自直線主管的命令一樣受到同等的重視。當然，這些指示也可能被直線主管撤回，但在此之前它必須得到執行。這通常是在參謀人員的專門知識和技能是開展某項工作的重要條件的情況下採用。比如，化工廠的安全技師可以被授權強令停止安全沒有保障的生產作業，直至隱患得到徹底的消除；在有些強調質量優先的企業，質量管理人員也需要擁有職能職權。職能職權是指參謀人員或某部門的主管人員所擁有的原屬直線主管的那部分權力。在純粹參謀的情形下，參謀人員所具有的僅僅是輔助性職權，並無指揮權，但是，隨著管理活動的日益複雜，主管人員不可能通曉所有的專業知識，僅僅依靠參謀的建議還很難作出最後的決定，這時，為了改善和提高管理效率，主管人員就可能將職權關係作某些變動，把一部分本屬自己的直線職權授予參謀人員或某個部門的主管人員，這便產生了職能職權。職能職權大部分是由業務或參謀部門的負責人來行使的，這些部門一般都是由一些職能管理專家所組成。與這種職能的擴大相對稱，職能部門的職責除了搞好服務，當好參謀外，還包括組織實施、專業協調和監督檢查等。

擁有職能職權的部門是嚴格意義上的職能部門。但在更經常的情況下，參謀部門和職能部門的提法是交叉混用的，如組織結構中「直線職能制」組織實際上就是「直線參謀制」，而「職能制」組織中的職能機構才是嚴格意義上擁有職能職權的職能部門。明確職能與參謀兩個概念內涵上的差異，有助於更好地區別不同組織形式中職權關係的性質。

三、組織結構設計的原則

設計和建立合理的組織結構，根據組織由外部要素的變化適時地調整組織結構，其目的都是為了更有效地實現組織目標。那麼，怎樣才能做好組織工作，使通過組織工作所設計、建立並維持的組織結構及其表現形式更好地促進組織目標的實現呢？長期以來，管理學家及管理工作者們進行過許多有益的探索和研究，綜合國內外經驗，進行有效的組織設計應遵循以下基本原理。

(一) 目標統一性

目標統一性也就是組織設計和調整都應以其是否有利於組織目標的實現為衡量標準。任何一個組織都是由它的目標決定的，組織設計的出發點是組織目標的實現，組織中的每一個機構或部門都是為實現組織目標服務的；否則，它就沒有存在的意義。

(二) 分工協調

分工就是按照提高管理專業化程度和工作效率的要求，把組織的目標分成各級、各部門以至各個人的目標和任務，使組織的各個層次、各個部門、每個人都瞭解自己在實現組織目標中應承擔的工作職責和職權。

有分工就必須有協調，協調包括部門之間的協調和部門內部的協調。分工協調原理可以表述為：組織設計要能反應實現目標所必需的各項任務和工作的分工，以及彼此間的協調。組織結構中的管理層次的分工、部門的分工及職權的分工，各種分工之間的協調就是分工協調原理的具體體現。在分工時，必須注意到，分工的粗細要適當。

通常情況下，分工越細，專業化水準越高，責任越明確，效率越高，但容易出現機構增多，協作困難，協調工作量增加等問題。分工太粗，則機構減少，容易培養員工的多種技能，但專業化水準低，且容易產生相互推諉責任的現象。因此組織設計時，要根據需要和可能合理確定分工。

（三）權責一致

權責一致原理可表述為：職權和職責必須相等。在進行組織結構的設計時，既要明確規定每一管理層次和各個部門的職責範圍，又要賦予完成其職責所必需的管理權限。職責與職權必須協調一致，要履行一定的職責，就應該有相應的職權，這就是權責一致原理的要求。只有職責，沒有職權或權限大小，不但其職責承擔者的積極性、主動性會受到束縛，而且也不能能承擔起應有的責任；相反，只有職權而無任何責任，或責任程度小於職權，將會導致濫用權力和「瞎指揮」，產生官僚主義等。因此，在實際的組織設計中應盡量避免這兩種傾向。

（四）精干高效

無論任何一種組織結構形式，都必須將精干高效原理放在重要地位。精干高效原理可表述為：在服從由組織目標所決定的業務活動需要的前提下，力求減少管理層次，精簡管理機構和人員，充分發揮組織成員的積極性，提高管理效率，更好地實現組織目標。一個組織只有機構精簡，隊伍精干，工作效率才會提高；如果組織層次繁多，機構臃腫，人浮於事，則勢必導致浪費人力，滋長官僚主義、辦事拖拉、效率低下。因此，一個組織是不是具備精干高效的特點，這是衡量其組織結構是否合理的主要標準之一。

（五）穩定性與適應性相結合

組織結構及其形式既要有相對的穩定性，不要總是輕易變動，但又必須隨組織內外部條件的變化，根據長遠目標作出相應的調整。

任何組織都是一個開放的社會子系統，在其活動過程中，都與外部環境發生一定的相互聯繫和相互影響，並連續不斷地接受外來的「投入」而轉換為「產出」。一般地說，組織要進行實現目標的有效的活動，就要求必須維持一種相對平衡的狀態，組織越穩定，效率也將越高。組織結構的大小調整和各部門職權範圍的每次重新劃分，都會給組織的正常運行帶來有害的影響。因此，組織結構不宜頻繁調整，應保持相對穩定。但是，不但組織本身是在不斷運動的，而且組織賴以生存的大環境也是在不斷變化的，當組織結構相對地呈現僵化狀態，組織內部效率低下，而且無法適應外部的變化或危及生存時，組織的調整與變革就是不可避免的了。因為只有調整和變革，才會給組織重新帶來效率和活力。

（六）均衡性

這一原理可表述為：同一級機構、人員之間在工作量、職責、職權等方面應大致平衡，不宜偏多或偏少。苦樂不均、忙閒不均等都會影響工作效率和人員的積極性。

【案例6-1】

王廠長的等級鏈

王廠長總結自己多年的管理實踐，提出在改革工廠的管理機構中必須貫徹統一指揮原則，主張建立執行參謀系統。他認為，一個人只有一個婆婆，即全廠的每個人只有一個人對他的命令是有效的，其他的是無效的。如書記有什麼事只能找廠長，不能

找副廠長。下面的科長只能聽從一個副廠長的指令，其他副廠長的指令對他是不起作用的。這樣做中層幹部高興，認為是解放了。

王廠長認為上下級領導界限要分明。副廠長是我的下級，我作出的決定他們必須服從。副廠長和科長之間也應如此。廠長對黨委負責，我要向黨委打報告，把計劃、預算決算弄好後，經批准就按此執行。所以我跟黨委書記有時一週一面也不見，跟副廠長一週只見一次面我認為這樣做是正常的。我們規定，報憂不報喜，工廠一切正常就不用匯報，有問題來找我，無問題各忙各的事。

王廠長認為，一個人管理的能力是有限的，所以規定領導人的直接下級只有5～6人。我現在多了一點，有9個人（4個副廠長，兩個顧問，3個科長）。這9個人我可以直接布置工作，有事可直接找我，除此以外，任何人不準找我，找我也一律不接待。

討論題：

1. 王廠長主張「一個人只有一個婆婆」。在理論上的依據是什麼？在實踐上是否可行？

2. 你怎樣理解王廠長的「報憂不報喜」？你贊成嗎？

3. 王廠長認為除直接下屬外，「任何人不準找我，找我也一律不接待」。請說出贊成或反對的理由。

資料來源：單鳳儒，管理學基礎，高等教育出版社，2004年，有刪改。

四、影響組織結構設計的因素

（一）環境因素

環境因素是組織結構設計的一個主要的影響因素，隨著經濟全球化和科學技術的飛速發展，產品的生命週期越來越短，顧客的需求越來越多樣化和個性化，組織面臨一個更加複雜多變的環境。傳統的高度正規化和高度集權化的機械式組織，顯然難以適應迅速變化的環境。於是，許多組織的管理者開始朝著彈性化、有機化的方向改組其組織，使其變得更加精幹、快速、靈活以適應環境的變化。

環境之所以對組織的結構產生重大的影響，是因為任何一個組織都是一個開放的系統，它與外部的其他子系統之間存在著各種各樣的聯繫，外部環境的發展和變化必然會對組織結構設計產生重要的影響。具體來講，組織目標是建立在外部環境、組織擁有或控制的資源以及能力的基礎上的，而組織目標又決定了實現組織目標的活動，從而影響到管理層次、部門以及職權的劃分。

（二）戰略因素

組織在發展過程中，需要不斷地依據環境的變化對其戰略的形式和內容作出調整。組織結構也就必須進行相應的調整、變革以適應戰略實施的需要。即戰略決定結構，戰略的變化必然帶來組織結構的更新。

組織戰略可以在兩個層次上影響組織的結構：一是不同的戰略要求開展不同的業務和管理活動，由此就影響到管理職務和部門的設計；二是戰略重點的改變會引起組織業務重心的轉移和核心職能的改變，從而使各個部門、各個職務在組織中的相對位置發生變化，相應地就要求對各個管理職務以及部門之間的關係作出調整。

（三）技術因素

任何組織的活動都需要利用一定的技術和反應一定技術水準的特殊手段來進行。

技術以及技術設備的水準，不僅影響組織活動的效率和效果，而且會對組織的職務設置和部門劃分、部門間的關係，以及組織結構的形式和總體特徵等產生相當程度的影響。比如，信息技術的廣泛應用，促進了組織內外部高度的信息共享和信息交流，使非程序化決策向程序化決策的轉化，進一步使許多次要問題的決策可以分權化，而重大問題的決策趨向於集權化。這樣就使長期管理實踐中被作為一項組織原則而被提出來但很難實現的「集權與分權相結合」問題獲得瞭解決的途徑。

再從生產作業技術來看，組織將投入轉化為產出所使用的過程和方法，在常規程度上是各不相同的。越是常規化的技術，越需要高度結構化的組織；反之，非常規的技術，要求更大的結構靈活性。計算機手段在生產作業活動中的廣泛應用，促使生產技術向非常規化轉變，相應地也促使管理組織結構變得更加具有柔性特徵。

(四) 組織規模與發展階段

組織規模往往和組織的發展階段相聯繫的，隨著組織規模的發展，組織活動的內容會日趨複雜，人數也會逐漸增加，活動的規模和範圍會越來越大，組織結構進行相應的調整才能與之相適應。例如，在企業成長的早期，由於規模小，產品單一，完成組織活動所需的知識和技能單一。因而組織結構常常是簡單、靈活而集權的，隨著員工的增加和組織規模的擴大，基於管理人員自身知識、技能以及時間的有限性，必須把一部分管理工作委託他人進行，企業也就由創業初期的鬆散結構轉變為正規的、集權的，其通常的表現形態就是職能型結構。而當企業的經營進入多元產品和跨地區市場後，分權的事業部結構可能更為適宜。企業進一步發展而進入集約經營階段後，不同領域之間的交流與合作以及資源共享、能力整合、創新力激發問題日益突出，這樣，以協作為主旨的各種創新型組織形態便應運而生。總之，組織在不同的成長階段所適合採取的組織模式是各不一樣的。管理者如果不能在組織步入新的發展階段之際及時地、有針對性地變革其組織設計，那就容易引發組織發展的危機。這種危機的有效解決，必須依靠組織結構的變革。所以，哈佛大學葛雷納教授指出，組織變革伴隨著企業發展的各個時期，組織的跳躍式與漸進式的演進相互交替，由此推動企業的發展。

第二節　組織結構的基本類型

一、直線制結構

這種組織形式的主要特點是：命令、指示與請示、報告沿單一直線傳遞，管理權力高度集中，決策迅速，指揮靈活。但直線結構要求最高管理者通曉多種專業知識或者管理不需要多種專業知識。而在現實中通曉多種專業知識的管理者畢竟是少數。因此這種組織形式適合於規模較小，任務比較單一，人員較少的組織。以製造企業為例，直線制結構如圖 6–2 所示。

図 6-2　直線制結構

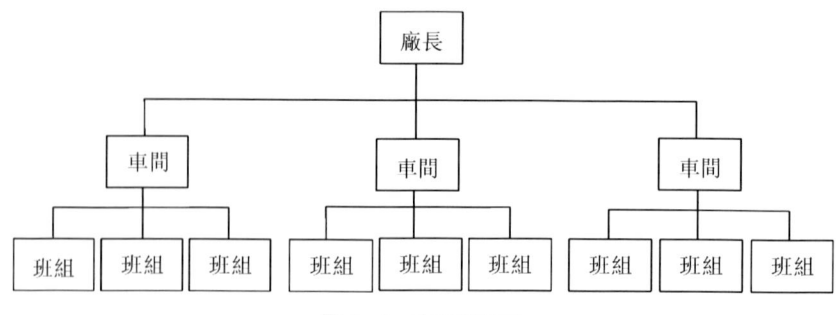

二、職能制結構

這種組織形式的特點是：在組織中設置若干職能專門化的機構，這些職能機構在自己的職責範圍內，都有權向下發布命令和指示。其優點是能夠充分發揮職能制機構的專業管理作用，並使直線經理人員擺脫瑣碎的技術經濟分析工作。其缺陷是多頭領導，極大違背統一指揮的要求。這種組織形式適用於任務較複雜的社會管理組織和生產技術複雜、各項管理需要有專門知識的企業管理組織。以企業為例，職能制組織的結構如圖 6-3 所示。

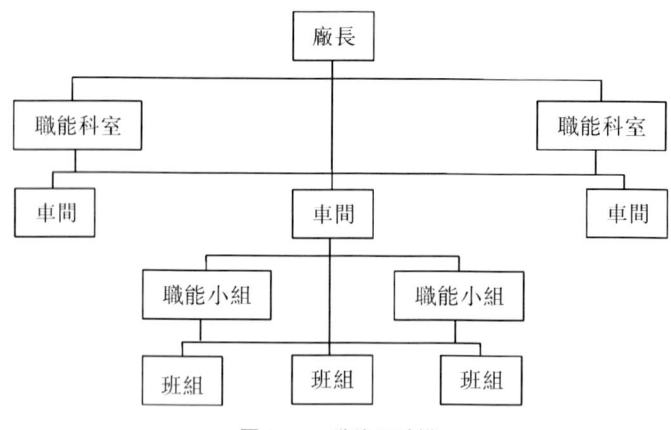

圖 6-3　職能制結構

三、直線職能制結構

這是一種綜合直線制和職能制兩類型組織特點而形成的組織結構形式，它與直線制結構的區別在於設置了職能機構；與職能制結構的區別在於職能機構只是作為直線管理者的參謀和助手，它們不具有對下級直接進行指揮的權力。因此，這種組織形式保持了直線制集中統一指揮的優點，又具有職能分工專業化的長處。但這種組織不僅存在職能部門之間橫向聯繫較差、信息傳遞路線較長、適應環境變化的能力較差的缺點，而且容易形成部門本位主義思想，也不利於培養具有全局觀念的經理人員。直線職能制是一種普遍適用的組織形式，中國大多數企業和一些非營利組織經常採用這種組織形式。以企業為例，直線職能制結構如圖 6-4 所示。

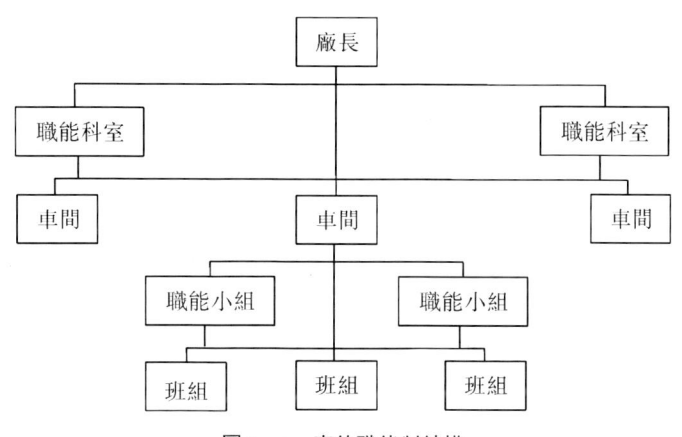

圖 6-4　直線職能制結構

四、事業部制結構

這種類型結構的特點是：各事業部獨立核算，自計盈虧（注意：不是自負盈虧），適應性和穩定性強，有利於組織的最高管理者擺脫日常事務而專心致力於組織戰略決策和長期規劃，有利於調動各事業部的積極性和主動性，並且有利於對各事業部的績效考評以及管理人員的培養。這種組織結構形式的主要缺陷是資源重複配置，管理費用較高，事業部之間協作性較差，尤其對於產品之間以及業務之間的關聯性較差時，難以整合組織資源培育和維持核心能力。這種組織形式主要適用於產品多樣化且從事多元化經營的組織，也適用於面臨市場環境複雜多變或所處地理位置分散的大型企業和巨型企業，其結構如圖 6-5 所示。

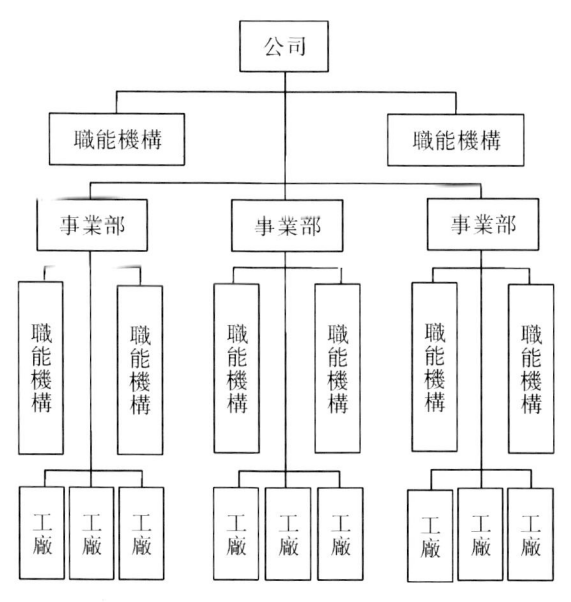

圖 6-5　事業部制結構

五、矩陣制結構

這是一種按職能劃分的部門同按產品、服務或工程項目劃分的部門結合起來的組織形式。在這種組織中，每個成員既要接受垂直部門的領導，又要在執行某項任務時接受項目負責人的指揮。矩陣制結構是對統一指揮要求的有意識地違背。這種結構的主要優點是：靈活和適應性強，有利於加強各職能部門之間的協作和配合，並且有利於開發新技術、新產品和激發組織成員的創造性。其主要缺陷是：組織結構穩定性差，雙重職權關係容易引發衝突，同時還可能導致項目經理過多、機構臃腫的弊端。這種組織主要適用於科研、設計、規劃項目等創新性比較強的工作或者單位。其組織結構如圖6-6所示。

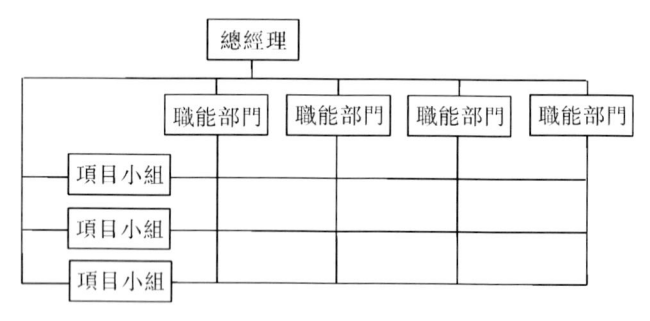

圖6-6 矩陣制結構

六、委員會

委員會也是一種常見的組織形式。委員會由一群人所組成，委員會中各個委員的權力是平等的，並依據少數服從多數的原則處理問題。它的特點是集體決策、集體行動。

委員會可以有多種形式。按時間的長短可分為常設委員會和臨時委員會。前者是為了促進協調、溝通和合作，行使制定和執行重大決策的職能；後者是為了某一特定的目的而組成的，達到特定的目的即解散。按職權可以分為直線式和參謀式，直線式的決策下屬必須執行，參謀式委員會主要為直線人員提供諮詢和建議。委員會還有正式和非正式之分，凡屬於組織結構的一個組成部分並授予特定職權的委員會都是正式的；反之，則是非正式的。

委員會作為組織管理上的一種手段，其優點是：委員會可以發揮集體的智慧，避免個別領導的判斷失誤，少數服從多數，防止個人濫用職權；委員會成員地位平等，有利於從多層次、多角度考慮問題，並反應各方面人員的利益，有助於溝通和協調；委員會可以在一定程度上滿足下屬的參與感，有助於激發組織成員的積極性和主動性。

其缺點是：委員會作出決策往往需要較長的時間；集體負責，個人責任不清；委員會有委曲求全、折中調和的危險；在實際工作中，委員會成員並不都具備相應的知識或者受到信息控制者的影響，有可能為某一特殊成員把持，形同虛設。

第三節　人力資源管理

組織中任何一項管理職能的實施，任何一項任務或工作的完成都是經由人來進行的，可以說，人是組織目標實現的直接推動力。近幾年來，在知識經濟的推動下，許多組織的高層管理者日益重視人力資源在工作中的戰略地位，並充分認識到人力資源的有效利用在保持組織競爭優勢和實現組織目標過程中的重要作用。

一、人力資源管理概述

(一) 人力資源管理的含義

所謂人力資源，就是指人所具有的對價值創造起貢獻作用並且能夠被組織所利用的體力和腦力的總和。人力資源管理是指企業為了獲取、開發、保持和有效利用在生產和經營過程中必不可少的人力資源，通過運用科學、系統的技術和方法進行各種相關的計劃、組織、領導和控制活動，以實現企業的既定目標。

人力資源管理的這一定義包括三層含義：

(1) 人力資源管理是為組織目標的實現服務的，人力資源管理各種活動圍繞組織目標的實現而開展；

(2) 人力資源管理的基本活動或過程包括人力資源規劃、工作分析、招聘與甄選、績效管理、薪酬管理、培訓及職業發展規劃；

(3) 人力資源管理是一個循序漸進的提高過程，在不斷總結前期實踐的經驗和教訓的基礎上，根據戰略的調整尋求新的發展。

(二) 人力資源管理的目標

人力資源管理的主要目標是實現人力資源的合理配置，即所有的人力資源管理活動都是圍繞如何創造和維持員工與工作崗位的匹配而展開的。通過人力資源的合理配置，挖掘員工的潛能，調動其積極性，進而實現組織的目標和員工的價值。

具體包括以下幾個方面：

(1) 人—事匹配。即人的素質與工作要求相匹配，使得事得其人，人適其事。

(2) 人—物匹配。即人的需求與工作報酬相匹配，人的能力與勞動工具和物質條件相匹配，使得人盡其才，物盡其用。

(3) 人—人匹配。即要求人與人合理搭配，協調合作，最大限度地發揮員工的主觀能動性，以提高工作效率。

【即問即答】人力資源管理與傳統的人事管理有何異同？

二、吸引人力資源

吸引合格的人力資源的起點是規劃。人力資源規劃，有時也叫人力資源計劃，是指在企業發展戰略和經營規劃的指導下進行人員的供需平衡，以滿足企業在不同發展時期對人員的需求，為企業的發展提供符合質量和數量要求的人力資源保證。簡單地講，人力資源規劃就是對企業在某個時期內的人員供給和人員需求進行預測，並根據預測的結果採取相應的措施來平衡人力資源的供需。人力資源規劃包括工作分析和人

力資源供求的預測和平衡。

(一) 人力資源規劃

1. 工作分析

工作分析又稱崗位分析,是指全面瞭解、獲取與工作有關的詳細信息的過程,是對某個特定崗位的工作內容和職務規範(任職資格)的描述和研究過程。通過工作分析可以解決兩個方面的問題:第一,某一崗位做什麼事情;第二,什麼樣的人來做這些事情最合適。因此,工作分析由兩部分構成:工作說明和工作規範。工作說明明確職位的責任、工作的條件和完成工作所用到的工具、材料以及設備。工作規範明確職位所要求的技能、能力和其他條件。工作分析信息應用於許多人力資源活動。例如,職位的內容和要求是招聘篩選、績效評估和公平報酬的必要條件。

【案例6-2】

發現「不拉馬的士兵」

一位年輕有為的炮兵軍官上任伊始,到下屬部隊視察其操練情況。他在幾個部隊中發現相同的情況:在操練中,總有一名士兵自始至終站在大炮的炮管下面,紋絲不動。

軍官不解,究其原因,得到的答案是:操練條例就是這樣要求的。軍官回去反覆查閱軍事文獻,終於發現,長期以來,炮兵的操練條例仍因循非機械化時代的規則。

站在炮管下的士兵的任務是負責拉住馬的韁繩(在那個時代,大炮是馬車運載到前線的),以便在大炮發射後防止馬亂蹦亂跳。現在大炮的自動化和機械水準很高,已經不再需要這樣一個角色了,但操練的條例沒有及時地調整,因此才出現了「不拉馬的士兵」。

討論題:

反觀目前許多企業的崗位,「不拉馬的士兵」隨處可見,我們應該如何處理這種情況?

資料來源:劉汴生,管理學,科學出版社,2006年,有刪改。

2. 人力資源供求的預測

(1) 評估未來人力資源需求

未來的人力資源需求是由組織的發展目標和發展戰略決定的。未來的人力資源需求評估就是指以組織的戰略目標、發展規劃和工作任務為出發點,綜合考慮各種因素的影響,對組織未來的人力資源數量、質量和時間等進行估計的活動。它是組織人員配備的起點,其準確性對招聘甄選工作計劃具有決定性的作用。

(2) 評估未來人力資源供給

人力資源供給評估是指為了滿足組織在未來一段時間內的人力資源需求,對組織可以獲得的人力資源狀況作出評估,包括對外部和內部的人力資源供給進行評估。

外部人力資源供給的評估主要是對勞動力市場的情況進行分析,對可能為組織提供各種人力資源的渠道進行分析,對與組織競爭相同的人力資源的競爭性組織進行分析,從而得出組織可能獲得的各種人力資源情況,獲得這些人力資源可能的代價以及可能出現的困難和危機。

內部人力資源的供給評估主要是指對組織內部員工的情況進行分析,包括員工人數、年齡、技術水準、發展潛能、流動趨勢等,從而預測未來的一段時間內組織內部

可以有多少員工穩定地保留在組織內，有多少員工可能會有發展和晉升的可能性。

【即問即答】影響組織中人力資源的需求與供給的因素有哪些?

3. 人力資源的供求平衡

在對未來人力資源的供求進行對比分析後，就可以制訂相應的計劃以應對未來人力資源的過剩或短缺。如果預測將出現短缺，則可以招聘新員工，或將老員工培訓後轉入人手短缺的部門，還可以聘請兼職人員或臨時工作人員，或者採取任務外包，以及安裝節省人力或提高生產率的設備等方式來增加人力資源的實際供應。如果預測將出現過剩，則可以採取減薪、減少工作時間、工作分享、資源提前退休、提供辭退補助、裁員等方式來減少人力資源的實際供應。如果預測勞動力供給與需求相等時，則可以從內外勞動力市場挑選人員填補空缺職位，或者採取內部轉崗的方式來平衡供需。

(二) 人員的招聘與甄選

1. 人員招聘

當組織對自己未來的人力資源需求有了瞭解之後，下一步通常是招聘新的員工。招聘就是尋找合適的人員來填補職位空缺的過程，它的實質是讓潛在的合格人員對本企業的相關職位產生興趣並且前來應聘這些職位。根據招聘對象是來自組織內部還是組織外部，可以將招聘分為內部招聘和外部招聘。

(1) 內部招聘

內部招聘也就是人員的選聘是在本組織內部現有人員中進行。廣義上講，組織內部人員的調整，包括人員晉升或調整都可以看作內部招聘。

內部招聘的優點是：

①由於對組織中人員有比較充實和可靠的資料供分析比較，對組織成員的瞭解和考察相對比較容易，從而有助於降低招聘成本和提高選聘的正確性；

②組織內成員對組織的歷史、現狀、文化理念、組織目標、組織運行特點以及現存的問題比較瞭解，有助於被聘者迅速開展工作；

③內部招聘可激勵組織成員的上進心，努力充實提高其本身的知識和技能；

④內部招聘為組織成員提供了晉升和變換工作的機會，有助於提高組織現有人員的士氣，促使有發展潛力的員工更加積極自覺地工作，從而更好地維持組織成員的忠誠；

⑤內部招聘可使組織對其成員的培訓投資獲得回報。

內部招聘的缺點是：

①當組織內部人才不能滿足要求時，仍堅持內部招聘將會對組織活動的正常進行以及組織的發展產生極為不利的影響；

②內部招聘容易形成「近親繁殖」現象，不利於開拓創新；

③落選者的積極性可能會受到一定程度的挫傷，不利於被選拔者開展工作。

(2) 外部招聘

外部招聘是指從組織外部得到所需要的人員。外部招聘的渠道很多，可以通過廣告、校園招聘、勞動力市場、一些管理協會或組織內成員推薦以及求職者直接申請等途徑來進行。要使外部招聘得以有效的實施，就必須將組織空缺職位的有關情況，事先真實地告訴應聘者，例如職位的性質和要求、工作環境的現狀和前景、報酬以及福利待遇，等等。

外部招聘的優點是：

①外部招聘有較廣泛的人才來源滿足組織的需求；

②外部招聘有利於避免近親繁殖，給組織帶來新的思想、新的方法，防止組織的僵化和停滯；

③大多數應聘者都具有一定的理論知識和實踐經驗，因而可節省在培訓方面所耗費的大量時間和費用。

外部招聘的缺點是：

①外部招聘可能影響內部員工的士氣。

②應聘者對組織的歷史和現狀不瞭解，需要有一個較長的適應期。

③選聘成本高。這裡的選聘成本既包括選聘的直接成本，也包括機會成本。

人員的選聘無論是內部招聘還是外部招聘，都不是十全十美，而是各有其優缺點的。但在實際工作中，一般當組織內有能夠勝任空缺職位的人選時，應先從內部提升。在通常情況下，對於主管人員的選拔往往是採用內部招聘和外部招聘相結合的途徑，將從外部招聘來的人員先放在較低的崗位上，然後根據其表現再行提升。

總之，一個組織選聘人員究竟是採用內部招聘，還是採用外部招聘，要根據組織的具體情況而定，隨機制宜地選擇選聘的途徑。

2. 人員甄選

當組織通過招聘程序獲得一組申請者之後，下一步的工作就是從中挑選合適的人員。人員甄選工作可在組織內由各級負責人員配備的主管人員和人事部門主持進行，也可委託組織外的機構或專家對候選人進行評價。甄選的具體程序應包括哪些步驟，這是隨著組織的規模和性質，以及空缺職位的重要性和要求的不同而不同的。不過在設計步驟時，應考慮到實施這些步驟的諸如時間、費用、實際意義以及難易程度等因素。

（1）初選

初選也就是組織中的相關人員根據崗位說明書和應聘者的申請資料，初步篩選出可作為候選人的名單。應聘者的申請資料的獲得可以是從應聘者的申請表中獲得，亦可從應聘者的檔案以及推薦信、證明書、工作鑒定等一些他人提供的資料中獲得。初選一般採用申請表分析和資格審查的方法，必要時也可以與應聘者進行簡短的會面、交談，淘汰那些達不到崗位任職要求的應聘者。

（2）筆試

筆試是在初選的基礎上，對應聘者進行的以文字為媒介，以考查應聘者的知識水準和素質能力以及在此職位上的提高和發展潛力為目的的書面測試。它包括智力與知識測試、個性與興趣測試。筆試主要在於瞭解應聘者對應聘崗位所需的基本知識和專業知識的掌握程度、知識的廣度和深度以及其在工作中的基本行為能力；瞭解其心理和行為特徵、興趣方向與興趣排序、對工作的價值取向等，以便對應聘者適合崗位要求的程度作出客觀的評價。

（3）面試

面試是精心設計的，在特定場合下面對面地科學測試應聘者的基本素質、發展潛力、實際技能以及其與擬聘職位的匹配性，為人員選聘提供依據的考試，它是對應聘者能力和個性品質的測評。對於筆試中難以表現出來的素質特徵（如個人的儀表風度、

口才、反應的敏捷性等）以及在筆試中因為應聘者的掩飾或其他原因難以表達的素質特徵，卻可以通過面試來進行考查。面試是以談話和觀察為工具，在特定場合下進行的，具有模擬操作的特點。

面試按照提問的技術方法的不同可以分為結構化面試、非結構化面試和混合式面試；按照同時參加面試人數的多少可以分為個別面試和集體面試；按照面試所採取的形式可以分為情景模擬面試、無領導小組討論面試、文件筐測試、答辯與演講式面試等。由於不同的面試類型有各自的優缺點，並且對於不同職位應聘者的素質和能力的要求不同，所採取的面試類型也是不同的。

（4）體檢

根據上面幾個方面的評價結果，確定初步錄用人員後，對初步錄用人員進行體檢，以確保錄用者具有所從事工作所必需的身體素質。

（5）試用

根據體檢情況，確定最終的錄用名單，並與錄用人員簽訂聘用合同。在合同中一般規定有一個試用期，以便在試用期對錄用者是否符合錄用條件和能否勝任崗位工作作出實際鑒定，同時對其進行文化理念和工作方法的指導，使其盡快熟悉工作。試用期滿，再根據其在試用期的表現作出解除合同或者正式上崗的決定。

【看圖學管理】

「駿馬能歷險，犁田不如牛；堅車能載重，渡河不如舟。」人的能力各有不同，判定一個人到底是不是人才，不能以學歷、資歷等進行簡單的劃分。

圖片來源：《管理有方》，張硯鈞，南京大學出版社，2007年。

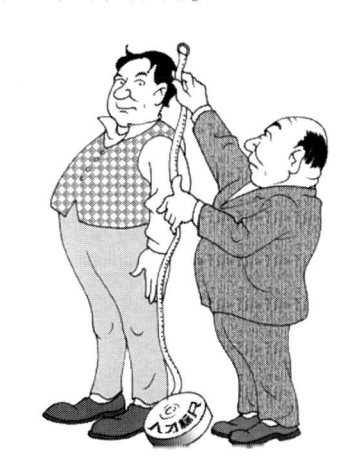

三、開發人力資源

人員的招聘與選拔結束以後，人力資源的主要目標是如何把雇員轉變成為有效的勞動力。開發人力資源包括培訓與績效考評。

（一）員工培訓與開發

對任何一個組織來說，無論是主管人員還是一般員工，都只有通過不斷地學習、進步、充實和提高，才能適應組織內外環境的變化，才能勝任要求不斷提高的各項工作。人員的培訓的目的是要提高組織中員工的素質、知識水準和能力，以適應工作的需要，適應新的挑戰和要求，從而保證組織目標的實現。員工的培訓與開發工作是組織的一項長期活動的內容，必須建立起有效的培訓機構和培訓制度，針對不同員工的不同要求，採用各種方法進行培訓，切實做好培訓工作。

1. 培訓的作用

培訓是組織為了實現組織目標和員工的個人發展目標而有計劃地對員工進行的訓練和輔導，使之提高與工作相關的知識、技能、態度等素質，以適應並勝任崗位工作的活動。

培訓在組織發展和人力資源管理中具有以下幾個方面的作用：

（1）培訓可以促進員工在知識和技能方面的提高，以適應崗位工作的要求

在科學技術迅速發展、知識更新加快的情況下，只有不斷對員工進行培訓，更新其知識和技能，才能使其不斷適應工作的新要求。

（2）培訓有助於強化組織成員對組織價值觀的認同

每個組織都有自己的文化、價值觀、行為準則，員工只有瞭解並接受本組織的文化理念，才能在其中有效地工作，從而提高組織的整體工作績效。

（3）培訓有助於員工的自我發展，從而實現人力資源的充分利用

根據組織發展的要求和員工的興趣愛好以及知識路徑進行不同的培訓，能在一定程度上滿足員工發展的需要；同時，通過培訓還有助於發現和開發員工的潛能，結合職位晉升和崗位調整，使現有人力資源得到充分的利用。

2. 培訓的過程與方式

組織關於人員的培訓計劃，是以對需要的分析為依據的。對任現職的人員來說，它考慮的是目前職務對人員的要求。他的實際工作成績與要求達到的成績之間的差距，就是個人的培訓需要。對新進的人員來說，對組織歷史、現狀與發展目標、組織文化、職業道德和規章制度、崗位知識和技能等的瞭解，使新進人員能盡快融入組織中並勝任崗位，也是其個人的培訓需要。這兩方面的個人培訓需要，構成了組織培訓計劃的主體。此外，組織還要根據對未來組織內外環境變化的預測，來確定對未來人員的要求，這些要求作為未來組織發展的需要，在現在也應納入培訓計劃，因此，這部分內容也是組織培訓計劃的重要組成部分。接下來，就是對人員的正式培訓，培訓的方式有兩種：一種是在職培訓；另一種是脫產培訓，可以在企業內部或外部進行。最後考核評審培訓的結果。整個過程如圖6-7所示。

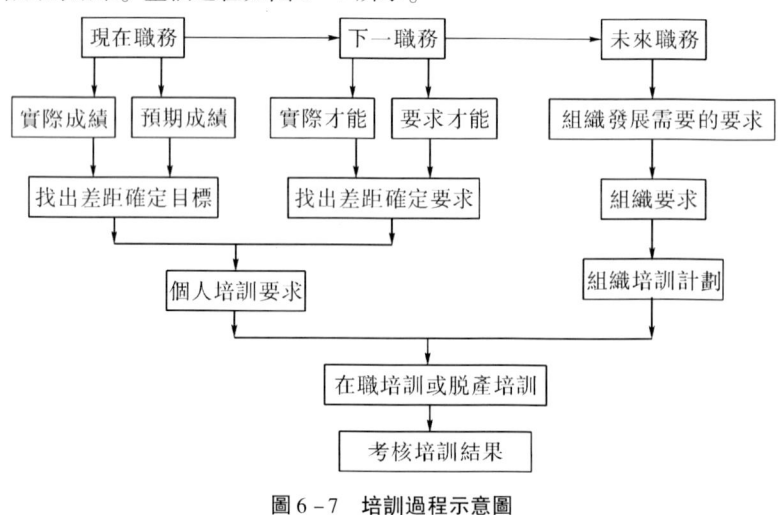

圖6-7 培訓過程示意圖

3. 培訓效果的評估

培訓效果的評估是培訓的最後一個環節，由於員工的複雜性，以及培訓效果的滯後性，想要客觀、科學地衡量培訓效果非常困難，所以，培訓效果評估也是培訓系統中最難實現的一個環節。目前，企業培訓的一大難點就是無法保證培訓投入產生真正的效果，培訓效果難以評估。但是，如果沒有評估，培訓的實施者就很難知道培訓所產生的實際效果，也很難對培訓效果進行改善。

目前，國內外運用得最為廣泛的培訓評估方法，是由柯克帕特里克在1959年提出的培訓效果評估模型。柯克帕特里克將培訓效果分為四個遞進的層次——反應層、學習層、行為層、效果層。以下就柯克帕特里克的培訓效果評估模型作一簡單介紹。

（1）反應層評估

反應層評估是指測量受訓員工對培訓項目的印象和主觀感受如何，包括對培訓內容、培訓師、培訓方法、場地、設施、材料、自身收穫等方面的看法。反應層評估一般可以通過問卷調查的形式，來收集受訓員工對培訓項目的效果和有用性的反應。

反應層評估可以作為改進培訓內容、培訓方式、教學進度等方面的建議或綜合評估的參考，但不能作為評估的結果。

（2）學習層評估

學習層評估是直接測量受訓員工對原理、事實、技能等培訓內容的理解和掌握程度。學習評估是目前最常見，也是最常用到的一種評價方式，一般可以採用筆試、技能考核、實地操作和工作模擬等方法來進行。

（3）行為層評估

行為層評估是測量員工在培訓項目中所學習的技能和知識的轉化程度，行為模式有沒有得到改善。通常借助一系列的評估表來考察受訓學員在培訓後的實際工作中的行為變化，以判斷所學知識、技能對實際工作的影響。比如，我們可以通過對受訓學員行為的改善以及績效的提升程度的評估來反應行為層面的培訓效果。

進行績效提升方面的評估，企業必須建立系統而完整的績效考核體系和全面詳細的員工培訓記錄。在培訓結束之後，分階段對受訓學員進行績效考核，對照以前的績效記錄，才能看出實實在在的培訓效果。

行為層評估是考查培訓效果的最重要的指標。它可以包括受訓學員的主觀感覺、上級、下屬、同事或客戶對其培訓前後行為變化以及績效提升方面的對比，以及受訓員工本人的自評。

（4）成果層評估

成果層評估即判斷培訓是否給組織層面上的績效帶來改善，如節省成本、工作結果改變和質量改變等。成果層評估可以通過對培訓收益進行計算，比如對一系列顯性指標來衡量培訓在業績指標提升方面的效果，如生產率、事故率、員工離職率、次品率、員工士氣以及客戶滿意度等。同時我們也可以通過將培訓目標作為衡量培訓效果的主要依據，全面評估培訓效果，這要求在培訓結束之後，將受訓員工的考核成績以及工作表現與預先設定的培訓目標作比較，以判斷培訓項目的效果。

以目標進行評價關鍵在於確定具有可執行性、可檢驗性和可衡量性的培訓目標，因此，在培訓實施之前，企業應認真制定，將員工在接受培訓之後應學到的知識、技能、心態，以及應該得到改進的行為模式、應達到的績效標準等均列入目標之中。

企業在進行培訓需求分析後，就可以設定培訓評估的目標和要求，並根據對評估活動投入和收益的分析，確定培訓評估的層次和內容以及相應的評估對象。比如一些理論和專業知識的培訓只需要進行到學習層評估，通過考試就可以知道培訓效果的好壞，而一些專業技能的培訓則需要進行後期的跟蹤與觀察即行為層評估，其學習效果和能力提升、培訓內容和課程質量的評估，是培訓效果評估的基本內容。在企業實際操作中，除了以上內容，經常還需要對培訓組織、現場會務、培訓資源等內容進行評估，更多的針對的是整個培訓項目進行評估，以綜合反應培訓實施和管理的效率。

除柯克帕特里克的培訓效果評估模型外，現在世界上應用較多的培訓效果評估模型都是以評估的層次和內容為基礎，比較著名的考夫曼的五層次評估模型、CIRO 評估模型、CIPP 評估模型、菲利普斯的五層次 ROI 模型等，這裡就不一一介紹了。

培訓效果的評估是很複雜的管理活動，因此，培訓效果評估並沒有一個放之四海而皆準的固定模式。企業需要視不同情況，選擇合適的方法，才能得到真實、客觀的評估結果。

(二) 績效考評

1. 績效考評的定義及必要性

績效考評是開發人力資源的又一個重要方法。績效考評又稱工作績效評估或工作業績評定，是績效管理流程中的重要環節，是指按照一定的標準，利用科學的方法，收集、分析、評價和傳遞有關員工工作行為和工作結果方面信息的過程。考評員工的工作績效，對一個組織來說是非常必要的。其必要性主要表現在以下幾個方面。

(1) 通過考評可以瞭解員工的工作質量

員工工作質量的好壞，直接與組織目標的實現有關。尤其是主管人員在根據目標進行各種管理活動時，任何偏離目標的行動，哪怕只是短暫的或稍微的偏離都會給組織帶來重大的影響，甚至是致命的打擊。因此，必須對員工進行經常的考評，及時瞭解他們的工作是否緊緊圍繞組織目標而開展，瞭解他們在工作質量方面的具體成效。只有通過考評所反應出來的員工工作質量的信息，組織才能及時採取相應措施，幫助和指導員工，使他們的活動始終沿著實現組織目標的方向進行。

(2) 考評是選拔配置和培訓員工的需要

在進行人員的選拔配置時，必須依靠正確的考評。通過考評，建立起員工的文字檔案，作為選拔配置人員的依據。組織成員為了更好地勝任工作，都有不斷學習和不斷提高的必要。因此，考評又是對人員進行培訓的依據。根據考評資料，可以明確瞭解員工目前在哪些方面有弱點，需要就什麼內容進行培訓，以及採取什麼方式才合適，等等。可以說，對人員的考評是對他們進一步培訓的基礎。此外，考評也是檢查培訓效果的唯一工具。培訓的內容一般包括政治、業務知識、管理能力等許多方面。組織通過對人員的考評，可以瞭解被培訓者在哪些方面已有提高，哪些方面尚有不足，以及現行的管理方法是否恰當等問題。在此基礎上，上級主管人員就可以根據具體情況來制訂新的培訓計劃，針對被培訓者的不足之處加強培訓，或者是改換另一種管理方法。因此，考評是保證培訓工作確有成效的不可缺少的一個重要環節。

(3) 考評是完善組織工作的需要

從對一個主管人員的考評結果，可以看出一個組織的組織工作做得如何。員工的工作效率不高，或工作標準沒有達到，除了其本身的原因外，可能還有組織工作方面

的問題。所以，組織通過對一個主管人員的考評，可以發現組織工作中的問題，從而採取必要措施，完善組織工作，保證組織工作的有效性。

（4）考評是確定員工報酬的合理依據

確定員工報酬的直接依據就是考評，組織只有通過對員工工作的準確的考核和評價，才有可能確定合理的報酬。同時考評還是對員工採取相應激勵措施的依據。

2. 績效考評的程序

績效考評程序主要包括確定績效評估目標、實施績效考核、分析考評結果、進行考評結果的反饋四個步驟。具體如下：

（1）確定績效評估目標

處於不同管理層次和工作崗位的員工具備的能力不同，為組織作出的貢獻也是不一樣的。因此，在進行績效考評時，要有針對性地確定不同的考評目標，再依據不同崗位的工作性質，設計出合理的績效評估內容。

（2）實施績效考核

在確定了考評目標和考評內容之後，要按標準在規定的時間對被考評者的績效目標完成情況進行測定與記錄。

（3）分析考評結果

即將績效考評的記錄與既定的考評標準進行對照、分析與評價，並且給出考評的結論。

（4）考評結果的反饋

績效考評的根本目的是為了發現員工的不足之處，不斷提高員工的技能。因此，績效考評需要通過績效反饋面談，使下屬瞭解主管對自己的期望，認識到自己的不足；同時，下屬也可以提出自己在完成績效目標中遇到的困難，請求上司的指導和幫助，從而作為組織未來員工培訓的參考。

3. 績效考評的方法

（1）排列法

排列法也稱排序法，是績效考評中比較簡單易行的一種綜合比較的方法。它通常由上級主管根據員工工作的整體表現按照優劣順序依次排列。有時為了提高其精確度，也可以將工作內容做適當分解，按照優良的順序排列，再求總平均的次序數，作為績效考評的最終結果。

（2）選擇排列法

選擇排列法也稱交替排列法，是簡單排列法的推廣。利用的是人們容易發現極端、不容易發現中間的心理。在所有的員工中，首先挑出最好的員工，然後挑出最差的員工，將他們作為第一名和最後一名，接著在剩下的員工中再選擇最好的和最差的，分別將其排列在第一名和倒數第一名，以此類推，最終將所有的員工按照優劣的先後順序全部排列完畢。

（3）強制分佈法

假設員工的工作行為和工作績效整體呈正態分佈，那麼按照正態分佈的規律，員工的工作行為和工作績效好、中、差的分佈存在一定的比例關係，在中間的員工應該最多，好的、差的是少數。強制分佈法就是按照一定的百分比，將被考評的員工強制分配到各個類別中，一般分為五類。

（4）關鍵事件法

關鍵事件法也稱重要事件法。管理者對員工工作表現中最令人贊許和最令人難以接受的諸多行為進行書面記錄。這些行為直接導致工作的成功或失敗，稱之為「關鍵事件」。考評者以這些記載的具體事實為依據，經歸納、整理，作為考評的指標和衡量的尺度。

（5）目標管理法

目標管理法由員工與主管共同協商，並依據組織的戰略目標及相應的部門目標來制訂員工的個人目標。該方法用可觀察、可測量的工作結果作為衡量員工工作績效的標準，以制訂的目標作為對員工考評的依據，從而使員工個人努力目標與組織目標保持一致，減少管理者將精力放到與組織目標無關的工作上的可能性。

（6）360 度績效考評法

360 度績效考評又稱為多源評估或多評價者評估，不同於自上而下由主管評定下屬的方式。使用這種方法進行評估，評價者不僅僅是被評價者的上級主管，還包括其他與之聯繫緊密的人員，如同事、下屬、客戶等，同時包括管理者的自評。它是從不同層面的群體中收集評價信息，再將評價結果反饋給被評價者。

除了以上幾種方法之外，還有成對比較法、行為錨定等級評價法、行為觀察法、績效標準法、直接指標法等。總之，考評的具體方法很多，既有定性的，也有定量的。在實際的考評工作中，只有多種方法相結合，定性與定量相結合，同時根據組織的具體情況選擇適宜的考評方法，才能取得比較滿意的效果。

四、保持人力資源

組織吸引和發展了有效的員工隊伍之後，還必須努力保持這支員工隊伍，這需要組織提供有效的薪酬和福利以及職業規劃。

（一）員工薪酬與福利

所謂薪酬是指員工由於雇傭關係的存在而從組織獲得的各種形式的經濟收入以及有形服務和福利。薪酬可以劃分為基本薪酬、可變薪酬和間接薪酬。

1. 基本薪酬

基本薪酬是指組織根據員工所承擔或完成的工作本身或者員工所具備的完成工作的技能或能力而向員工支付的穩定性報酬。基本薪酬又可以分為崗位工資制、技能工資制或能力工資制、績效工資制。

（1）崗位工資制

崗位工資制是按照員工承擔的工作本身的重要性、難度或者是對組織的價值來確定的薪酬。

（2）技能工資制或能力工資制

技能工資制或能力工資制是根據員工擁有完成工作的技能或能力的高低來確定的基本薪酬。

（3）績效工資制

績效工資制是組織根據激勵員工努力工作的需要，以員工的績效表現為基準所設計的薪酬。許多公司的銷售人員的工資就屬於績效工資制，這種薪酬制度沒有底薪，銷售人員的薪酬收入取決於提成。

2. 可變薪酬

可變薪酬是薪酬系統與績效直接掛勾的部分，有時也稱為浮動薪酬或獎金。可變薪酬的目的是在績效和薪酬之間建立起一種直接的聯繫。通常情況下，可變薪酬分為短期可變薪酬和長期可變薪酬兩種。短期可變薪酬或短期獎金一般都是建立在非常具體的績效目標基礎之上的，如本月、本季或本年的銷售計劃完成率、利潤實現率等。而長期可變薪酬或獎金的目的則在於鼓勵員工努力實現跨年度或多年度的績效目標，如股票期權等。

3. 間接薪酬

間接薪酬是指員工福利與服務。間接薪酬一般包括帶薪休假、員工個人及其家庭服務、健康以及醫療保健、人壽保險以及養老金等。一般情況下，間接薪酬的費用是由僱主全部支付的，但有時也要求員工承擔其中的一部分。

薪酬管理是指通過設計一個有效的薪資結構，以吸引和留住高素質人員，並激勵他們發揮更好的工作效率。薪酬管理還要保證在報酬水準確定之後，所有的員工都能接受並認為是公平的。公平是指組織所確定的報酬水準符合工作要求並與之相一致。為此，決定薪酬的首要因素是員工工作的類型。工作不同，對技能、知識和能力的種類和水準要求不同，當然，對組織的貢獻也不同。因而，不同職位要求的職責與職權也不同。簡而言之，技能、知識和能力要求越高，職責和職權越大，那麼報酬水準也就越高。

雖然技能、能力等要素對報酬水準產生直接影響，但是還有另外一些因素也會影響到報酬水準，這些因素包括行業類型、工作環境、地理位置、員工績效水準以及資歷等。例如，在私營組織裡的工資要比相應的國有或非營利性組織工資高；那些在危險條件下工作，工作時間不固定，或在生活費用較高的地區工作的員工，其相應的報酬也更高。另外，資歷較深的員工可能每年都會有一定幅度的工資增長。

除了上面所提到的因素之外，還有一個因素也是非常重要的，這就是管理者的付酬理念。例如，有些組織所設定的薪酬水準不會高於僱員所必須得到的水準。如果沒有推進工資水準提升的體制，這些組織只會給員工最低水準的工資。而有些組織的付酬理念則剛好相反：願意支付員工平均工資或更高的工資，以此表達他們想要吸引並留住最好的人才。

薪酬是組織和員工間重要和複雜的關係。組織必須向員工提供基本的薪酬以保持基本的生活標準。如果員工不能獲得滿足其基本經濟要求的薪酬，他們會到別處尋找工作機會。同樣，如果他們認為組織低估了他們的貢獻，他們也會選擇離開，或者表現出不好的工作習慣、士氣低落和缺乏奉獻精神。有效的薪酬系統有助於吸引優質的申請者，留住當前的員工，並且在合理的成本範圍內激勵高績效。因此，有效的薪酬系統符合組織的最大利益。

【案例6－3】

朗訊科技公司的薪酬結構

（1）工資。工資體系共有十個級別，除十級外（副總經理級），每個級別都有A、B兩個等級，而每個等級又有最高工資和最低工資。工資從一級到十級差別為20多倍。工資標準不固定，而是隨著所在地區薪資行情的變動而做相應修訂，總體水準要比國有企業同類職位的行情高出很多。

（2）獎金。獎金分為兩種類型：一種為常規半年獎、年底獎，獎金發放根據公司經濟效益和對員工個人績效考評後而定；另一種為非常規季節獎、隨機獎。這兩種獎金根據上級對員工工作表現的評價而定，每次獲獎名額不超過員工總額的10%，獎金一般相當於員工半個月到一個月的工資水準。

（3）其他福利。公司除支付按當地政府規定的社會保險外，另外還為員工購買人身意外保險和個人財產商業保險、門診醫療商業保險等，並且每年還在員工住房、教育、培訓、旅遊、工會活動等基金領域作出預算開支，供員工福利用。

（4）股權認購和股權獎勵。股權認購為每個員工認購公司股票100股。而股權獎勵只發給不超過員工總數5%的優秀員工，具體數目不定。無論是股權認購還是股權獎勵，都不用員工自己掏腰包，而是由公司將股權在名義上贈給員工，但不能出售，必須等到三年後才可出售歸自己。

資料來源：http://www.51555.net，有刪改。

(二) 職業發展規劃

保持人力資源的最後一個方面是職業發展規劃。幾乎沒有人會一直從事某項工作。有的人在組織內部變換工作，有的人在組織間變換工作，有的人兩者都有。如果變動是突然和沒有任何預兆的，這對於組織和個人都不好。職業發展規劃是一個人制訂職業目標、確定實現目標的手段的不斷發展的過程。職業發展規劃能夠幫助發現員工最感興趣的東西並且幫助員工看到組織內部的發展機會。因此，預先進行職業發展規劃符合各方的利益。

人力資源管理的一個基本假設是：企業有義務最大限度利用雇員的能力，並為每一位雇員都提供一個不斷成長以及挖掘個人最大潛力和建立成功職業生涯的機會。因此，越來越多的組織為了吸引和保留優秀的人力資源，開始重視職業發展規劃。員工與上級主管一起為員工進行職業發展規劃。通常可以分為五個步驟進行。

1. 自我定位

自我定位就是根據個人的價值取向、個人特質、職業興趣、知識、技能水準進行切實可行的人生之路和生活方式的定位。

2. 確定目標

個人擬定職業發展目標時，應首先分析重要的主客觀因素。主觀因素即理想、價值觀等，客觀因素即實現理想的條件。在此基礎上，確定大致的職業發展方向。在方向明確之後，再結合相關的社會環境制訂長期的職業生涯發展目標。在長期職業發展目標確定後，還應具體制訂清楚、明確、現實、可行的短期目標，以保證長期目標的順利實施。

3. 選擇職業發展路徑

職業路徑是指員工要實現職業發展目標，大致會經歷的職位順序。也就是說，指出員工要經歷哪些在邏輯上相互連接、承擔的職責逐漸增加的崗位。個人職業發展路徑可以按照業務流程和職能劃分為管理發展路徑、技術發展路徑和生產發展路徑等。

4. 規劃行動

實現職業生涯目標的路徑確定後，就要制訂具體的行動計劃和採取明確的措施，來獲取理想的職業路徑發展所必需的技能。它一般包括訓練、輔導、教育、輪崗等措施。

5. 評估調整

隨著時間的推移，影響職業發展規劃制訂的因素在不斷變化，為了確保規劃的可行性和有效性，必須隨時對規劃的內容和成效進行評估。而且，在規劃的實施過程中，也會發現當初制訂規劃時未曾想到的缺點以及執行中存在的困難。為保證職業規劃的效果，在每實施一段時間後，有必要對所制訂的規劃進行調整。

在員工職業發展規劃完成後，需要各項人力資源政策的支持；否則，員工個人職業規劃就僅僅成為了員工的自我學習與修煉，其效果與組織的職業生涯規劃目標相去甚遠。因此，在進行職業發展規劃的同時，要檢討和修訂組織的人力資源政策，使每一項人力資源政策（包括招聘與甄選、員工培訓、績效與薪酬管理等）與員工的職業發展規劃緊密結合起來。

第四節　組織力量的整合

組織運行是組織結構動態的一面，它是相對於靜態而言的。設計出的組織結構，僅僅是一個框架，尚處於靜態之中。為了使組織結構在實現目標的過程中作出貢獻，必須使它運轉起來。使組織結構運轉起來的前提是配備人員，即按照組織結構中職位的要求配備相應的人員。在其運轉過程中必須不斷地實施指導和領導工作、控制工作，同時還必須進行組織分析，以使組織結構有效地運轉。

在組織運行過程中，要正確處理的關係有：集權與分權；直線職權（人員）與參謀職權（人員）的關係；授權；組織變革等。

一、集權與分權

(一) 集權與分權的相對性

在一個組織裡，要實現組織目標，必然要進行組織內部的分工，這就要求在組織內部進行分權，由組織經營決策層把部分決策權授予下級組織或部門的管理者，由他們行使這些權力，自主解決職權範圍內的問題，完成分配給他們的任務。與分權相對的就是集權，集權和分權反應組織的縱向職權關係，其意思是組織中決策權限的集中與分散程度。所謂集權是指決策權在組織系統中較高層次的一定程度的集中。所謂分權，就是現代企業組織為發揮低層組織或部門的主動性和創造性，而把決策權分給下屬組織，最高領導層只集中少數關係全局利益和重大問題的決策權。集權和分權作為兩種傾向，它們所體現的只是權力分散程度上的差別，而不是兩種截然相反的極端，也就是說它們是一對相對的概念，任何一個組織都處於一定程度的集權和分權的狀態之中，既不存在絕對的集權，也不存在絕對的分權。絕對的集權意味著所有事情都由最高管理者決定，這樣的組織是不存在的。而絕對的分權，意味著一切問題都由下屬自行決定，支配組織整體活動的權力不復存在，下屬基於自身的目的而各自採取行動，這樣的組織勢必解體。因此，集權和分權對於一個組織而言都是必要的。

既然集權和分權同時並存於組織中，那麼權力的分散程度到底如何才合適呢？我們首先簡單瞭解一下集權和分權的優缺點。

1. 集權的優缺點

優點：①集權便於從組織整體目標出發處理問題，避免局部利益行為；②集權可使有限的資源得到更有效的利用；③集權有利於形成統一的企業形象；④集權有助於確保組織政策和行動的一致性，提高組織的控制力。

缺點：①集權會降低決策的速度和質量，影響組織的環境適應性；②集權會挫傷低層員工的積極性和主動性；③高層難以集中精力處理重大問題；④下級容易產生依賴思想，不願承擔責任。⑤集權不利於管理人員的培養。

2. 分權的優缺點

優點：①分權能減輕最高管理層指定決策的負擔；②分權有利於增強下級管理人員的責任感；③分權促進廣泛控制機制的建立和運用，提高了人們的積極性；④分權能夠對各個組織單位的執行情況進行比較，便於建立利潤中心，有利於實現產品的多樣化；⑤分權注重了一般管理人員的培養，有助於適應發展的環境。

缺點：①分權使得實現政策的統一變得更加困難，增加了分權組織單位協調的複雜性，可能導致上層管理人員的部分權力失控；②分權還受到控制技術不足的限制，計劃性和控制制度不夠充分的約束，缺乏合格管理人員的限制；③分權還難以獲得規模經濟帶來的好處。

綜上我們可知，集權和分權各有各的優勢和局限性。組織的分權和集權只是相對的，並非絕對的，只是程度的不同而已。

（二）集權與分權的程度

一般說來，集權或分權的程度，常常根據各管理層次擁有的決策權的情況來衡量。

1. 決策的頻度

組織中較低管理層次制定決策的頻度或數目越大，則分權程度越高；反之，上層決策數目越多，集權的程度就越高。

2. 決策的幅度

組織中較低層次決策的範圍越廣，涉及的職能越多，則分權程度越高。

3. 決策的重要性

決策的重要性可以從兩個方面來衡量：一方面是決策的影響程度。即如果組織中較低層次決策對本部門甚至是整個組織的發展有長遠的或重要的影響，分權程度就高；反之，如果僅僅是短期的，對本部門有影響的日常決策，則集權程度較高。另一方面決策涉及的費用。如果組織中較低層次決策涉及的費用較少，則集權程度高；反之，分權程度高。

4. 對決策的控制程度

如果高層次對較低層次的決策沒有任何控制，在根本不需要審批決策的情況下，分權的程度就較高；在作出決策以後，還必須呈報上級領導審批的情況下，職權分散程度就低一些；如果在作出決策前，必須請示上級，那麼分權的程度就更低一些。此外，較低一級管理層次在決策時，需要請示的人越少，分權的程度就越高。

（三）集權或分權的影響因素

集權和分權的程度，是依據條件的變化而變化的。影響集權和分權程度的因素如下：

1. 決策的代價

這裡要同時考慮經濟標準和諸如信譽、士氣等一些無形的標準。對於較重要的決策、耗費較多的決策，由較高管理層作出決策的可能性較大。因為基層主管人員的能力及獲取的信息量有限，限制了他們去決策。再者，重大決策的正確與否責任重大，因此往往不宜授權。

2. 政策的一致性要求

組織內部執行同一政策，集權的程度較高。

3. 規模問題

組織規模大，決策數目多，協調、溝通及控制不易，宜於分權；相反，組織規模小，決策數目少，分散程度較低則宜於集權。

4. 組織形成的歷史

若組織是由小到大擴展而來，基於對以往集權獲得成功的認識，集權程度較高；若組織是由聯合或合併而來，分權的程度較高。

5. 管理哲學

主管人員的個性和所持的管理哲理，均影響權力分散的程度。

6. 主管人員的數量和管理水準

主管人員的素質及數量，也影響著權力分散的程度。主管人員數量充足，經驗豐富，訓練有素，管理能力較強，則可較多地分權；反之，應趨向集權。

7. 控制技術和手段是否完善

通訊技術的發展、統計方法、會計控制以及其他技術的改進都有助於趨向分權。但電子計算機的應用也會出現集權趨勢。

8. 分散化的績效

權力分散化後的績效如何，將會影響職權的分散與否。

9. 組織的動態特性及職權的穩定性

組織正處於迅速發展中，要求分權。原有的、較完善的組織或比較穩定的組織，一般趨向集權。有些問題的處理有很強的時間性，而且要隨機應變，權力過於集中容易貽誤時機，處理此類事項的權力應當分散，以便各管理環節機動靈活地解決問題。

10. 環境影響

決定分權程度的因素中，大部分屬組織內部的，但影響分權程度的還有一些外部因素，例如經濟、政治等因素。這些外部因素常促使集權。正如戴爾寫道：「困難時期和競爭加劇可能助長集權制。」

【案例 6-4】

家樂福：分權為生 集權為升

在零售領域，談起集權和分權，大家自然就會聯想到沃爾瑪和家樂福。沃爾瑪在經營上強調系統性和集權性，擁有先進的統一的信息系統和高效的物流配送系統，是集權的典型；家樂福則強調靈活性和本土化，各門店店長擁有因地制宜的高度的商品管理權和人事任免權，是分權的榜樣。在全球市場上，沃爾瑪略勝一籌；在中國市場上，家樂福技高半分。

但如今在這「十年之癢」的坎上，家樂福中國的變革卻儼然開始了「集權化」，然而這樣的戰略決策究竟是基於怎樣的事實基礎、希望達到怎樣的戰略目的以及可能

面臨什麼樣的問題？

分權：一切為了生存

在中國零售業未對外開放之際，家樂福於1995年以商業管理諮詢身分進入中國市場，並以「明修棧道，暗度陳倉」的方式在中國大陸開設了其第一家分店；此後，在深諳中國國情的前提下，充分發揮其靈活性，與各級地方政府搞好關係，使得其分店在全國各地開花結果；為了能夠在中國市場生存下來，相比沃爾瑪中國的中央集權，家樂福中國採取了將大量權力（商品採銷管理權和人事任免權）下放至地方各個門店店長手中的分權管理體制；同時針對中國市場廣闊、交通不便的特殊性，建立了地方採購和供貨商配送的物流管理體系。回顧家樂福中國的十年歷程，毫不誇張地說，是分權管理體制的靈活運用和本土化的演進使得家樂福在中國市場遠遠超過世界第一的沃爾瑪。

集權：明天會活得更好

過去的十年，分權讓家樂福能夠在中國市場頑強地生存了下來，並且在全國30多個城市佈局了70多家分店；未來的十年，家樂福顯然並不僅僅滿足於此。在依靠分權實現企業規模經濟後，如何將其轉化為規模效益並最大可能攫取利潤將成為家樂福未來十年內的最大挑戰，而集權將會取代分權成為其戰略實施的原動力。原因主要有四點：

（1）家樂福門店佈局基本完成，需要統一協調。因為集權有利於資源的合理分配，以保證有限資源的利用最大化；同時集權有利於整合企業的綜合競爭力，避免分權造成的各自為政和一盤散沙。未來十年，家樂福中國主要將會面臨的正是如何通過集權整合企業競爭力的問題。

（2）山頭文化阻礙企業文化的統一，集權有助於戰略的實施。十年分權造成各自為政的山頭文化將會對家樂福企業文化的統一造成阻礙；而適當的集權反而有利於消除山頭文化，建立積極戰略性文化並最終推動戰略目標的實現。

（3）貪污腐敗影響到家樂福利潤的實現。家樂福發現其單店採購腐敗已經成為吞噬企業利潤的重要因素之一，並達到了觸目驚心的地步。在這種情況下，適當的集權反而可以在一定程度上遏制腐敗成為一種畸形的「企業文化」。

（4）分權過度造成管理混亂。在企業管理制度中關於分權和集權的經典現象是：一放就亂，一集就死。而如何做到「放而不亂，集而不死」一直是眾多企業苦苦追求而至死不明的境界。「放中有集，集中帶放」是實現這一境界的唯一途徑，家樂福分權過度造成的管理混亂終將通過適當集權予以解決。但道理簡單，實際上做起來卻並非易事，關鍵在於如何尋找到兩者的合理平衡點。

集權：任重而道遠

實際上，相比於沃爾瑪高度集中的程序化操作模式，家樂福正在力爭尋求一種在能保持分權靈活性的前提下適度集權的方法，使兩者達到合理的平衡點。在單門店權力被集中到以城市為單位的小區域市場的同時，總部和大區市場的部分權力也在繼續下放到小區域市場，以達到集中管理的目的之餘保證對市場反應的靈活性。在眾多先行者長期探索而無果的情形下，家樂福是否能夠找到一條適合自身發展的集權和分權結合點的道路還言之過早。畢竟，從戰術上來講，還有很多難題需要逾越。

首先，外部環境的應變考驗。門店由於貼近市場，對消費者變化尤為敏感。如今

家樂福門店逐步喪失了商品管理權和人事任免權，也就失去了在第一時間作出決策的機會，小區域市場能否在最短的時間內作出靈活性的政策調整將是考驗之一。

其次，物流配送系統考驗。家樂福取消了單門店採購和供應商配送制度，取而代之以區域市場統一採購和五大區域配送中心統一配送。區域市場特殊性、物流系統信息化水準、交通系統發達水準、供貨速度等都將面臨戰術層面的考驗。

再次，管理層管理能力考驗。權力的下收上放，導致權力完全集中在小區域市場管理層手中，因此對家樂福中層管理人員的素質來講是一個極大的挑戰。

最後，戰略層和戰術層區分能力考驗。集權和分權要做到平衡，找到適合的「放中有集，集中有放」，必須要企業具有戰略層和戰術層區分能力。戰略上要堅持集權主導，戰術上要以分權為首選。正如毛澤東所說的「戰略上的集中指揮和戰役上的分散指揮」這將是家樂福面臨的最大考驗。

此外，家樂福在門店商品管理、人員管理、供應商管理等其他方面也都將因為集權而受到各種各樣的考驗。

資料來源：馬瑞光，http://finance.sina.com.cn，有刪改。

二、直線與參謀

直線職權、參謀職權的基本含義，已在前面闡述過，但是在組織結構運轉的實際工作中，情況則要複雜得多。兩種職權（人員）關係處理不當，就有可能導致混亂，管理效率低下。隨著組織規模的擴大，管理問題的日益複雜化，主管人員的知識和能力不能適應需要，於是相繼出現了參謀職權（人員）和職能職權（人員）。但在實際當中，這兩種人員的職權經常容易混淆。此外，參謀職權的無限擴大，容易削弱直線人員的職權乃至威信；容易導致「多頭領導」，最終都是導致管理混亂，效率低下。因此，要保證組織結構的正常運轉，處理好直線和參謀（人員）的關係，是組織結構運行中一個重要問題。在處理各種職權關係時應注意以下幾個問題。

（一）兩種人員在工作中的相互關係本質上是一種職權關係

在任何一個現實的組織中，各級管理人員的職責都兼具直線和參謀的因素。從前述的直線職權、參謀職權的概念可以看出，在現代組織中，直線和參謀職權是使組織活動朝向組織目標的不可分割的整體。直線職權意味著作出決策，發布命令並付諸實施，是協調組織的人、財、物，保證組織目標實現的基本權力。參謀職權則僅僅意味著協助和建議的權力，它的行使是保證直線主管人員作出的決策更加科學與合理的重要條件。

（二）注意發揮參謀人員的作用

1. 理順直線和參謀的關係

一般來說，參謀只是為直線提供信息、出謀劃策配合直線工作。但是，在現實管理生活中，參謀和直線的關係比這複雜得多，概括起來有七種基本的直線——參謀關係。

（1）諮詢（顧問）

參謀僅向直線提供諮詢幫助，直線可接受也可不接受這種幫助。參謀在充分瞭解情況的基礎上，可主動地向直線人員提出建議。

（2）按照要求提供服務

其關係與上述的諮詢相似，但服務項目超過諮詢和建議。參謀人員與直線人員的

關係同合同承包人員與發包人的關係相似。

(3) 根據既定的計劃，作為完成單位任務的一部分，向某組織提供參謀服務

例如，參謀組織向某組織（企業、醫院等）提供常規的技術服務。這些專家、技術人員聽令於參謀組織，主管人員對他們的服務質量負責。而接受服務的組織無權指揮專家們的工作，但如果他對於服務質量，對偏離既定方案有疑問時，可直接與參謀組織的主管聯繫。同時，參謀組織的主管也無權決定服務項目的利用程度，因為這些已在規劃中作過規定。

(4) 為直線提供必要的常規輔助性服務

一旦與提供服務所必要的報告、申請或其他特別制度（例如財會制度等）經批准，提供單位就有權要求直線遵守。在發生違章時，服務單位的人員（在向直線人員提出正常要求後）有權要求在監督下進行糾正。只要提出的公文得到批准，使用單位的人員可直接與提供單位聯繫，要求給予有關的服務和信息。

(5) 中心參謀單位和經營單位、附屬的參謀單位、參謀人員之間的職權關係

例如質量控制中心，通過各分廠的質量控制處開展工作；衛生局人事部門，通過各醫院人事處開展工作。這些中心參謀單位對經營組織的參謀進行業務指導，而不能下達指令。若中心參謀單位感到確有必要應做或停做某事，可向經營組織的參謀單位提出有力的建議，甚或提到經營組織的更高一級。

(6) 部門主管和來自參謀單位人員之間的關係

參謀單位常常培訓一些較高質量的專業人員，然後分配給經營組織。這些人員雖較長時間在經營組織裡工作，但總認為參謀單位才是他們的「家」。經營組織的主管對他們進行「行政管理」，參謀單位的主管對他們進行專業管理。後者是他們的頂頭上司，因為參謀單位的主管一是可變更他們的工作位置；二是決定他們的成績大小，在提升和報酬時提出建議；三是負責不斷提高他們的業務水準。這裡所指的「行政管理」是經營組織的主管給他們（參謀人員）布置工作，批准請假等，並指示他們遵守其工作人員守則。「專業管理」是指，由參謀單位的主管為業務工作制定程序和建立有關標準。

(7) 經理與顧問或參謀人員，或直接向他報告的單位之間的關係

參謀人員與經理下屬其他人員的關係是：參謀人員或參謀單位只能提供信息、諮詢和建議，通過經理的許可或決定，才能以經理的名義行令，而不能以自己的名義去讓他們做什麼事。

2. 發揮參謀作用應注意的事項

(1) 參謀獨立地提出建議

參謀人員多是某一方面的專家，應讓他們根據客觀情況，提出科學性的建議，而不應左右他們的建議。德魯克 1944 年受聘於美國通用汽車公司任管理政策顧問，第一天上班時，該公司總經理斯隆找他談話：「我不知道我們要你研究什麼，要你寫什麼，也不知道該得到什麼成果。這些都是你的任務。我唯一的要求，只是希望把正確的東西寫下來，你不必考慮我們的反應，也不應怕我們不同意。尤其重要的是，你不必為了使你的建議易為我們接受而想到調和折中。在我們公司裡，人人都會調和折中，不必勞你的駕。你當然也可以調和折中，但你必須先告訴我正確的是什麼，我們才能做正確的調和折中。」這段話不僅說明參謀不僅要獨立地提出建議，而且還要提出解決問

題的方法。參謀不是問題的挑剔者，而是解決問題的倡導者。

(2) 直線不為參謀所左右

參謀應「多謀」，而直線應「善斷」，直線可廣泛聽取參謀意見，但永遠要記住，直線是決策的主人。直線人員應像古人所云「周咨博詢，不恥下問，運用之妙，存乎一心」。美國學者路易斯・艾倫提出六個有效發揮參謀作用的準則：①直線人員可作最後的決定，對基本目標負責，故有最後決定之權。②參謀人員提供建議與服務。③參謀人員可主動地從旁協助，不必等待邀請，時刻注意業務方面的情況，予以迅速地協助。④直線人員應考慮參謀人員的建議，當最後決定時，應與參謀人員磋商，參謀人員應配合直線朝向目標進行。⑤直線人員對參謀的建議，如有適當理由，可予拒絕。此時，上級主管不能受理，因直線有選擇之權。⑥直線與參謀人員均有向上申訴之權，當彼此不能自行解決問題時，可請求上級解決。

(三) 適當限制職能職權的使用

職能職權是最大限度的參謀職權，其本身也是直線職權的一部分，因此也具有直線職權的特點，但職能職權的範圍小於直線職權，它主要解決的是關於怎麼做和何時做的問題，絕不能包攬直線的一切權力。同時，職能職權的行使者多是一些有一定專長的參謀人員，因此，它更能從某一專業的角度出發來保證一項決策的科學性、可行性和實用性，從而大大促進管理效率的提高。但由於職能職權的過分行使容易帶來直線和參謀的衝突，故有必要對職能職權的使用進行一些限制。限制職能職權的使用，就要求做到：

1. 限制使用的範圍

職能職權的運用常限於解決「如何做」（How），「何時做」（When）等方面的問題，若無限擴大到「在哪兒做」（Where），「誰來做」（Who），「做什麼」（What）等方面的問題，就會取消直線人員的工作。

2. 限制使用的級別

職能職權不應越過上級下屬的第一級。人事科長或財務科長的職能職權不應越過生產經理這一級。換言之，職能職權應當集中在組織結構中關係最接近的那一級。

三、授權

(一) 授權的含義

所謂授權就是指上級委授給下屬一定的權力，使下屬在一定的監督之下，有相當的自主權和行動權的過程。授權者對於被授權者有指揮和監督之權，被授權者對授權者負有報告及完成任務的責任。授權具有四個特徵：一是，其本質就是上級對下級的決策權力的下放過程，也是職責的再分配過程。二是，授權的發生要確保授權者與被授權者之間信息和知識共享的暢通，確保職權的對等，確保受權者得到必要的技術培訓。三是，授權也是一種文化。四是，授權是動態變化的。

授權是一個過程。這個過程包括確定預期的成果，委派任務，授予實現這些任務所需的職權，以及行使職責使下屬實現這些任務。從某種意義上說，目標管理就是授權的一種形式。按照這種管理方法，各級管理人員在一定期限內都應有集體和個人的工作目標。目標制定後，上級即根據目標內容對下級授予包括用人、用錢、對外交涉等權力，使下級能運用這些權力盡力完成所定的目標。上級只用目標管理下級，在期

限內或到期限後,用這些目標對下級的工作進行檢查和考核。

授權並不意味著授責。授權只是把一部分權力分散給下屬,而不是把與「權」同時存在的「責」分散下去。換言之,當一級主管把某幾種決策權授給二級部屬時,雖然二級部屬因而獲得該決策權,但一級主管仍然負有相同的責任。授權有它特定的含義,應注意區別以下問題:

1. 授權不同於代理職務

代理職務是在某一時期,依法或受命代替某人執行其任務,代理期間相當於該職,是平級關係,而不是上級授權給他。

2. 授權不同於助理或秘書職務

助理或秘書只幫助主管工作,而不承擔責任,授權的主管依然應負擔全責。在授權中,被授權者應當承擔相應的責任。

3. 授權不同於分工

分工是在一個集體內,由各個成員按其分工各負其責,彼此之間無隸屬關係;而授權則是授權者和被授權者有上、下級之間的監督和報告關係。

4. 授權不同於分權

授權主要是指權力的授予和責任的建立,它僅指上下級之間短期的權責授予關係;而分權則是授權的延伸,是在組織中有系統地授權,這種權力根據組織的規定可以較長時期地留在中下級主管人員手中。

(二) 授權的基本原則

授權的範圍很廣,有用人之權、做事之權等。它們雖各具有一些不同的特點,但不管哪種授權,都有一些共同的準則可以遵循。授權應遵循的準則如下:

1. 因事設人,視能授權

一切依被授權者的知識和技能水準為依據。「職以能授,爵以功授」,這是古今中外的歷史經驗,兩者絕不能混為一談。「因人設事」、「以功授權」,必然貽誤大事。授權前,必須將本單位的工作任務,仔細分析其難易程度,以使職權授予最適合的人選。一旦授予下屬職權而下屬不能承擔職責時,應明智地及時收回職權。

2. 明確權責,授權適度

授權時,授權者必須向被授權者明確所授事項的任務目標及權責範圍。這樣不僅有利於下屬完成任務,更可避免下屬推卸責任。授予的職權是上級職權的一部分,而不是全部,對下屬來講,這是他完成任務所必需的。授權過度等於放棄權力。對於涉及有關組織全局的問題,例如決定組織的目標、發展方向、人員的任命和升遷、財政預算以及重大政策問題等,不可輕易授權,更不可將不屬於自己權力範圍內的事授予下屬。

3. 授權留責,適當控制

在授權過程中要適度地進行控制。如果主管人員授權後,仍不斷地檢查工作,是授權不足的表現。有效的主管人員在實施授權前,應先建立一套健全的控制制度,制定可行的工作標準和適當的報告制度,以及能在不同的情況下迅速採取補救的措施。

4. 不可越級授權

只能對直接下屬授權,不可越級授權。例如局長只能把所屬的權力授給他所管轄的處長,而不能越過處長直接授予科長。越級授權必然造成中層主管人員的被動,以及部門之間的矛盾。

5. 防止反向授權

在組織中，下屬將自己應該完成的工作交給領導者去做，叫做反向授權，或者叫倒授權。發生反向授權的原因一般是：下屬不願冒風險，怕挨批評，缺乏信心，或者由於領導者本身「來者不拒」。除非特殊情況，領導者不能允許反向授權。解決反向授權的最好辦法是在同下級談工作時，讓其把困難想得多一些、細一些，必要時，領導者要幫助下屬提出解決問題的方案。

6. 相互信賴

授權和溝通相似，必須基於主管人員和部屬之間的相互信賴的關係。因此，主管人員如果把權力授予下屬，就應該充分信任下屬，也就是說要「用人不疑」。

(三) 授權的過程

既然授權是上級把手中的權力部分委讓給下級的過程，與此相聯繫，授權的過程主要包括下面三個方面的內容：

1. 分派職責

在接受任務時，人們必然對接受的任務負有執行的責任，這種與職務及所進行的工作活動相聯繫的責任被稱為職責，也就是完成一項確定的任務所必須履行的義務。

2. 賦予職權

伴隨著職責的分派，個人也應該得到從事該項工作應有的合法權力。所謂職權就是某一職位所固有的作出決策、採取行動和希望決策得到他人執行而發布命令的正式的合法權力，也就是正式組織通過正式程序賦予某個職位的正式權力。授權是領導者把本屬於自己的職權授予下屬。領導者對下屬授權過程中，必須遵循「職權與職責對等」的原則。職責是完成任務的義務，職權是完成任務的手段。任何一個組織成員，假如沒有完全充分的職權，他就無法履行自己的職責；反之，若職權大於其承擔的職責，又會造成權力濫用的現象。權責對等是授權過程的必然要求。

3. 確立責任

如果說授權是上一級管理者隨著職責的分派而將部分職權授予其直接下屬的一種「向下」的行為，那麼負責、盡責則是「對上」而言的，所以常將授權與盡責對應地稱作「向下授權」與「向上盡責」。所謂負責或盡責，就是下級對履行職責和運用職權的結果負責。在授權的過程中同時規定下級要對上級負責，可以確保每一個被指派去執行某項工作的人能夠切實不折不扣地完成工作任務，否則就要接受一定的懲罰。與職權和職責可以下授不同，盡責必須遵從「責任絕對性」原則。也即任何上級管理者都不能因為已授權下屬人員去執行某項工作而不再負責該項工作完成好壞的責任。從下屬管理人員或作業人員的角度看，由於其職責是上級指派的，職權也是上級授予的，因而必須向其上級匯報完成工作的情況並接受相應的獎懲。再從上級管理者的角度看，他授權下屬執行某些職責並不意味著他對該項職責的落實情況就不再負有任何責任。實際上，在授權下去的工作的執行過程中，他還負有檢查、監督的義務。因此，上級管理者必須對下級工作結果的好壞負最終責任。對上級管理者來說，不論某項任務是由自己還是授權他人去執行，其最終責任都是不可以下授的。以這種責任絕對性原則確立責任關係，就可以沿著組織等級鏈從下向上延伸「盡責」，從而逐級保證組織目標的順利實現。

上述授權過程表明，一個中間管理人員可以把上級授予自己的職責和職權再授權

給下級，但自己對上級報告的責任和對最終結果應負的責任則是不可以下授的。由於這個原因，許多管理人員不願意授權，寧可自己包攬一切。但不能實行有效授權的管理者不是一個稱職的管理者，因為管理工作的本質就是通過他人並同他人一起把事情辦成。害怕對下屬授權後如果下屬犯錯誤而自己還要為他承擔責任，從而試圖靠自己做事來避免授權給他人，這樣的管理者無論多麼精明能幹，總會感到自己所管轄的工作範圍遠遠超出他本人的能力和精力。授權的確是一個困難的過程，但如果組織建立了完善的控制系統，那麼不願意授權的狀況將會大大減少。授權可以使管理者在某些事情上「放手不干」，但絕對不是「放手不管」。授權的目的就是把管理者的作用從他所能做的工作擴大到他所能控制的方面，從而延伸管理者的「手臂」，增加其有效範圍。

【案例 6-5】

授權的障礙

B 公司的李老板從某大企業挖來了精明強幹的劉先生擔任公司的總經理，並將公司的大小事務均交由劉先生全權處理。由於得到授權，劉先生便結合公司的特點和實際情況，對公司的經營模式和管理體制進行了大膽的變革，將公司原先的品牌經營模式轉變為 OEM（貼牌生產）服務模式，並提出了頗具創新意識的 OEM 改進方式，變被動的 OEM 服務為主動的 OEM 服務，得到眾多客戶的認同與支持。然而，當劉先生意欲更深入地推動企業的變革時，他發現，雖然李老板總是客客氣氣地對其進行鼓勵，其實自己手中的權力十分有限，常常有一種「心有餘而力不足」的感覺。久而久之，劉先生的變革銳氣便漸漸地消失了。

討論題：

李老板在授權上的主要障礙是什麼？這種障礙產生的原因可能是什麼？你有什麼好的建議？

資料來源：htpp://sba.henu.edu.cn，有刪改。

【本章小結】

組織結構設計是對組織內的管理層次、部門和職權進行合理的劃分的過程。進行組織結構設計應該綜合考慮環境、戰略、技術、組織規模和發展階段等因素的影響，而且必須遵循目標統一性、分工協調、權責一致、精干高效、穩定性與適應性相結合、均衡性的原則。

人力資源管理的主要目標是實現人力資源的合理配置，即如何實現人與事、人與物、人與人之間的匹配。這就涉及三個方面的問題：第一，如何通過人力資源規劃、招聘和甄選為組織吸引人力資源；第二，如何通過員工培訓、績效考評與反饋開發人力資源；第三，如何通過員工薪酬福利設計和職業發展規劃來保持人力資源。

組織結構提供了一個按照一定邏輯建立的組織框架，但這個框架不會自己運行，它需要組織中的管理者憑藉權力，按照一定的運行規則來整合組織力量，以推動組織的運行。在組織力量的整合過程中，要正確處理的問題有：集權與分權；直線職權與參謀職權的關係；授權等。

【復習思考題】

1. 組織設計的原則有哪些？
2. 什麼是管理幅度？影響管理幅度的因素有哪些？

3. 請比較外部招聘和內部招聘的優缺點。
4. 為什麼說既沒有絕對的集權，也不存在絕對的分權？
5. 對於授權後的工作，領導者是否還擁有某種權力？其主要是什麼方面的權力？

【案例分析】

管理者的權力

王華明近來感到十分沮喪。一年半前，他獲得某名牌大學工商管理碩士學位後，在畢業生人才交流會上，憑著他滿腹經綸和出眾的口才，他力挫群芳，榮幸地成為某大公司的高級管理職員。由於其卓越的管理才華，一年後，他又被公司委以重任，出任該公司下屬的一家面臨困境的企業的廠長。當時，公司總經理及董事會希望王華明能重新整頓企業，使其扭虧為盈，並保證王華明擁有完成這些工作所需的權力。考慮到王華明年輕，且肩負重任，公司還為他配備了一名高級顧問嚴高工（原廠主管生產的副廠長），為其出謀劃策。

然而，在擔任廠長半年後，王華明開始懷疑自己能否控制住局勢。他向辦公室高主任抱怨道：「在我執行廠管理改革方案時，我要各部門制定明確的工作職責、目標和工作程序，而嚴高工卻認為，管理固然重要，但眼下第一位的還是抓生產、開拓市場。更糟糕的是他原來手下的主管人員居然也持有類似的想法，結果這些經集體討論的管理措施執行受阻。倒是那些生產方面的事情推行起來十分順利。有時我感到在廠裡發布的一些命令，就像石頭扔進了水裡，我只看見了波紋，隨後，過不了多久，所有的事情又回到了發布命令以前的狀態，什麼都沒改變。」

討論題：
1. 王華明和嚴高工的權力各來源於何處？
2. 嚴高工在實際工作中行使的是什麼權力？你認為，嚴高工作為顧問應該行使什麼樣的職權？
3. 這家下屬企業在管理中存在什麼問題？如果你是公司總經理助理，請就案例中該企業存在的問題向總經理提出你的建議以改善現狀。

資料來源：中華管理學習網，有刪改。

【課後閱讀——管理大師】

道格拉斯·麥格雷戈

（Douglas M·Mc Gregor, 1906—1964年）

教育背景：獲韋恩大學文學學士學位，哈佛大學哲學博士學位。

思想/專長：X-Y理論

簡介：麥格雷戈出生於1906年。在1924年他18歲的時候還是一個服務站的服務員，後在韋恩大學取得文學學士學位；1935年，他取得哈佛大學哲學博士學位，隨後留校任教；1937—1964年期間在麻省理工學院任教，他教授的課程包括心理學和工業管理等，並對組織的發展有所研究。1948—1954年在安第奧克學院任院長。在任院長期間，麥格雷戈對當時流行的傳統的管理觀點和對人的特性的看法提出了疑問。1957年他提出了有名的「X-Y理論」。

評價/榮譽：美國著名的行為科學家，人性假設理論創始人，管理理論的奠基人之一，X-Y理論管理大師。道格拉斯‧麥格雷戈是人際關係學派最具有影響力的思想家之一。他的學生評價他說：「麥格雷戈有一種天賦，他能理解那些真正打動實際工作者的東西。」

出版物：1957年，麥格雷戈在美國《管理評論》雜誌上發表了《企業的人性方面》(The Human Side of Enterprise) 一文，提出了有名的「X-Y理論」，該文1960年以書的形式出版。他還著有《管理的哲學》和《經理人員在技術爆炸時期的責任》

資料來源：百度百科，整理。

第七章
領導

【學習目標】
1. 理解領導、激勵和溝通的含義；
2. 掌握領導與管理的區別；
3. 掌握領導理論和激勵理論，並學會運用；
4. 學會運用激勵的手段與方法；
5. 掌握溝通的類型與過程；
6. 掌握正式溝通和非正式溝通網絡的特徵。

【管理故事】

齊桓公用人不疑

齊桓公為了稱霸天下，廣求天下賢士輔佐。衛國人寧戚聽到這個消息也想投奔齊桓公以施展自己的才華，但他家裡貧窮，苦於沒人舉薦自己。最後他心生一計，於是就替衛國商人趕著貨車來到齊國。他們趕到齊國國都時，已經是傍晚，只好露宿在城門的外面。

這一天，齊桓公正好在郊外迎接貴賓，夜裡打開城門，讓裝載貨物的車子讓開。迎賓隊伍中的隨從很多，火把也很明亮。這時，寧戚正在車下餵牛，遠遠地望見齊桓公，悲從中來，於是就敲著牛角大聲地唱起歌來。

齊桓公聽到歌聲，細細品味歌詞，說：「真是與眾不同啊！這個唱歌的人絕對不是一個凡夫俗子！」說罷便下令把寧戚帶回官中，賜給他衣服帽子，隨即召見了他。寧戚見到齊桓公後便用如何治理國家的話勸說他，齊桓公非常滿意。

第二天，齊桓公再次召見了寧戚。這一次，寧戚又用如何治理天下的話勸說齊桓公，齊桓公聽了以後更加高興，準備任用他擔任要職。

大臣們聽到這個消息後，紛紛勸諫道：「寧戚是衛國人，我們對他的底細還不是很瞭解。大王還是先核實一下，如果他確實是個賢德之人，再任用他也不晚。」

齊桓公笑著搖了搖頭，說：「不必了。用人而疑之，這正是君主失去天下傑出人才的原因。」

最後，齊桓公沒有聽從大臣的意見，對寧戚委以了重任。

管理啟示：

當政者需要的是有利於他治理國家的主張，而並不是個人的背景所在。何況人本來就不是十全十美的。用其所長，避其所短，不拘泥於小節，這是成功的領導者選用

人才的恰當做法。

<small>資料來源：舒大豐，生存智慧中的制勝細節——小故事大謀略，百花洲文藝出版社，2006年，有刪改。</small>

在整個管理過程中，領導職能是連接計劃、組織、控制等各個職能的紐帶，是實現組織目標的關鍵。我們知道，領導的本質在於組織成員的追隨與服從。組織成員之所以能追隨與服從領導者的領導，是因為領導者能滿足成員的願望和需求。

第一節　領導

一、領導概述

（一）領導的含義

領導是在一定的社會組織或群體內，為實現組織預定目標，運用其法定權力和自身影響力影響被領導者的行為，並將其導向組織目標的過程。我們可以從以下幾個方面來理解領導的含義：

1. 領導是一個活動過程

領導活動不是領導者個人的孤立行為，而是一個包含著領導者、被領導者、作用對象和客觀環境等多種因素在內的活動過程。

2. 領導的基本職責

領導的基本職責是為一定的社會組織或團隊確立目標、制定戰略、進行決策、編製規劃和組織實施等，並率領、引導、組織、指揮、協調、控制其下屬人員為實現預定目標而共同奮鬥。

3. 領導的本質

領導的本質是妥善處理好各種人際關係，形成以主要領導者為核心，團結一致，為實現組織預定目標而共同奮鬥的一股合力。

4. 領導的工作績效

領導的工作績效不是領導者個人的，而是由被領導者的群體活動的成效如何而表現出來。

那麼，領導與管理又是什麼樣的關係呢？領導是一種普遍的管理行為。關於領導與管理的關係，目前有不同的觀點，有的人認為「管理就是領導」。我們認為，領導工作是管理工作的一部分，這兩者之間存在著明顯的區別。第一，從工作的主體方面來看，領導人員是管理人員的一部分，是擔負領導職務並擁有決策指揮權的那一部分管理人員；第二，從工作的客體方面看，管理的對象通常包括人、財、物等多種生產要素，而領導工作的對象往往只能是人；第三，從工作的手段和方法來看，管理包括計劃、決策、組織、協調和控制等，而領導工作則主要是大政方針的制定、人事的安排和對於各種活動的協調等；第四，從行為的影響力來看，一個人可能不是管理者，但是領導者，如非正式組織中最具影響力的人就是典型的例子，組織沒有賦予他們職位和權力，他們也沒有義務去負責組織的計劃和組織工作，但他們卻能引導和激勵，甚至命令自己的成員，而一個人可能是個管理者，但並不是個領導者，領導的本質是組織成員的追隨與服從，它不是由組織賦予的職位和權力所決定的，而是取決於追隨者

的意願。因此，有些握有職權的管理者如果沒有部下的服從，也就談不上是真正意義上的領導者。

【即問即答】 為什麼說領導者並不等同於管理者？

(二) 領導的權限

領導是領導者向下屬施加影響的行為，領導的實質在於影響。影響力由法定權力和自身影響力兩個方面構成。

1. 法定權力

法定權力是組織賦予領導者的崗位權力，它以服從為前提，具有明顯的強制性特徵。法定權力隨職務的授予而開始，以職務的免除而終止。它既受法律、規章制度的保護，又受法律、規章制度的制約，在領導者的權力構成中居主導地位，是領導者開展領導活動的前提和基礎。組織機構的性質不同，組織層次不同，法定權力的構成因素也不同。一般而言，法定權力包括下述幾個方面：

(1) 決策權

從某種意義上說，領導過程就是制定決策和實施決策的過程，決策正確與否的領導者成功的關鍵因素之一。如果領導者無決策權或者缺乏決策能力，將直接影響組織目標的實現，會造成組織生存危機。

(2) 組織權

所謂組織權，就是指領導者在其領導活動中，根據事業或工作的需要，對機構設置、權力分配、崗位分工和人員使用等作出安排的權力。它主要包括：設計合理的組織機構，規定必要的組織紀律，確定適宜的人員編製，配備恰當的人員等。這是領導意圖得以實現的組織保證。

建立合理的組織機構，就是要把領導提出的總任務，科學地分解為若干個層次和方面，並設置相應的單位和部門，規定相應的職責，授予相應的權力。如此，領導的指揮、調控等其他職能才能順利地得以發揮。組織機構是否合理有效，關鍵在於能否形成一個有機的整體系統，在此系統中既有合理的專業分工，又有相互協調配合，共同服從於一個統一的目標和指揮。

(3) 指揮權

指揮權就是有關領導者，向其下屬部門或個人下達命令或指揮等，為實現決策、規劃中規定的目標和任務而進行各項活動的權力。指揮權是領導者實施領導決策或規劃、計劃等的必要保障，如果沒有這種保障，領導者便無法完成其使命。

(4) 人事權

所謂人事權，是指領導者在有關工作人員的挑選錄用、培養、調配、任免等事宜的決定權。這種權力把下屬的工作和前途與領導者直接聯繫起來，領導者因而形成一種重要影響力。從心理學的角度說，人們常常樂意接受與個人發展、滿足需求聯繫密切的人的領導，這是職權發生作用的客觀基礎。現實生活中的大量事實說明，如果人事問題不與主管領導發生直接聯繫，必然要削弱領導者的權力基礎。

(5) 獎懲權

獎懲權是領導者根據下屬的功過表現進行獎勵或懲罰的權力。獎勵權建立在期望之上，它使被領導者認識到服從領導將受到獎勵，從而增進其物質利益或提高其社會地位；懲罰權建立在懼怕之上，它使下屬認為不服從領導將受到懲罰，減少自己的物

質利益或降低其社會聲譽。可見，獎懲權是領導者統馭被領導者、實施領導的必要保證。

2. 自身影響力

領導者對被領導者的另一種作用力量為自身影響力，即領導者以自身的威信影響或改變被領導者的心理和行為的力量。

與強制性的法定權力不同，自身影響力不具有法定性質，而是由領導者個人的品質、道德、學識、才能等方面的修養在被領導者心目中形成的形象與地位決定的。它取決於領導者本人的素質和修養，無法組織「賦予」。

構成領導者影響力的因素，包括下述幾方面：

（1）品德。領導者應廉潔奉公，不以權謀私；作風正派，行為端正；以身作則，平易近人；坦誠相待，言而有信。

（2）學識。領導者必須有廣博的知識。一個知識貧乏、事事外行的領導者是不會有威信的。

（3）能力。領導者不僅要具有淵博的知識，還有有較強的工作能力。主要包括：較強的分析判斷能力，準確的決策能力，有效的組織控制能力，良好的協調溝通能力，知人善任的用人能力，不斷進取的創新能力。

（4）情感。良好的人際關係是形成領導者影響力的基礎條件，而情感交流是通往良好人際關係的橋樑。領導者只有具備了情感，「以情感人」，才能博得下屬的尊重。

領導者的自身影響力不能由組織賦予，只能靠領導者高超的領導藝術、卓越的領導成就、務實的工作作風、寬大的胸懷、廣博的知識等自身的素養和努力來取得的。

【即問即答】領導者如何有效運用自己的法定權力？

（三）領導的作用

領導是任何組織都不可缺少的職能，領導貫穿於組織管理活動的全過程，其作用如下：

1. 制定並落實組織目標

組織的存在離不開特定的目標，各種管理活動都是圍繞著有效實現組織目標而進行的。毋庸置疑，只有領導者才是制定和落實組織目標的唯一主體。

2. 指導組織設計並從事人員配備

組織機構是組織運行的基礎條件。組織機構既是領導機構，又是通過領導職能來形成的。只有領導者才有人事權，組織的人員配備也是領導活動的結果。

3. 保證組織維繫和正常運行

領導者通過影響和號召其下屬，使組織各部門各個人共同行動，相互協調，共同實現組織目標。領導系統是組織的神經中樞，領導者是組織的首領，沒有領導的組織是難以生存的，更談不上正常運轉。

4. 領導職能是其他管理職能的集中體現

管理與領導的含義，從某種意義上說是一致的，都是通過指揮他人行為以有效實現組織目標的活動。計劃因其處在管理的邏輯起點而被稱為管理的首要職能，同時也是領導者領導工作的首要職能，它確定領導者影響下屬的方向。組織與人事是領導者為自己構築的領導基礎和環境；控制、協調、激勵等管理職能則是領導職能的體現形式。

【案例 7-1】

李氏進出口公司

李氏進出口公司的李先生是一家服裝生產公司的創立人和執行總裁。他成立了自己的公司，並在五年的時間裡，使公司由一家一個人經營的小企業發展成一家擁有50名員工、年生產額為300萬美元的公司。

儘管企業的規模和盈利水準都發生了變化，但李先生的管理方式並沒有發生變化。他埋頭於企業的日常事務中，總是猶豫不決是否要由其下屬人員完成某些重要任務。當他不在公司的時候，公司就會停步不前。他堅持認為自己是最瞭解本公司的人，自己有知識和技能制定有關企業利益的所有決策。

李先生制訂企業的所有計劃，組織各種活動，招募員工，指揮員工的活動，解決員工遇到的問題，解決與人事有關的問題。他知道他的全部雇員的名字，他的辦公室是隨時向員工開放的。

企業成長期間，李先生已不能抽出時間去制訂新的策略以應付所發生的變化。員工發現當他們碰到非常重要的難題時，很難找到李先生，企業中員工的士氣降到了最低點。

隨著問題增多，壓力增大，李先生覺得公司給自己帶來了很大麻煩，他喪失了健康和平靜，於是李先生考慮賣掉他的公司。

討論題：
1. 李氏進出口公司存在的主要問題是什麼？
2. 評價一下他的領導風格。
3. 請從管理結構與管理機制上對該公司進行分析。
4. 在李先生打算解散他的公司之前，你會給他提供什麼樣的建議？

資料來源：htpp://jpkc.nuc.edu.cn，有刪改。

二、領導方式與領導理論

（一）領導方式的基本類型

僅有良好的領導素質還不足以保證領導者的工作效率。要充分利用這些素質，進行有效的領導，領導者還必須選擇恰當的領導方式。領導方式大體上有三種類型：專制型領導、民主型領導和放任型領導。

（1）專制型領導。專制型領導是指領導者個人決定一切，布置下屬執行。這種領導者要求下屬絕對服從，並認為決策是自己一個人的事情。

（2）民主型領導。民主型領導是指領導者發動下屬討論，共同商量，集思廣益，然後決策，要求上下融洽，合作一致地工作。

（3）放任型領導。放任型領導是指領導者撒手不管，下屬願意怎樣做就怎樣做，完全自由。他的職責僅僅是為下屬提供信息並與企業外部進行聯繫，以此有利於下屬的工作。

領導方式的這三種基本類型各具特色，也各適用於不同的環境。領導者要根據所處的管理層次、所負擔的工作的性質以及下屬的特點，在不同時空處理不同問題時針對不同下屬，選擇合適的領導方式。

(二) 領導理論

領導理論是研究領導本質及其行為規律的科學，西方領導理論的研究主要集中於領導行為模式。

1. 領導理論的發展

領導理論的發展大致經歷了以下三個階段：

(1) 性格理論階段

這個階段主要是從20世紀初到30年代。這一階段的領導理論研究，側重於研究領導人的性格、素質方面的特徵。心理學家們從人的個性心理特徵出發，試圖通過觀察、調查等方法，找出領導人同被領導人在心理特徵方面的區別。其主要目的是企圖制定出一種有效領導者的標準，以此作為選拔領導人和預測其領導有效性的依據。他們的研究主要集中在三個方面：①身體特徵，如領導人的身高、體重、體格健壯程度、容貌和儀表等；②個性特徵，如領導人的魄力、自信心和感覺力等；③才智特徵，如領導人的判斷力、講話才能和聰敏程度等。

(2) 行為理論階段

這個階段主要是從20世紀40年代到60年代。這一階段的研究者，從領導者的風格和領導應起的作用入手，把領導者的行為劃分為不同的領導類型，分析各類領導行為的特點、優缺點並進行相互比較。實際上，這一階段的研究，是從研究領導者應具備的素質、特性，轉向研究領導者的領導方式、領導作用和領導方法。

(3) 權變理論階段

這個階段主要是從20世紀70年代迄今。20世紀60年代末70年代初，以費德勒領導理論的提出為標誌，產生了權變領導理論，這是一種對領導理論的動態研究。權變領導理論的主要特點是：一種領導行為效果的好壞，不僅取決於領導者本人的素質和能力，而且還取決於許多客觀因素，如被領導者的特點、領導的環境等。領導行為好不好，是一個很多因素的函數。它是諸多因素起作用並且相互影響的過程。這一觀點可以用下述公式來表示：

領導 = f（領導者、被領導者、環境）

因此，沒有一種「最好」的領導行為。一切要以時間、地點、條件為轉移。例如，專制型的領導方式在一定條件下也可能是一種好的、有效的方式。當企業裡組織設備事故緊急搶修時，這種命令式的指揮就是完全必要的。因此領導者的任務，就在於學會各種領導方式，以便「一把鑰匙開一把鎖」，針對不同的被領導者、不同的環境而採取相應的領導方式。而學會運用各種領導方式的關鍵，在於提高領導者的判斷能力，能有效地判定領導者自己面臨的情況。

2. 領導理論

人們對領導有效性的研究主要從三個方面進行，相應地，領導理論也分為三大部分：領導品質理論、領導行為理論、領導權變理論。三種領導理論各自的研究重點，如表7-1所示。

表 7-1　　　　　　　　　　　三種領導理論的比較

領導理論	基本觀點	研究目的	研究結果
領導品質理論	領導的有效性取決於領導者個人特性	好的領導者應當具備怎樣的素質	各種優秀領導者的描述
領導行為理論	領導的有效性取決於領導行為和風格	怎樣的領導行為和風格是最好的	各種最佳的領導行為和風格描述
領導權變理論	領導的有效性取決於領導者、被領導者和環境的影響	在不同的情況下，哪一種領導方式是最好的	各種領導行為權變模型描述

（1）領導品質理論

領導品質理論著重於研究領導者的個人特徵對領導有效性的影響。這種理論最初是由心理學家開始研究的。他們的出發點是，根據領導效果的好壞，找出好的領導者與差的領導者在個人品質或特性方面有哪些差異，由此確定優秀的領導者應具備的素質。研究者認為，只要找出成功領導者應具備的素質，再考察某個組織中的領導者是否具備這些素質，就能斷定他是不是一個優秀的領導者。這種歸納分析法是領導品質理論研究的基本方法。

領導品質理論按其對領導特性來源所作的不同解釋，可分為傳統領導品質理論和現代領導品質理論。傳統領導品質理論認為，領導者所具有的品質是天生的，是由遺傳因素決定的。現代領導品質理論則認為，領導者的品質和特性是在實踐中形成的，是可以通過後天的教育訓練培養的。

傳統領導品質理論認為領導者所具有的品質是天生的。從20世紀30年代起，心理學家們就進行過大量的研究，希望發現領導者與非領導者在個性、社會、生理或智力因素方面的差異。影響比較大的，是斯托格迪爾對領導特質理論的總結。他在1974年出版的《領導手冊》中，對領導特質理論進行了歸納，概括出五種體質特徵（如精力、外表和身高），四種智力與能力特徵，十六種個性特徵（如適應性、進取心、自信心、熱情），六種與任務有關的特徵（如成就動力、持久性），九種社會特徵（如合作性、人際關係能力、管理能力）。在斯托格迪爾的研究中，確實發現了某些領導者都具備的一些共同特性，但和其他有關領導特性的研究一樣，斯托格迪爾的研究結果存在的同樣問題是這些共同特性總有許多例外。

與傳統領導品質理論不同，現代領導品質理論認為先天的素質只是人的心理發展的生理條件，素質是可以在社會實踐中得以培養與發展的。因此，他們主要是從滿足實際工作需要和勝任領導工作所需的要求方面來研究領導者應具有的能力、修養和個性。巴斯通過研究認為，有效領導者的特性是：「在完成任務中具有強烈的責任心，能精力充沛地執著追求目標，在解決問題中具有冒險性和創造性，在社會環境中能運用首創精神，富有自信和特有的辨別力，願意承受決策和行為結果，願意承受人與人之間的壓力，願意忍受挫折和耽擱，具有影響其他人行為的能力。」

還有一些類似的研究，但總的來說，領導品質理論並未取得多大的成功。也有人認為，這不是一種研究領導的好方法，因為：各研究者所列的領導者包羅萬象，說法不一且互有矛盾；這些研究大都是描述性的，並沒有說明領導者應在多大程度上具有某種品質；進一步地，並非所有的領導者都具有所有的品質，而許多非領導者也可能

具備大部分這樣的品質。

儘管如此，這些理論並非一無是處，一些研究表明了個人品質與領導有效性之間確實存在著相互聯繫。如一些研究表明，領導者的才智、廣泛的社會興趣、強烈的成就欲及對員工的關心和尊重，確實與領導的有效性有很大關係。此外，現代領導品質理論從領導者的職責出發，系統地分析了領導者應具備的條件，向領導者提出了要求和希望，這對於我們培養、選擇和考核領導者也是有幫助的。

（2）領導行為理論

領導品質理論注重的是領導者的個性特點對領導有效性的影響，領導行為理論則是把重點放在研究領導者的行為風格對領導有效性的影響上，目的是找出所謂最佳的領導行為和風格。在管理思想發展史上，比較典型的領導行為理論有以下幾種。

①勒溫理論

關於領導作風的研究最早是由心理學家勒溫進行的，他以權力定位為基本變量，通過各種試驗，把領導者在領導過程中表現出來的工作作風分為三種基本類型：專製作風、民主作風、放任自流作風。

a. 專製作風

專製作風是指以力服人，靠權力和強制命令讓人服從的領導作風，它把決策權力定位於領導者個人手中。專製作風的主要行為特點是：

第一，獨斷專行，從不考慮別人的意見，所有的決策由領導者個人作出。領導者親自設計工作計劃，指定工作內容和進行人事安排，從不把任何消息告訴下屬，下屬沒有參與決策的機會，而只能察言觀色、奉命行事。

第二，專製作風主要靠行政命令、紀律約束、訓斥和懲罰來管理，只有偶爾的獎勵。

第三，領導者很少參加群體活動，與下屬保持一定的心理距離，沒有感情交流。

b. 民主作風

民主作風是指以理服人、以身作則的領導作風，它把決策權力定位於群體。其主要的行為特點是：

第一，所有的政策是在領導者的鼓勵和引導下由群體討論決定的。

第二，分配工作時盡量照顧到個人的能力、興趣，對下屬的工作也不安排得那麼具體，下屬有較大的工作自由、較多的選擇性和靈活性。

第三，民主作風主要以非正式的權力和權威，而不是靠職位權力和命令使人服從，談話時多使用商量、建議和請求的口氣。

第四，領導者積極參與團體活動，與下屬無任何心理上的距離。

c. 放任自流作風

放任自流作風是指工作事先無布置，事後無檢查，權力定位於組織中的每一個成員，一切悉聽尊便的領導作風，實行的是無政府管理。

勒溫在試驗中發現：在專制型領導的團隊中，各成員之間攻擊性言論顯著；成員對領導服從但表現自我或引人注目的行為較多；成員多以「我」為中心；當受到挫折時，成員常彼此推卸責任或進行人身攻擊；當領導不在場時，工作動機大為下降，也無人出來組織工作。而在民主型團隊中，成員間彼此比較友好；很少使用「我」字而具有「我們」的感覺；遇到挫折時，人們團結一致以圖解決問題；在領導不在場時，

就像領導在場時一樣繼續工作；成員對團體活動有較高的滿足感。

根據試驗結果，勒溫認為，放任自流作風工作的工作效率最低，只達到社交目標而完不成工作目標；專製作風的領導雖然通過嚴格的管理達到了工作目標，但群體成員沒有責任感，情緒消極，士氣低落，爭吵較多；民主作風工作的工作效率最高，不但完成工作目標，而且群體成員之間關係融洽，工作積極主動，有創造性。因此，最佳的領導行為風格是民主作風。

②四分圖理論

四分圖理論，又叫俄亥俄州試驗，是1945年美國俄亥俄州立大學商業研究所發起的對領導行為研究的一次熱潮。開始研究人員設計了一個領導行為描述調查表，列出了1000多種刻畫領導行為的因素，後來霍爾平和維納將冗長的原始領導行為調查表減少到130個項目，並最終將領導行為的內容歸結為兩個方面，即以人為中心和以工作為中心。

領導行為四分圖是用來鑑別領導行為的，具有有兩大因素：①組織因素，作橫坐標，是以工作為中心，強調組織的需要；②體貼因素，作縱坐標，是以人際關係為中心，強調職工個人的需要。這兩種因素的結合形成四種典型的領導方式，即低工作低關心、高工作高關心、高工作低關心、低工作高關心。其四分圖理論如圖7-1所示。

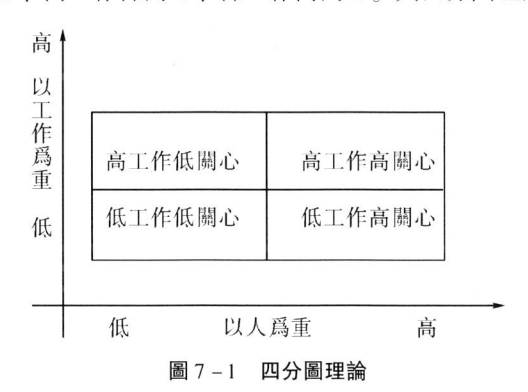

高 以工作為重 低	高工作低關心	高工作高關心
	低工作低關心	低工作高關心
	低　　以人為重　　高	

圖7-1　四分圖理論

以工作為中心，是領導者注重規定他與工作群體的關係，建立明確的組織模式及交流渠道和工作程序。以人為中心，是指注重建立領導者與被領導者之間的友誼、尊重和信任的關係。

管理實踐中，我們將其概括為「抓組織」和「關心人」兩大類。

高工作低關心人的領導者，最關心的是工作任務。

低工作低關心人的領導者，對組織、對人都不關心，這種領導方式效果較差。

低工作高關心人的領導者，大多數較為關心領導者與下級之間的合作，重視互相信任和相互尊重的氣氛。

高工作高關心人的領導者，對工作對人都比較關心。一般說這種領導方式其工作效率和有效性都較高。

「關心人」的領導者，平時非常尊重下屬的意見，給下屬比較多的工作自主權，經常和他們溝通來瞭解他們的思想感情，表現出良好的民主作風，他們十分重視滿足下屬的需要，處處體現關心，平易近人，平等待人。「抓組織」的領導者注重組織機構的

設置，使職責、權力以及相互關係和溝通辦法明確規範，這一類領導非常注重制度的建設以及工作程序的制定，有明確的工作目標和要求。實際工作中應該使兩者相互聯繫、有效地結合，以促進管理工作的高效開展。

③管理方格理論

管理方格理論是研究企業的領導方式及其有效性的理論，是由美國得克薩斯大學的行為科學家羅伯特·布萊克和簡·莫頓在1964年出版的《管理方格》一書中提出的。這種理論倡導用方格圖表示和研究領導方式。他們認為，在企業管理的領導工作中往往出現一些極端的方式，或者以生產為中心，或者以人為中心，或者以X理論為依據而強調靠監督，或者以Y理論為依據而強調相信人。為避免趨於極端，克服以往各種領導方式理論中的「非此即彼」的絕對化觀點，他們指出：在對生產關心的領導方式和對人關心的領導方式之間，可以有使兩者在不同程度上互相結合的多種領導方式。為此，他們就企業中的領導方式問題提出了管理方格法（如圖7-2所示），使用自己設計的一張縱軸和橫軸各9等分的方格圖，縱軸和橫軸分別表示企業領導者對人和對生產的關心程度。第1格表示關心程度最小，第9格表示關心程度最大。全圖總共81個小方格，分別表示「對生產的關心」和「對人的關心」這兩個基本因素以不同比例結合的領導方式。

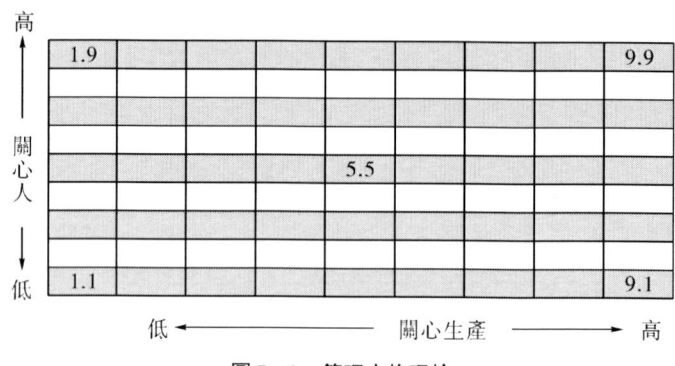

圖7-2 管理方格理論

布萊克和莫頓在管理方格圖中列出了五種典型的領導行為。

(1.1) 貧乏型管理：領導者僅付出最低限度的努力以完成任務和維繫組織成員的關係，既不關心職工，也不關心任務或生產。

(1.9) 俱樂部型管理：領導者對員工關懷備至，充分注意搞好人際關係，從而形成友好愉快的組織氛圍，但對生產或任務的關心極少。

(9.1) 任務型管理：工作任務或生產得到精心的組織和安排，而將個人因素的干擾限制到最低程度，以求得到效率，但對人卻漠不關心。

(5.5) 中間型管理：領導者對人、對生產都給予中等程度的關心，在完成必要的工作與保持令人滿意的士氣之間進行平衡，使組織績效達到可接受的水準。

(9.9) 團隊型管理：領導者對人、對生產都極為關心，把員工的利益與實現組織的目標高度地結合起來，大家齊心協力地完成任務。

除了那些基本的定向外，還可以找出一些組合。比如，5.1方格表示準生產中心型管理，比較關心生產，不大關心人；1.5方格表示準人中心型管理，比較關心人，不大

關心生產；9.5 方格表示以生產為中心的準理想型管理，重點抓生產，也比較關心人；5.9 方格表示以人為中心的準理想型管理，重點在於關心人，也比較關心生產。還有，如果一個管理人員與其部屬關係會有9.1定向和1.9體諒，就是家長作風；當一個管理人員以9.1定向方式追趕生產，而在這樣做的時候激起了怨恨和反抗時，又到了1.9定向，這就是大弧度鐘擺；還有平衡方法、雙帽方法、統計的5.5方法等。

布萊克管理方式表明，在對生產的關心和對人的關心這兩個因素之間，並沒有必然的衝突。他們通過有情報根據的自由選擇、積極參與、相互信任、開放的溝通、目標和目的、衝突的解決辦法、個人責任、評論、工作活動等九個方面的比較，認為9.9定向方式最有利於企業的績效。所以，企業領導者應該客觀地分析企業內外的各種情況，把自己的領導方式改造成為9.9理想型管理方式，以達到最高的效率。

這兩位作者還根據自己從事組織開發的經驗，總結出向9.9管理方式發展的五個階段的培訓。

階段1：組織的每個人都捲入方格學習，並用它來評價自己的管理風格。

階段2：進行班組建設，以健全的協作文化取代陳舊的傳統、先例和過去的實踐，建立優秀的目標，增強個人在職位行為中的客觀性等。

階段3：群體間關係的開發，利用一種系統性的構架來分析群體間的協調問題恰當地利用好群體間的對抗以從中發現組織中存在的管理問題，利用這種有控制的對抗和識別為建立一體化所必須解決的癥結問題，為使各單元之間的合作關係不斷改善作下一次實施計劃。

階段4：設計理想的戰略組織模型，要明確確定最低限度的和最優化的公司財務目標，在公司未來要進行的經營活動、要打入的市場範圍和特徵、要怎樣創造一個能夠具有協力效果的組織結構、決策基本政策和開發的目標等方面有明確的描述，以此作為公司的基本綱領，作為日常運作的基礎。

階段5：貫徹開發。研究現有組織，找出目前營運方法與按理想戰略模型的差距，明確企業應該在哪些方面進行改進，設計出如何改進的目標模式，在向理想模型轉變的同時使企業正常運轉。布萊克和莫頓認為，通過這樣的努力，就可以使企業逐步改進現有管理模式中的缺點，逐步進步到9.9的管理定向模式上。

（3）領導權變理論

領導權變理論認為不存在一種「普適」的領導方式，領導工作強烈地受到領導者所處的客觀環境的影響。有效的領導行為應當隨著被領導者的特點和環境的變化而變化，即：

$$S = f(L, F, E)$$

具體地說，領導方式是領導者特徵、追隨者特徵和環境的函數。在上式中，S代表領導方式，L代表領導者特徵，F代表追隨者特徵，E代表環境。

領導者的特徵主要指領導者的個人品質、價值觀和工作經歷。如果一個領導者決斷力很強，並且信奉X理論，他很可能採取專制型的領導方式。

追隨者的特徵主要是指追隨者的個人品質、工作能力、價值觀等。如果一個追隨者的獨立性較強，工作水準較高，那麼採取民主型或放任型的領導方式比較適合。

環境主要指工作特性、組織特徵、社會狀況、文化影響、心理因素，等等。工作是具有創造性還是簡單重複，組織的規章制度是比較嚴密還是寬鬆，社會時尚是傾向

於追隨服從還是推崇個性等，都會對領導方式產生強烈的影響。

費德勒的領導權變理論是比較具有代表性的一種權變理論。

更多的管理學者和心理學家認為，管理者的領導行為不僅取決於個人的品質、才能，還取決於他所處的環境，因此，領導行為應隨環境因素的變化而變化，研究成果中以費德勒模型、領導生命週期理論和路徑－目標理論最為典型。

①費德勒模型

伊利諾大學的費德勒從1951年開始，首先從組織績效和領導態度之間的關係著手進行研究，經過長達15年的調查試驗，提出了「有效領導的權變模式」，即費德勒模型。他認為任何領導形態均可能有效，其有效性完全取決於是否與所處的環境相適應。他把影響領導者領導風格的環境因素歸納為三個方面：職位權力、任務結構和上下級關係。費德勒領導權變模型如7－3所示。

a. 職位權力。職位權力指的是與領導者職位相關聯的正式職權和從上級和整個組織各個方面所得到的支持程度，這一職位權力由領導者對下屬所擁有的實有權力所決定。領導者擁有這種明確的職位權力時，則組織成員將會更順從他的領導，有利於提高工作效率。

b. 任務結構。任務結構是指工作任務明確程度和有關人員對工作任務的職責明確程度。當工作任務本身十分明確，組織成員對工作任務的職責明確時，領導者對工作過程易於控制，整個組織完成工作任務的方向就更加明確。

c. 上下級關係。上下級關係是指下屬對一位領導者的信任愛戴和擁護程度，以及領導者對下屬的關心、愛護程度。這一點對履行領導職能是很重要的。因為職位權力和任務結構可以由組織控制，而上下級關係是組織無法控制的。

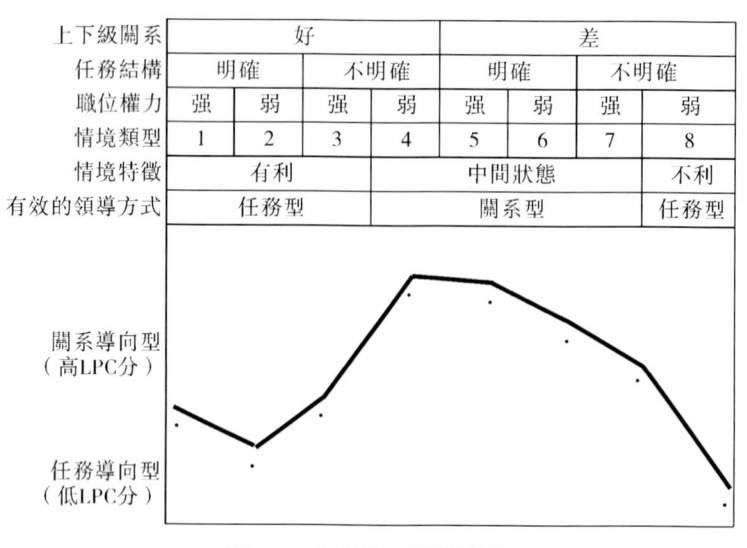

上下級關係	好				差			
任務結構	明確		不明確		明確		不明確	
職位權力	強	弱	強	弱	強	弱	強	弱
情境類型	1	2	3	4	5	6	7	8
情境特徵	有利				中間狀態		不利	
有效的領導方式	任務型				關系型		任務型	

關系導向型
（高LPC分）

任務導向型
（低LPC分）

圖7－3　費德勒領導權變模型

②領導生命週期理論

該理論由赫塞和布蘭查德提出，他們認為下屬的「成熟度」對領導者的領導方式起重要作用。所以，對不同「成熟度」的員工採取的領導方式有所不同，如圖7－4所示。

图 7-4　领导生命周期理论

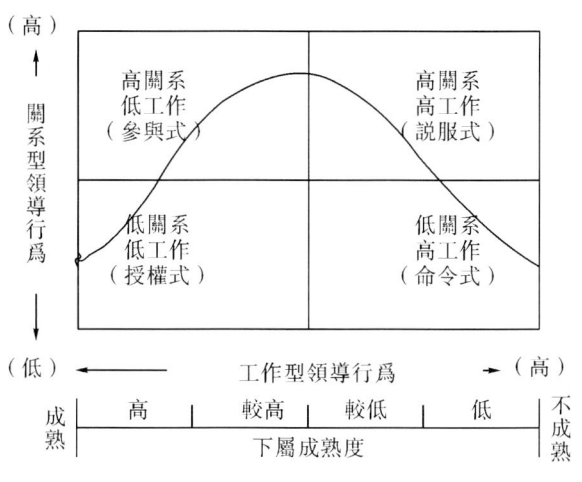

所谓「成熟度」是指人们对自己的行为承担责任的能力和愿望的大小。它取决于两个要素：工作成熟度和心理成熟度。工作成熟度包括一个人的知识和技能，工作成熟度高的人拥有足够的知识、能力和经验完成他们的工作任务而不需要他人的指导。心理成熟度指的是一个人做某事的意愿和动机。心理成熟度高的个体不需要太多的外部激励，他们靠内部动机激励。

在管理方格图的基础上，根据员工的成熟度不同，将领导方式分为四种：命令式、说服式、参与式和授权式。

a. 命令式。命令式表现为高工作低关系型的领导方式，领导者对下属进行分工并具体指点下属应当干什么、如何干、何时干，它强调直接指挥。因为在这一阶段，下属缺乏接受和承担任务的能力和愿望，既不能胜任又缺乏自觉性。

b. 说服式。说服式表现为高工作高关系型的领导方式。领导者既给下属以一定的指导，又注意保护和鼓励下属的积极性。因为在这一阶段，下属愿意承担任务，但缺乏足够的能力，有积极性但没有完成任务所需的技能。

c. 参与式。参与式表现为低工作高关系型的领导方式。领导者与下属共同参与决策，领导者着重给下属以支持及其内部的协调沟通。因为在这一阶段，下属具有完成领导者所交给任务的能力，但没有足够的积极性。

d. 授权式。授权式表现为低工作低关系型的领导方式。领导者几乎不加指点，由下属自己独立地开展工作，完成任务。因为在这一阶段，下属能够而且愿意去做领导者要他们做的事。

根据下属成熟度和组织所面临的环境，领导生命周期理论认为随着下属从不成熟走向成熟，领导者不仅要减少对活动的控制，而且也要减少对下属的帮助。当下属成熟度不高时，领导者要给予明确的指导和严格的控制，当下属成熟度较高时，领导者只要给出明确的目标和工作要求，由下属自我控制和完成。

③路径－目标理论

路径－目标理论是以期望概率模式和对工作、对人的关心程度模式为依据，认为领导者的工作效率是以能激励下属达到组织目标并且在工作得到满足的能力来衡量的。

領導者的基本職能在於制定合理的、員工所期待的報酬，同時為下屬實現目標掃清道路，創造條件。根據該理論，領導方式可以分為四種：

a. 指示型領導方式。領導者應該對下屬提出要求，指明方向，給下屬提供他們應該得到的指導和幫助，使下屬能夠按照工作程序去完成自己的任務，實現自己的目標。

b. 支持型領導方式。領導者對下屬友好，平易近人，平等待人，關係融洽，關心下屬的生活福利。

c. 參與型領導方式。領導者經常與下屬溝通信息，商量工作，虛心聽取下屬的意見，讓下屬參與決策，參與管理。

d. 成就指向型領導方式。領導者做的一項重要工作就是樹立具有挑戰性的組織目標，激勵下屬想方設法去實現目標，迎接挑戰。

路徑-目標理論告訴我們，領導者可以而且應該根據不同的環境特點來調整領導方式和作風，當領導者面臨一個新的工作環境時，他可以採用指示型領導方式，指導下屬建立明確的任務結構和明確每個人的工作任務；接著可以採用支持型領導方式，有利於與下屬形成一種協調和諧的工作氣氛。當領導者對組織的情況進一步熟悉後，可以採用參與者式領導方式，積極主動地與下屬溝通信息，商量工作，讓下屬參與者決策和管理。在此基礎上，就可以採用成就指向式領導方式，領導者與下屬一起制定具有挑戰性的組織目標，然後為實現組織目標而努力工作，並且運用各種有效的方法激勵下屬實現目標。

【案例7-2】

一次重大的人事任免

某鋼鐵公司領導班子會議上，總經理提議免去公司所屬的、有2000名職工的主力廠煉鋼一廠廠長姚成的廠長職務，改任公司副總工程師，主抓公司的節能降耗工作；提名煉鋼二廠黨委書記林徵為煉鋼一廠廠長。

姚成，男，48歲，中共黨員，高級工程師。20世紀60年代，他從某冶金學校畢業後被分配到煉鋼廠，一直搞設備管理和節能技術工作，曾參與和主持了幾項較大的節能技術改進，成績卓著。1983年，他晉升為工程師，先被任命為煉鋼一廠副總工程師，後又任生產副廠長，1986年起任廠長至今。去年，他又被聘為高級工程師。該同志屬技術專家型領導，對煉鋼廠的生產情況極為熟悉，上任後對促使煉鋼一廠能源消耗指標的降低起了巨大的推動作用。他工作勤勤懇懇，煉鋼轉爐的每次大修理他都親臨督陣，有時半夜入廠抽查夜班工人的勞動紀律，白天花很多時間到生產現場巡視，看到有工人工作時間閒聊或亂扔菸頭總是當面提出批評，事後通知違紀人所在單位按規定扣發獎金。但群眾普遍反應，姚廠長一貫不苟言笑，從沒和他們談過工作以外的任何事情，更不用說和下屬開玩笑了。對他自己特別在行的業務，有時甚至不事先徵求該廠總工程師的意見，而直接找下屬布置工作，總工程師對此已習以為常了。姚廠長手下有幾位很能幹的「大將」，卻都沒有發揮多大作用。據他們私下說，在姚廠長手下工作，從來沒受過什麼激勵，特別是當他們個人生活有困難需要廠裡幫助時，姚廠長一般不予過問。用工人的話說是「缺少人情味」。久而久之，姚廠長手下的骨幹就都沒有什麼積極性了，只是推推動動，維持現有局面而已。

林徵，男，50歲，中共黨員，高中畢業。在基層工作多年，任車間黨支部書記。該同志腦子靈活，點子多，宣傳、鼓動能力強，具有較突出的工作協調能力。1984年

出任煉鋼二廠廠辦主任，1986年調任公司行政處副處長，主抓生活服務，局面很快被打開。1988年煉鋼二廠黨委書記離休，林徵又回到煉鋼二廠任黨委書記。林徵長於做人的工作，善於激勵部下，據說對行為科學很有研究。他對屬下非常關心，民主作風好，工作也講究方式方法，該他做主的事從不推三阻四。由於他會團結人，工作能力強，因此在群眾中享有一定的威望。他的不足之處是學歷較低，工作性質幾經變化，沒有什麼專業技術職稱，對工程技術理論知之不多，也沒有獨立指揮生產的經歷。

姚、林兩人的任免事關煉鋼一廠的全局工作，這怎麼能不引起公司領導們的關注？公司領導們在心裡反覆掂量，考慮著對公司總經理這一重大人事變動提議應如何表態。

討論題：

請用本章有關領導理論，分析這兩位廠長誰更勝任。

資料來源：http://course.onlinesjtu.com，有刪改。

三、領導藝術

(一) 領導決策的藝術

人們通常所說的決策，是指對事情拍板定案，而管理科學中的決策是指管理者為了達到一定的經營宗旨，實現一定的經營目標，從兩個或兩個以上的方案中選擇一個最佳方案的過程。決策已成為現代企業經營管理中一項十分重要的管理職能。管理的關鍵在於經營，經營的核心在於決策。一旦決策失誤，全盤皆輸。

企業經營決策的內容及其廣泛，但無論何種決策，都有一個科學與否的問題，而其中最重要的是對企業戰略、非程序化、風險型、不確定型重大經營問題作出決策的藝術，即如何使所作決策能夠保持企業外部環境、內部條件和經營目標的動態平衡。

1. 獲取、加工和利用信息的藝術

企業進行決策，首先要知己知彼，做到心中有「底」。這就必須掌握決策所需要的各種信息。決策的藝術性和各種決策方案的可行性，在很大程度上取決於信息是否及時、準確和完整。因此，是否善於獲取、加工和利用信息，需要具有高超的藝術。

2. 對不同的決策問題採取不同決策方法的藝術

企業生產經營活動中需要決策的問題很多，決策的內容又各不一樣。因此，針對不同的決策問題採取不同的決策方法，本身就需要良好的藝術和技巧。

程序性或者作業層、短期性的決策，由於經常反覆地出現，決策條件一般容易掌握，決策程序也日益規範化，管理者憑自己長期累積的知識、經驗及相關能力，參照已知情況和現有資料，通常可以提出比較正確的決策目標、方案，作出最後的抉擇。企業一般稱它為經驗判斷法或主觀決策法。這種方法的有效程度，取決於決策者的智慧、能力和藝術。

對於一些非程序性、風險型和非確定型決策而言，則需要採取計量的決策方法。常用的有概率法、效用法、期望值法、決策樹法等。計量決策方法運用數學決策的技巧，把與決策有關的變量與變量、變量與目標之間的關係用數學關係表示出來，建立數學模型，然後根據決策條件，通過數學計算確定決策答案。國內外企業經常運用較為有效的是決策樹法，該方法適用於風險型決策。而戰略性的長期決策，一般宜採用集體決策的方法。因為這種決策關係到全局長遠的發展，即企業發展的未來，應當發揮集體智慧，廣泛聽取各方意見，以防決策失誤。股份制企業把董事會作為常設法定

的戰略決策機構就是一種集體決策。至於生產經營活動中的日常性的業務決策，一般都採取個人決策和個人負責的方法。

無論採取什麼樣的決策方法，都要求決策者具有超前意識並善於聽取不同意見。

3. 盡量實現經營決策的程序化

決策是按照事物發展的客觀要求分階段進行的，有科學的程序。國外有名的決策專家赫伯特·A. 西蒙把決策程序依次稱為：①參謀活動，即確定決策目標；②設計活動，即尋找各種可能方案；③選擇活動，即從各種可能決策方案中進行優選；④反饋活動，即執行方案，跟蹤檢查，以不斷達到發現和補充新的方案修訂目標或提出新的決策目標。

決策的主體是職工，責任在企業的高層管理者。決策者可以是一個人，也可以是一個集體。對於關係企業未來發展的戰略決策，必須發揮集體的作用，而且決策者的觀念、經驗、知識、判斷和分析能力，對決策的正確性起著決定性的作用。

(二) 合理用人的藝術

職工是企業的主體，激發職工的積極性和創造性，充分發掘他們的潛在能力，是增強企業活力的源泉。通常企業在人的管理上，比較重視職工現實能力的激發，而疏於職工潛在能力的挖掘，影響企業人才優勢的發揮。因此，能否激發和挖掘職工的潛在能力，是現代企業管理藝術的重要內容之一。它主要體現在如何用人、激勵人和治理人的藝術方面。

1. 科學用人的藝術

領導者要科學地用人，需要先識人，即發現人所具有的潛在能力。欲要善任，先要知人。科學用人的藝術，主要表現在以下幾個方面：

(1) 知人善任的藝術。知人善任的藝術也就是用人用其德才，不受名望、年齡、資歷、關係親疏的局限。對於企業領導來說，就是容忍和使用反對過自己的人，有勇氣選擇名望和才學與自己相同甚至超過自己的人。同時要用人所長，避人所短。日本有名的企業家松下幸之助曾說：「絕不容許基於私人的感情或利害用人。」他主張，領導者「最好用七分的功夫去看人的長處，用三分功夫去看人的短處」。在提拔幹部時，對方只要夠60分就可以提拔，若要等到90分或100分時才提拔就會錯過時機。他還主張重用那些能力強於自己的人。只有這樣，才能打破企業內部幹部與工人的界限，不求全責備，把有真才實學的職工及時地提拔到適當的崗位上，以發揮他們的潛在才能。

(2) 量才適用的藝術。要幫助職工找到自己最佳的工作位置。如果把不精通產品技術的人安排去搞新產品開發，讓未掌握營銷技巧、不善於從事公共關係的職工去做推銷人員，這種崗位角色的錯位，不僅對工作不利也浪費了人才。

(3) 用人不疑的藝術。中國有句古語：疑人不用，用人不疑。對委以重任的員工，應當放手使用，合理授權，使他能夠全面擔負起責任。當他們有困難的時候，甚至遇到各種流言蜚語的時候，領導者要做到不偏聽、不偏信，明辨真偽，給他們以必要的支持和幫助。

2. 有效激勵人的藝術

激勵是現代企業管理的一項重要職能，激勵理論是現代管理理論的基礎理論之一。行為科學家根據人的需要、動機和行為之間的關係，對激勵的藝術和方法提出了許多見仁見智的主張。諸如，有的學者提出，一個人的工作成績、能力和動機激發程度三者之間的關係是：

工作成績 = 能力 × 動機激發程度

公式說明，一個人工作成績的大小，取決於他的能力和動機（與自身需要相關）激發程度，能力越強，動機激發程度越高，工作成績也就越大。

3. 適度治人的藝術

治人的藝術，從某種意義上說，也應當包括科學用人和有效激勵人。除此之外，它還包括批評人，指責人，幫助人克服錯誤行為，做好人的發動工作。

表揚獎勵職工是治人、管理人的藝術，而批評或指責人，也需要有良好的技巧：

(1) 要弄清需要批評的原因。
(2) 要選擇合適的批評時機。
(3) 要注意批評的場合。
(4) 要講求批評的態度。
(5) 要正確運用批評的方式。

(三) 正確處理人際關係的藝術

人際關係是人們在生產、工作和生活中所發生的各種交往和聯繫。現代企業的人際關係，主要表現在本企業內部職工之間、職工與領導者之間，以及生產單位、管理部門群體之間、群體與個體之間的關係。

凡是有人進行生產和活動的地方，都存在著複雜的人際關係。企業實際上是由眾多職工組成的集合體，必然會發生各種各樣的人際關係。企業人際關係的好壞，直接關係到企業凝聚力的強弱和活力的大小。因此，講究調適人際關係的藝術，是強化管理和激發職工積極性的一項必不可少的內容。經營成功是建立在職工相互信任和人際關係融洽和諧基礎之上的。

1. 影響企業人際關係的因素

國外許多心理學家對影響人際關係的因素作了不少調查研究，影響人際關係親疏程度的主要因素有四個方面：

(1) 職工空間距離的遠近。人與人在工作的地理空間位置上越接近，彼此之間就越容易發生往來和瞭解。

(2) 職工彼此交往的頻率。交往的頻率越高，越容易相互瞭解，關係越容易密切。

(3) 職工觀念態度的相似性。觀念態度是指職工判斷事物是非曲直、善惡美醜的價值標準。如果職工觀念態度基本趨同，具有共同的理念、價值觀、思想感情，就容易相互瞭解，感情融洽，形成較為密切的關係。

(4) 職工彼此需要的互補性。例如，有些性格內向的人，有時也願意同性格外向的人合作共事，以補自己寡言少語和不善交往的不足。有時不同層次、性格有別的人結合在一起，就可以相互揚長補短，提高整體素質。當然，這種需要的互補性，並不是在任何情況下都能夠實現的，有時也可能影響人際關係的協調。

上述四個方面的因素，是影響企業一般人際關係親密程度的普遍原因。除此之外，還有幾個值得注意的方面：職工的權責是否對等；職工收入分配是否公平；職工素質結構是否良好；職工的性格、品德、氣質各異，這也是影響人際關係的重要方面。

2. 調適人際關係的藝術應當多樣化

基於人際關係的複雜性和微妙性，其適調的方法也應是多種多樣的，沒有一套能適用於不同素質的職工和不同環境的通用方法，應當隨機制宜，因人而異。從企業管

理的角度分析,調適人際關係的藝術主要有以下五個方面:

(1) 經營目標調適法。目標既是職工共同奮鬥的方向,也是有效協調人際關係的出發點。

(2) 制度規則調適法。建立健全企業內部各種生產技術標準、流程和經營管理制度,使領導和職工、職工和職工之間都能依照規章制度進行自我約束、自我調整,減少職工之間的摩擦和衝突。

(3) 心理衝突調適法。緊張的人際關係是通過利益、感情衝突而產生的,同時也可以通過利益一致、感情溝通而協調。

(4) 正確運用隱性組織或非正式組織的潤滑作用。

(5) 隨機處理技巧法。有些人際關係衝突,可以通過緩衝法、延期處理,或裝糊塗,讓衝突雙方有一個緩衝期,從而可能會認識到自己的不理智,而會主動改善彼此的關係。或讓雙方換位思考,以緩和緊張關係。

(四) 科學利用時間的藝術

把時間管理當作企業管理的一項非常重要的內容,特別是在市場經濟的競爭中,講究充分利用時間的藝術,對於提高生產效率,促進經濟發展,顯得更加重要。

所謂有效地利用時間的藝術,包括兩個方面:

1. 科學分配時間的藝術

對於領導者來說,科學分配時間的藝術,就是要根據企業經營的總任務,按制度時間的規定,科學合理地給各個生產單位分配定額,並要求他們在執行中嚴格按計劃進行,做到按期、按質、按量完成。

科學分配時間的藝術主要有以下幾種:

(1) 採取重點管理法。企業領導者每天要完成與處理的事物很多,但不能不分主次和輕重緩急,遇到什麼抓什麼,必須從眾多的任務中抓住重要的事情,集中時間和精力把它做好,把有限的時間分配給重要的工作。

(2) 採取最佳時間法。任務是靠人去完成的,而人由於受生物鐘和習慣的影響,一日之內不同時間段的精神狀態是不同的。作為管理者應該把最重要的工作安排在一天中效率最高的時間段去完成,而把零碎事物或次要工作放在精力較差的時間段去做。

(3) 採取可控措施法。這主要是對企業領導者說的,因為他們工作多,任務雜,與企業內外人員聯繫廣泛,其時間有的可控,有的不可控,如何把自己不可控的時間轉化為可控時間,對提高管理效率,十分重要。

2. 合理節約時間的藝術

合理節約時間的藝術,指的是如何節約時間以及如何把節約的時間更好地利用起來。其主要方法有以下幾種:

(1) 採取時間記錄分析法。因為有不少企業領導成天忙忙碌碌,事必躬親,而其他管理人員則出現工作負荷不均衡,甚至出現無所事事的現象,嚴重影響管理效率。從管理藝術來看,一個領導者為了獲得時間使用管理效用的反饋,詳細記錄自己每週、每月或每季度一個區段時間的使用情況,再加以分析綜合,作出判斷,從而瞭解哪些時間內的工作是必要的、有用的,哪些是不必要、無用的、浪費的,加以改進,就可以提高時間的管理和使用效率。

(2) 採取科學召開會議法。在不少企業中,沒完沒了的會議和學習,各種形式的

評比、檢查，浪費了大量的時間。因此，必須科學地召開會議，計算會議時間成本，提高會議效率。為此，我們可從以下方面入手：一是可開可不開的會，一般不要開。二是每次會議主題和要解決的問題必須明確，並事前通知與會者作好充分準備。三是要控制會議的規模和人數，可參加可不參加的人員，一般不要參加。四是會議時間不要太長，不開議而不決、坐而論道的會議。五是明確會後責任，切實組織實施，力避議而不決或決而不行。

綜上所述可知，講求領導藝術，尤其是對企業的高層領導者來說，是十分重要的。不懂得領導藝術，就不能有效地實施領導和管理，甚至還可能做出事與願違的事。因此，所有企業領導都要十分注意研究、分析和總結自己的領導和管理藝術，以提高領導效能。

第二節　激勵

現代企業管理的核心是對人的管理。企業管理面臨的首要任務，就是引導和促使企業員工為實現組織目標作出最大的努力。然而，員工加入組織的個人目標往往與組織目標不盡一致；工作的努力程度也經常與組織的預期有差距。如何才能使員工把組織的目標視為自己的任務目標？怎樣才能使員工為實現組織目標作出最大的努力？這就是激勵所要解決的問題。管理的激勵功能就是要研究如何根據人的行為規律來提高人的積極性。

一、激勵概述

（一）激勵的概念

激勵與溝通是領導的關鍵手段，領導者要想取得下屬的認同，進而讓下屬追隨與服從，首先必須能夠瞭解下屬的願望並盡可能幫助他們實現。從某種程度上講，管理者只有懂得什麼東西在激勵員工，以及激勵如何發揮作用，並把它們在各項管理工作中反應出來，他們才有可能成為有效的領導者。

人們加入一個組織或者群體，都是為了達到他們個人所不能達到的目標。然而，進入組織的人們不一定會努力工作，貢獻他們潛在的能力。他們為組織服務的願意程度是有高低的，有的強烈，有的一般，也有的消極。如何使組織中的各類成員為實現組織的目標熱情高漲地去工作，盡可能有效地貢獻出他們的智慧和才能，這才是管理者要研究的激勵問題。

激勵是通過某種內部和外部刺激，促使人奮發向上努力去實現目標。在管理工作中，可把激勵定義為調動人們積極性的過程，更具體地講，是為了特定目的而去影響人們的內在需要或動機，從而強化、引導或改變了人們行為的反覆過程。所以，激勵就是激發人的動機，誘發人的行為，激勵是一種力量，也是一個過程。激勵是與保持和改變人的行為的方向、質量和強度有關的一種力量，激勵的目標是使組織中的成員充分發揮出他們潛在的能力，從這個角度來講，激勵是一種力量，是一種使人們充分發揮其潛能的力量。

激勵通常與以下內容有關：

（1）激勵的目的性。任何激勵行為都具有其目的性，這個目的可能是一個結果，

也可能是一個過程，但必須是一個現實的、明確的目的。

(2) 激勵通過人們的需要或動機來強化、引導或改變人們的行為。人們的行為來自動機而動機源於需要，激勵活動正是對人的需要或動機施加影響，從而強化、引導或改變人們的行動。因此，從本質上說，激勵所產生的人們的行為是其主動自覺的行為，而不是被動的強迫的行為。

(3) 激勵是一個持續反覆的過程。由多種複雜的內在、外在因素交織起來的持續作用和影響的複雜過程。

(二) 激勵的過程

激勵和動機緊密相連，所謂動機就是個體通過高水準的努力而實現組織目標的願望，而這種努力又能滿足個體的某些需要。這裡有三個關鍵要素：努力的強度和質量、組織目標、需要。動機是個人與環境相互作用的結果，動機是隨環境條件的變化而變化的，動機水準不僅因人而異，而且因時而異，動機可以看成需要獲得滿足的過程。

心理學的研究表明，人的動機是由他所體驗到的某種未滿足的需要和為達到的目標所引起的。這種需要或目標可以是生理或物質上的，也可以是心理和精神上的。在現實情境中，人的需要往往不只有一種，而是會同時存在多種需要。這些需要的強弱也隨時會發生變化。在任何時候，一個人的行為動機總是由其全部需要中最重要、最強烈的需要所支配、決定的，這種最重要、最強烈的需要就叫優勢主導需要。人的一切行為都是由其當時的優勢需要引發，朝著滿足這種優勢需要的目標努力的。這種努力的結果又作為新的刺激反饋回來調整人的需要結構，指導人的下一個新的行為，這就是所謂的激勵過程，也稱動機—行為過程。

激勵的過程主要有四個部分：需要、動機、行為、績效。首先是需要的產生，在個人內心引起不平衡狀態，產生了行為的動機。通過激勵，使個人按照組織目標去尋求和選擇滿足這些需要的行為，最後達到提高績效的目的。其基本模式如圖7-5所示。

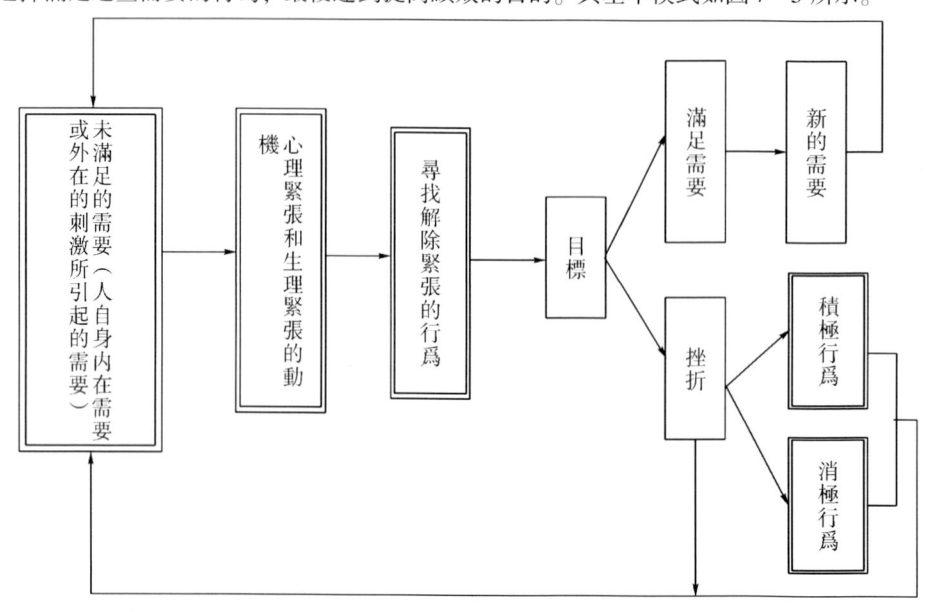

圖7-5 激勵過程的基本模式

(三) 激勵的作用

激勵是與人的行為過程緊密聯繫在一起的，激勵的作用主要表現在以下三個方面：

1. 需要的強化

人的需要不僅複雜，有時還相互矛盾。不僅不同種類的需要之間存在著矛盾，即使同類需要之間也存在著矛盾。而激勵工作要強化的是那些有利於組織目標實現的人的需要。事實上，人們作出的選擇並不是完全偏向一種需要，而是多種需要的調和與相互妥協。如何能在這種調和中去強化最有利於組織目標實現的需要，這就是激勵的藝術性所在。

2. 動機的引導

強化了需要不一定就能得到預期的行為，因為可能有多種行為都能提供同一種滿足。比如，某員工想獲得更多的報酬，他可以通過努力地工作得到，也可以考慮跳槽到另一家薪水更高的組織獲得，還可能通過採取一些不正當的手段謀取。這時管理者就應該加以引導，以杜絕不良行為的發生，也盡可能不要讓優秀的員工流失，同時通過相關激勵措施的制定引導其行為向有利於組織目標的方向上來。

3. 提供行動條件

要鼓勵人行動就應該為他們的行動提供條件，幫助他們實現目標。

在激勵過程中，行動結果提供的反饋又會反過來影響人的需要，也就是說當人的需要得到很好的滿足時，這種需要就會得到強化，其行為的動機就會更強烈，或產生進一步的需要；相反，如果這種需要沒有很好地被滿足，顯然就會影響下一次的激勵效果。

【看圖學管理】

在現代企業管理中，適度、巧妙的贊揚，能夠激發員工的工作積極性、主動性，促使他們不斷向好的方面轉化，從而促使執行力得到更有效的落實。因此，一個優秀的管理者，應該清楚地認識到贊揚對於提升企業執行力的重要作用，並注意表揚方法，抓準表揚時機，客觀公正、恰如其分地加以運用。

圖片來源：《晉升有望》，張硯鈞，南京大學出版社，2007 年。

二、激勵理論

自 20 世紀 20 年代以來，國外許多管理學家、心理學家和社會學家從不同的角度對怎樣激勵人的問題進行了研究，並提出了相應的激勵理論。通常我們把這些激勵理論

分為三大類，即內容型激勵理論、過程型激勵理論和行為改造型激勵理論。

(一) 內容型激勵理論

需求和動機是推動人們行為的原因。內容型激勵理論則是著重研究需要的內容和結構及其如何推動人們行為的理論。其中有代表性的理論是需求層次理論和雙因素理論。

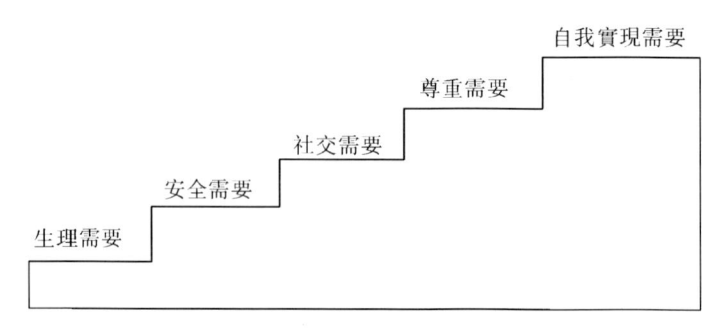

1. 馬斯洛的需求層次理論

馬斯洛需求層次理論，亦稱「基本需求層次理論」，是行為科學的理論之一，由美國心理學家亞伯拉罕·馬斯洛於1943年在《人類激勵理論》論文中所提出。

需求層次理論將人的需求劃分為五個層次，由低到高依次為生理需要、安全需要、社交需要、尊重需要和自我實現需要。馬斯洛的需求層次理論如圖7-6所示。

圖7-6　馬斯洛的需求層次理論

（1）生理需要。對食物、水、空氣和住房等的需要都是生理需要，這類需要的級別最低，人們在轉向較高層次的需要之前，總是盡力滿足這類需要。比如，同學們在饑餓時是不會對老師的講課感興趣，他的主要需求是想盡快下課，想吃東西。

（2）安全需要。安全需要包括對人身安全、生活穩定以及免遭痛苦、威脅或疾病等的需要。它和生理需要一樣，在安全需求沒有得到滿足之前，人們唯一關心的就是這種需求。對許多員工而言，安全需要表現為安全而穩定以及有醫療保險、失業保險和退休福利等。

（3）社交需要。社交需要包括對友誼、愛情以及隸屬關係的需求。當生理需求和安全需求得到滿足後，社交需求就會突出出來，進而產生激勵作用。在馬斯洛需求層次中，這一層次是與前兩層次截然不同的另一層次。這些需要如果得不到滿足，就會影響員工的精神，導致高缺勤率、低生產率、對工作不滿及情緒低落。

（4）尊重需要。尊重需要既包括對成就或自我價值的個人感覺，也包括他人對自己的認可與尊重。有尊重需求的人希望別人按照他們的實際形象來接受他們，並認為他們有能力，能勝任工作。他們關心的是成就、名聲、地位和晉升機會。這是由於別人認識到他們的才能而得到的。當他們得到這些時，不僅贏得了人們的尊重，同時就其內心因對自己價值的滿足而充滿自信。不能滿足這類需求，就會使他們感到沮喪。如果別人給予的榮譽不是根據其真才實學，而是徒有虛名，也會對他們的心理構成威脅。

（5）自我實現需要。自我實現需要的目標是自我實現，或是發揮潛能。達到自我實現境界的人，接受自己也接受他人。解決問題能力增強，自覺性提高，善於獨立處

事，要求不受打擾地獨處。要滿足這種盡量發揮自己才能的需求，他應該已在某個時刻部分地滿足了其他的需求。當然自我實現的人可能過分關注這種最高層次的需求的滿足，以致自覺或不自覺地放棄滿足較低層次的需求。

馬斯洛的需求層次理論的基本觀點主要有以下幾點：

第一，一般來說，人的需要是分等分層的，呈階梯式逐級上升。低一層次的需要獲得滿足後，就會向高一層次的需要發展。一般來說，只有在較低層次的需求得到滿足之後，較高層次的需求才會有足夠的活力驅動行為。

第二，同一時期，個體可能同時存在多種需要，因為人的行為往往是受多種需要支配的。每一個時期總有一種需要占支配地位。

第三，需要的存在促使人產生某種行為的基礎。人的需要取決於他已經得到了什麼，尚缺少什麼，只有尚未滿足的需要能夠影響行為。

馬斯洛的需求層次理論，在一定程度上反應了人類行為和心理活動的共同規律。馬斯洛從人的需要出發探索人的激勵和研究人的行為，抓住了問題的關鍵；馬斯洛指出了人的需要是由低級向高級不斷發展的，這一趨勢基本上符合需要發展規律的。因此，需要層次理論對企業管理者如何有效地調動人的積極性有啓發作用。

但是，馬斯洛是離開社會條件、離開人的歷史發展以及人的社會實踐來考察人的需要及其結構的。其理論基礎是存在主義的人本主義學說，即人的本質是超越社會歷史的，抽象的「自然人」，由此得出的一些觀點就難以適合其他國家的情況。

2. 赫茨伯格的雙因素理論

20世紀50年代末期，赫茨伯格和他的助手們在美國匹茲堡地區對200名工程師、會計師進行了調查訪問。訪問主要圍繞兩個問題：在工作中，哪些事項是讓他們感到滿意的，並估計這種積極情緒持續多長時間；又有哪些事項是讓他們感到不滿意的，並估計這種消極情緒持續多長時間。赫茨伯格以對這些問題的回答為材料，著手去研究哪些事情使人們在工作中快樂和滿足，哪些事情造成不愉快和不滿足。結果他發現，使職工感到滿意的都是屬於工作本身或工作內容方面的；使職工感到不滿的，都是屬於工作環境或工作關係方面的。赫茨伯格把前者叫作激勵因素，後者叫作保健因素。赫茨伯格的雙因素理論的主要內容如圖7-7所示。

保健因素的滿足對職工產生的效果類似於衛生保健對身體健康所起的作用。保健從人的環境中消除有害於健康的事物，它不能直接提高健康水準，但有預防疾病的效果；它不是治療性的，而是預防性的。保健因素包括公司政策、管理措施、監督、人際關係、物質工作條件、工資、福利等。當這些因素惡化到人們認為可以接受的水準以下時，就會產生對工作的不滿意。但是，當人們認為這些因素很好時，它只是消除了不滿意，並不會導致積極的態度，這就形成了某種既不是滿意、又不是不滿意的中性狀態。

那些能帶來積極態度、滿意和激勵作用的因素就叫做「激勵因素」，那些能滿足個人自我實現需要的因素包括成就、賞識、挑戰性的工作、增加的工作責任，以及成長和發展的機會。如果這些因素具備了，就能對人們產生更大的激勵。從這個意義出發，赫茨伯格認為傳統的激勵假設，如工資刺激、人際關係的改善、提供良好的工作條件等，都不會產生更大的激勵；它們能消除不滿意，防止產生問題，但這些傳統的「激勵因素」即使達到最佳程度，也不會產生積極的激勵。按照赫茨伯格的意見，管理當

局應該認識到保健因素是必需的，不過它一旦使不滿意中和以後，就不能產生更積極的效果。只有「激勵因素」才能使人們有更好的工作成績。

赫茨伯格及其同事以後又對各種專業性和非專業性的工業組織進行了多次調查，他們發現，由於調查對象和條件的不同，各種因素的歸屬有些差別，但總的來看，激勵因素基本上都是屬於工作本身或工作內容的，保健因素基本都是屬於工作環境和工作關係的。但是，赫茨伯格注意到，激勵因素和保健因素都有若干重疊現象，如賞識屬於激勵因素，基本上起積極作用；但當沒有受到賞識時，又可能起消極作用，這時

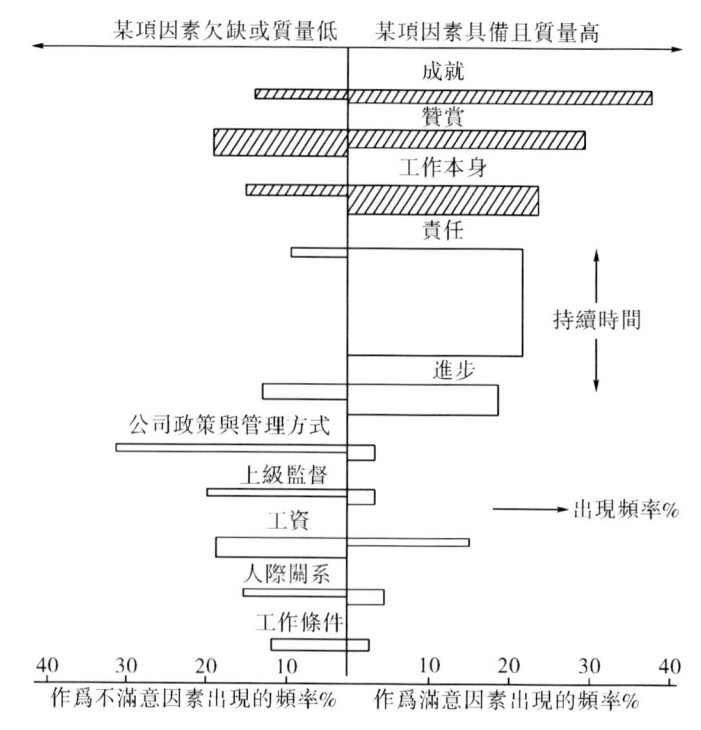

圖 7-7 雙因素理論的主要內容

圖片來源：http://baike.baidu.com/view/20694.htm，赫茲伯格調查圖。

又表現為保健因素。工資是保健因素，但有時也能產生使職工滿意的結果。赫茨伯格的雙因素激勵理論同馬斯洛的需要層次理論有相似之處。他提出的保健因素相當於馬斯洛提出的生理需要、安全需要、感情需要等較低級的需要；激勵因素則相當於受人尊敬的需要、自我實現的需要等較高級的需要。當然，他們的具體分析和解釋是不同的。但是，這兩種理論都沒有把「個人需要的滿足」同「組織目標的達到」這兩點聯繫起來。有些西方行為科學家對赫茨伯格的雙因素激勵理論的正確性表示懷疑。有人做了許多試驗，也未能證實這個理論。赫茨伯格及其同事所做的試驗，被有的行為科學家批評為是他們所採用方法本身的產物：人們總是把好的結果歸結於自己的努力而把不好的結果歸罪於客觀條件或他人身上，問卷沒有考慮這種一般的心理狀態。另外，被調查對象的代表性也不夠，事實上，不同職業和不同階層的人，對激勵因素和保健因素的反應是各不相同的。實踐還證明，高度的工作滿足不一定就產生高度的激勵。許多行為科學家認為，不論是有關工作環境的因素或工作內容的因素，都可能產生激

勵作用，而不僅是使職工感到滿足，這取決於環境和職工心理方面的許多條件。

但是，雙因素激勵理論促使企業管理人員注意工作內容方面因素的重要性，特別是它們同工作豐富化和工作滿足的關係，因此是有積極意義的。赫茨伯格告訴我們，滿足各種需要所引起的激勵深度和效果是不一樣的。物質需求的滿足是必要的，沒有它會導致不滿，但是即使獲得滿足，它的作用往往是很有限的、不能持久的。要調動人的積極性，不僅要注意物質利益和工作條件等外部因素，更重要的是要注意工作的安排，量才錄用，各得其所，注意對人進行精神鼓勵，給予表揚和認可，注意給人以成長、發展、晉升的機會。隨著溫飽問題的解決，這種內在激勵的重要性越來越明顯。

【即問即答】請將雙因素理論與需求層次進行對比分析。

(二) 過程型激勵理論

過程型激勵理論著重研究人們選擇其所要進行的行為的過程。即研究人們的行為是怎樣產生的，是怎樣向一定方向發展的，如何能使這個行為保持下去，以及怎樣結束行為的發展過程。過程型激勵理論主要包括弗魯姆的期望理論和亞當斯的公平理論。

1. 期望理論

期望理論又叫預期理論，是美國心理學家弗魯姆 1964 年在他寫的《工作與激勵》一書中提出的一種激勵理論。

期望是一種心理活動。當人們有了需要並看到可以滿足的目標時，就會受需要的驅使，在心中產生一種慾望。期望本身就是一種激勵力量。期望的概念就是指一個人根據以往的能力和經驗，在一定的時間裡希望達到目標或滿足需要的一種心理活動。

期望理論認為，人的積極性既與目標價值密切相關，也與實現目標的可能性密切相關。一般地講，人需要有六個條件才能產生被激勵的行為：①努力工作導致良好的績效；②好的績效導致報酬；③報酬滿足一項重要需要；④滿足需要的強度足夠使人認為努力是值得的；⑤主觀上認為獲得成功的可能性很高，足以獲得報酬；⑥如果獲得報酬的可能性很低，那麼報酬應很高。這一理論詳細分析了影響動機強弱的具體條件。實現目標對滿足需要的可能性大小，影響著動機的強弱；實現目標對滿足需要的意義、價值的大小，也影響動機的強弱。弗魯姆提出一個公式，即：

激發的力量 = 期望值 × 效價

期望值 = 個人對目標實現可能性大小的估計、判斷

效價 = 個人對實現目標重視程度，以及目標實現對個人意義的大小

該理論還指出，效價受個人價值取向、主觀態度、優勢需要及個性特徵的影響。有人認為有價格的事物，另外的人可能認為全無價格。如 1,000 元獎金對生活困難者可能很有價值，而對百萬富翁來說意義不大。從公式可以看出，期望值與效價越大，激發的動機越強烈，激發的力量也越大。期望值與效價其中一個小，激發的力量也相應減弱；一者為零，激發力量也為零。例如：完成某項任務可得到一大筆獎金，當不存在完成任務的可能性時，獎金再多，人也不會去積極爭取。另外，做一件事對個人與社會都沒有意義，即無效價，這種事情，再容易，人也不會去做。對於目標的期望值怎樣才算適合？有人把它形容為摘蘋果。只有跳起來能摘到蘋果時，人才最用力去摘。倘若跳起來也摘不到，人就不跳了。如果坐著能摘到，無需去挑，便不會使人努力去做。由此可見，領導者給員工制定工作定額時，要讓員工經過努力就能完成，再努力就能超額，這才有利於調動員工的積極性。定額太高使員工失去完成的信心，他

就不努力去做；太低，唾手可得，員工也不會努力去做。因為期望概率太高、太容易的工作會影響員工的成就感，失去目標的內在價值。所以領導者制定工作、生產定額，以及使員工獲得獎勵的可能性都有個適度問題，只有適度才能保持員工恰當的期望值。

另外，期望值不僅受個人主客觀條件的影響，不同的事件也影響期望概率的大小。有些特殊事件，如升職、加薪等與個人利益直接相關聯的事情，就容易使人產生較高的期望值。因為受工資、獎勵總額與比例的限制，人們的高期望值是不可能都實現的。對於未能實現者，就會期望越高，失望越大，挫折感也會越強烈。領導者應早做工作，使大家的期望值保持在適當水準上。適當降溫，有利於使員工減輕挫折的打擊，保護其身心健康。

效價受人的價值取向、主導需要和個性特徵等的影響，所以同一件事情對不同的人帶來的效價會不同。就一般情況而言，任何人都存在著物質需要與精神需要。所以要想使獎勵對人產生更大的效價，即產生更大的意義，最好是獎勵既能滿足人的物質需要，同時也能滿足人的精神需要，把兩者有機地結合起來，這樣就會使獎勵起到更大的激勵作用。如有的工廠開展生產競賽，優勝者可免費旅遊。這種獎勵形式，使員工不僅感到光榮，滿足了榮譽需要，又為實現了旅遊願望，且節省一筆開支而高興，從而對員工產生了較大的吸引力，這可能比只發給一筆獎金的效價要大得多。

2. 公平理論

公平理論最初是由美國心理學家亞當斯提出來的。它是研究人的動機和知覺關係的一種激勵理論。

亞當斯公平理論的基本內容包括三個方面：

（1）公平是激勵的動力。公平理論認為，人能否受到激勵，不但受到他們得到了什麼而定，還要受到他們所得與別人所得是否公平而定。

這種理論的心理學依據，就是人的知覺對於人的動機的影響關係很大。他們指出，一個人不僅關心自己所得所失本身，而且還關心與別人所得所失的關係。他們是以相對付出和相對報酬全面衡量自己的得失。如果得失比例和他人相比大致相當時，就會心理平靜，認為公平合理心情舒暢；比別人高則令其興奮，是最有效的激勵，但有時過高會帶來心虛，不安全感激增；低於別人時產生不安全感，心理不平靜，甚至滿腹怨氣，工作不努力、消極怠工。因此分配合理性常是激發人在組織中工作動機的因素和動力。

（2）公平理論的模式：

$Op/Ip = Oc/Ic$

式中：Op——自己對所獲報酬的感覺；

Oc——自己對他人所獲報酬的感覺；

Ip——自己對個人所作投入的感覺；

Ic——自己對他人所作投入的感覺。

（3）不公平的心理行為。當人們感到不公平待遇時，在心裡會產生苦惱，呈現緊張不安，導致行為動機下降，工作效率下降，甚至出現逆反行為。個體為了消除不安，一般會出現以下一些行為措施：通過自我解釋達到自我安慰，主觀上造成一種公平的假象，以消除不安；更換對比對象，以獲得主觀的公平；採取一定行為，改變自己或他人的得失狀況；發泄怨氣，製造矛盾；暫時忍耐或逃避。

公平與否的判定受個人的知識、修養的影響，即使外界氛圍也是要通過個人的世界觀、價值觀的改變才能夠其作用。

不公平、不合理會帶來心理挫傷。中國古代就有「不患貧，患不均」的說法。但過於平均又會削弱競爭。因此必須妥善處理。

公平理論的基本觀點是：當一個人做出了成績並取得了報酬以後，他不僅關心自己所得報酬的絕對量，而且關心自己所得報酬的相對量。因此，他要進行種種比較來確定自己所獲報酬是否合理，比較的結果將直接影響今後工作的積極性。

一種比較稱為橫向比較，即他要將自己獲得的「報償」（包括金錢、工作安排以及獲得的賞識等）與自己的「投入」（包括教育程度、所作努力、用於工作的時間、精力和其他無形損耗等）的比值與組織內其他人作社會比較，只有相等時，他才認為公平，如下式所示。

$Op/Ip = Oc/Ic$

式中：Op——自己對所獲報酬的感覺；

Oc——自己對他人所獲報酬的感覺；

Ip——自己對個人所作投入的感覺；

Ic——自己對他人所作投入的感覺。

當上式為不等式時，可能出現以下兩種情況：

（1）$Op/Ip < Oc/Ic$

在這種情況下，他可能要求增加自己的收入或減小自己今後的努力程度，以便使左方增大，趨於相等；第二種辦法是他可能要求組織減少比較對象的收入或者讓其今後增大努力程度以便使右方減小，趨於相等。此外，他還可能另外找人作為比較對象，以便達到心理上的平衡。

（2）$Op/Ip > Oc/Ic$

在這種情況下，他可能要求減少自己的報酬或在開始時自動多做些工作，但久而久之，他會重新估計自己的技術和工作情況，終於覺得他確實應當得到那麼高的待遇，於是產量便又會回到過去的水準了。

除了橫向比較之外，人們也經常作縱向比較，即把自己目前投入的努力與目前所獲得報償的比值，同自己過去投入的努力與過去所獲報償的比值進行比較。只有相等時他才認為公平，如下式所示：

$Op/Ip = Oh/Ih$

式中：Op——自己對現在所獲報酬的感覺；

Oh——自己對過去所獲報酬的感覺；

Ip——自己對個人現在投入的感覺；

Ih——自己對個人過去投入的感覺。

當上式為不等式時，也可能出現以下兩種情況：

（1）$Op/Ip < Oh/Ih$

當出現這種情況時，人也會有不公平的感覺，這可能導致工作積極性下降。

（2）$Op/Ip > Oh/Ih$

當出現這種情況時，人不會因此產生不公平的感覺，但也不會覺得自己多拿了報償，從而主動多做些工作。

調查和試驗的結果表明，不公平感的產生，絕大多數是由於經過比較認為自己目前的報酬過低而產生的；但在少數情況下，也會由於經過比較認為自己的報酬過高而產生。

我們看到，公平理論提出的基本觀點是客觀存在的，但公平本身卻是一個相當複雜的問題，這主要是由於下面幾個原因：

第一，它與個人的主觀判斷有關。上面公式中無論是自己的或他人的投入和報償都是個人感覺，而一般人總是對自己的投入估計過高，對別人的投入估計過低。

第二，它與個人所持的公平標準有關。上面的公平標準是採取貢獻率，也有採取需要率、平均率的。例如有人認為助學金應改為獎學金才合理，有人認為應平均分配才公平，也有人認為按經濟困難程度分配才適當。

第三，它與績效的評定有關。我們主張按績效付報酬，並且各人之間應相對均衡。但如何評定績效？是以工作成果的數量和質量，還是按工作中的努力程度和付出的勞動量？是按工作的複雜、困難程度，還是按工作能力、技能、資歷和學歷？不同的評定辦法會得到不同的結果。最好是按工作成果的數量和質量，用明確、客觀、易於核實的標準來度量，但這在實際工作中往往難以做到，有時不得不採用其他的方法。

第四，它與評定人有關。績效由誰來評定，是領導者評定還是群眾評定或自我評定，不同的評定人會得出不同的結果。由於同一組織內往往不是由同一個人評定，因此會出現鬆緊不一、迴避矛盾、姑息遷就、抱有成見等現象。

然而，公平理論對我們有著重要的啟示：首先，影響激勵效果的不僅有報酬的絕對值，還有報酬的相對值。其次，激勵時應力求公平，使等式在客觀上成立，儘管有主觀判斷的誤差，也不致造成嚴重的不公平感。再次，在激勵過程中應注意對被激勵者公平心理的引導，使其樹立正確的公平觀，一是要認識到絕對的公平是不存在的，二是不要盲目攀比，三是不要按酬付勞，按酬付勞是在公平問題上造成惡性循環的主要殺手。

為了避免職工產生不公平的感覺，企業往往採取各種手段，在企業中造成一種公平合理的氣氛，使職工產生一種主觀上的公平感。如有的企業採用保密工資的辦法，使職工相互不瞭解彼此的收支比率，以免職工互相比較而產生不公平感。

(三) 行為改造理論

行為改造理論主要是研究如何改造和修正人的行為，變消極為積極的一種力量。行為改造理論認為，當行為的結果有利於個體時，行為會重複出現；反之，行為則會削弱或消退。這種理論主要有強化理論和歸因理論。

1. 強化理論

強化理論是美國的心理學家和行為科學家斯金納、赫西、布蘭查德等人提出的一種理論。最早提出強化概念的是俄國著名的生理學家巴甫洛夫。後來是斯金納從巴甫洛夫那裡借用來進一步發展，但是內涵發生了變化。在巴甫洛夫經典條件反射中，強化指伴隨於條件刺激物之後的無條件刺激的呈現；在斯金納的操作條件反射中，強化是指伴隨於行為之後且有助於該行為重複出現的概率增加的事件。斯金納將行為分為兩類：一類是應答性行為，是生而俱有的，屬於不學就會的本能性行為，是由特定的、可觀察的刺激引起的反應；另一類是操作性行為，必須經過學習才能獲得，是有機體自身發出的反應，與任何已知刺激物無關。與這兩類行為相應，斯金納把條件反射也

分為兩類。與應答性行為相應的是應答性反射，是強化決定反應；與操作性行為相應的是操作性反射，是反應決定強化。斯金納認為，人類行為主要由操作性反射構成的操作性行為，操作性行為是作用於環境而產生結果的行為。

強化的主要功能是按照人的心理過程和行為的規律，對人的行為予以導向，並加以規範、修正、限制和改造。它對人的行為的影響，是通過行為的後果反饋給行為主體這種間接方式來實現的。人們可根據反饋的信息，主動適應環境刺激，不斷地調整自己的行為。

強化包括正強化、負強化和自然消退三種類型：

（1）正強化，又稱積極強化。當人們採取某種行為時，能從他人那裡得到某種令其感到愉快的結果，這種結果反過來又成為推進人們趨向或重複此種行為的力量。例如，企業用某種具有吸引力的結果（如獎金、休假、晉級、認可、表揚等），以表示對職工努力進行安全生產的行為的肯定，從而增強職工進一步遵守安全規程進行安全生產的行為。

（2）負強化，又稱消極強化。它是指通過某種不符合要求的行為所引起的不愉快的後果，對該行為予以否定。若職工能按所要求的方式行動，就可減少或消除令人不愉快的處境，從而也增大了職工符合要求的行為重複出現的可能性。例如，企業安全管理人員告知工人不遵守安全規程，就要受到批評，甚至得不到安全獎勵，於是工人為了避免此種不期望的結果，而認真按操作規程進行安全作業。

懲罰是負強化的一種典型方式，即在消極行為發生後，以某種帶有強制性、威懾性的手段（如批評、行政處分、經濟處罰等）給人帶來不愉快的結果，或者取消現有的令人愉快和滿意的條件，以表示對某種不符合要求的行為的否定。

（3）自然消退，又稱衰減。它是指對原先可接受的某種行為強化的撤銷。由於在一定時間內不予強化，此行為將自然下降並逐漸消退。例如，企業曾對職工加班加點完成生產定額給予獎酬，後經研究認為這樣不利於職工的身體健康和企業的長遠利益，因此不再發給獎酬，從而使加班加點的職工逐漸減少。

正強化是用於加強所期望的個人行為；負強化和自然消退的目的是為了減少和消除不期望發生的行為。這三種類型的強化相互聯繫、相互補充，構成了強化的體系，並成為一種制約或影響人的行為的特殊環境因素。

強化理論對管理實踐有重要的指導作用：

（1）獎勵與懲罰相結合。即對正確的行為，對有成績的個人或群體給予適當的獎勵；同時，對於不良行為，對於一切不利於組織工作的行為則要給予處罰。大量實踐證明，獎懲結合的方法優於只獎不罰或只罰不獎的方法。

（2）以獎為主，以罰為輔。強調獎勵與懲罰並用，並不等於獎勵與懲罰並重，而是應以獎為主，以罰為輔，因為過多運用懲罰的方法，會帶來許多消極的作用，在運用時必須慎重。

（3）及時而正確強化。所謂及時強化是指讓人們盡快知道其行為結果的好壞或進展情況，並盡量的予以相應的獎勵，而正確強化就是要「賞罰分明」，即當出現良好行為時就給予適當的獎勵，而出現不良行為時就給予適當的懲罰。及時強化能給人們以鼓勵，使其增強信心並迅速的激發工作熱情，但這種積極性的效果是以正確強化為前提的；相反，亂賞亂罰決不會產生激勵效果。

(4) 獎人所需，形式多樣。要使獎勵成為真正強化因素，就必須因人制宜地進行獎勵。每個人都有自己的特點和個性，其需要也各不相同，因而他們對具體獎勵的反應也會大不一樣。所以獎勵應盡量不搞一刀切，應該獎人之所需，形式多樣化，只有這樣才能起到獎勵的效果。

在管理實踐中，正強化和負強化的使用並不能簡單化和絕對化。關於正強化和負強化的使用，從來自一家日本企業的以下調查中大家或許能得到一些啟發，如表 7–2 所示。

表 7–2　　　　　　　　　　強化效果表

激勵方式	效果（行為變化）%		
	變好	一般	變差
公開表揚	87	12	1
個別指責	66	23	11
公開指責	15	27	58
個別嘲笑	32	33	35
公開嘲笑	17	36	47
個別體罰	28	28	44
公開體罰	12	23	65

斯金納的強化理論和弗魯姆的期望理論都強調行為同其後果之間關係的重要性，但弗魯姆的期望理論較多地涉及主觀判斷等內部心理過程，而強化理論只討論刺激和行為的關係。

雖然強化理論只討論外部因素或環境刺激對行為的影響，忽略人的內在因素和主觀能動性對環境的反作用，具有機械論的色彩。但是許多行為科學家認為，強化理論有助於對人們行為的理解和引導。因為一種行為必然會有後果，而這些後果在一定程度上會決定這種行為在將來是否重複發生。那麼，與其對這種行為和後果的關係採取一種碰運氣的態度，就不如加以分析和控制，使大家都知道應該有什麼後果最好。這並不是對職工進行操縱而是使職工有一個最好的機會在各種明確規定的備擇方案中進行選擇。因而，強化理論已被廣泛地應用在激勵和人的行為的改造上。

【即問即答】請比較斯金納的強化理論和弗魯姆的期望理論。

2. 歸因理論

歸因理論是關於知覺者推斷和解釋他人和自己行為原因的社會心理學理論。奧地利社會心理學家 F. 海德在其 1958 年出版的《人際關係心理學》中首先提出歸因理論。以後一些學者在此基礎上陸續提出一些新理論，如 B. 維納、L. Y. 阿布拉姆森、H. H. 凱利、E. E. 瓊斯等人。20 世紀 70 年代歸因研究成為美國社會心理學研究的中心課題。

(1) 海德的歸因理論

海德重視對人知覺的研究，認為對人知覺的研究實質就是考察一般人處理有關他人和自己的信息的方式。一個觀察者對被觀察者行動為何如此感興趣，他像一個「樸素心理學家」那樣去尋求對行為的因果解釋。在海德看來，行為的原因或者在於環境

或者在於個人。如果在於環境，則行動者對其行為不負什麼責任；如果在於個人，則行動者就要對其行為結果負責。環境原因如他人、獎懲、運氣、工作難易等；個人原因如人格、動機、情緒、態度、能力、努力等。如一個學生考試不及格，可能由於個人原因：他不聰明、不努力等；也可能由於環境原因：課程太難、考試不合理等。海德關於環境與個人、外因與內因的歸因理論成為後來歸因研究的基礎。他認為，對人知覺在人際交往上的作用就在於使觀察者能預測和控制他人的行為。

(2) 維納的歸因理論

維納及其同事在1972年發展了海德的歸因理論。維納認為，內因－外因方面只是歸因判斷的一個方面，還應當增加另一個方面，即暫時－穩定方面。這兩個方面都是重要的，而且是彼此獨立的。暫時－穩定方面在形成期望、預測未來的成敗上至關重要。例如，如果我們認為甲工作做得出色是由於他的能力強或任務容易等穩定因素造成的，那麼就可以期望，如果將來給予同樣的任務他還會做得出色。如果我們認為其成功的原因是他心情好或機遇好等暫時因素造成的，那麼就不會期望他將來還會做得出色。人們可以把行為歸因於許多因素，但無論什麼因素大都可以納入內因－外因、暫時－穩定這兩個方面的四大類中，如表7－3所示。

表7－3　　　　　　　　　　個體成功行為決定因素分類

		支配原因	
		內部的	外部的
穩定性	穩定	個人能力	任務難度
	不穩定	努力程度	運氣

【案例7－3】

華東輸油管理局的激勵方式

華東輸油管理局有8,000多名職工，1萬餘名職工家屬，管理著滄臨、濮臨和魯寧三條輸油管線，擔負著華北、勝利、中原三大油田生產原油的輸送任務。這樣一條地下大動脈，在中國經濟建設中有著重要的戰略意義。但在管線建成投產後的一段時間內，出現了職工不安心泵站工作、勞動紀律鬆懈等問題。基層單位的領導常常花費很大氣力做思想工作而收效並不大。華東輸油管理局通過調查、分析，找出了問題的原因。從客觀原因上看，輸油生產有著與其他企業不同的點多、線長和分散等特點，四個輸油公司和20多個輸油泵站，70%以上建在遠離城鎮的鄉村。正是這種特殊性，給生產第一線的職工帶來了一系列困難，如購糧買菜、子女上學、幼兒入托、家屬就業、食堂伙食花樣少和質量差以及業餘文化生活單調等。從主觀原因上看，一些單位的領導片面地強調「先生產，後生活」甚至把生活後勤工作和生產對立起來，這樣，就形成了落後的生活後勤和廣大職工、家屬生活方面的需要不能相適應的矛盾，並逐漸上升為影響職工思想情緒、影響生產的主要矛盾。例如在幾個問題比較突出的泵站，有20%以上的職工向領導提出請調報告；有的由於食堂辦的差，50多個職工竟有30多個煤油爐，做小鍋的人數遠遠超過了在食堂就餐的人數；有的由於吃菜困難，職工中脫崗買菜的現象時有發生；有的為了買一斤鹽、一支牙膏也要跑幾里路。通過分析知道，廣大基層職工對搞好生活後勤工作，解除後顧之憂的需要是當時的主導需要。

華東輸油管理局著重把握住職工及其家屬主導需求的滿足，採取一系列措施，要求各個單位必須把職工的生活後勤工作納入議事日程；利用各泵站內的空閒土地發展蔬菜生產，解決職工吃菜難的問題；選送了幾批炊事員外出進行技術培訓，提高烹調技術水準；選送了一批具有高中、初中文化水準，有一定特長的青年職工到師範學校培訓，充實教師隊伍，為各幼兒園、托兒所配備了必需的教具、玩具和用品，解決了入托難的問題；組織各單位的職工家屬興辦集體福利事業，為職工生活提供方便；積極聯繫生活物資送貨到基層；各單位積極進行綠化，為職工創造優美、舒適的工作、學習和生活環境。同時還積極豐富基層的文化生活，逐步解決基層業餘文化生活單調、枯燥的問題。通過這一系列措施的落實，原來存在的問題陸續得到不同程度的解決，從而調動了職工的積極性，促進了工作，保證了生產。

討論題：

請根據相關的激勵理論分析華東輸油管理局的行為。

資料來源：中國人力資源網，有刪改。

三、激勵手段和激勵方法

(一) 物質激勵

物質激勵是指運用物質的手段使受激勵者得到物質上的滿足，從而進一步調動其積極性、主動性和創造性。物質激勵有資金、獎品等，通過滿足要求，激發其努力工作的動機。它的出發點是關心群眾的切身利益，不斷滿足人們日益增長的物質文化生活的需要。

物質激勵應注意以下兩個問題：

第一，物質激勵應與相應制度結合起來。制度是目標實現的保障。因此，物質激勵效應的實現也要靠相應制度的保障。企業應通過建立一套制度，創造一種氛圍，以減少不必要的內耗，使組織成員都能以最佳的效率為實現組織的目標多作貢獻。例如，物質獎懲標準在事前就應制定好並公之於眾且形成制度穩定下來，而不能靠事後的「一種衝動」，想起來則獎一下，想不起來就作罷，那樣是達不到激勵的目的的。

第二，物質激勵必須公正，但不搞「平均主義」。美心理學家亞當斯在進行大量調查的基礎上，發現一個人對他們所得的報酬是否滿意不是只看其絕對值，而且要進行社會比較或歷史比較，看相對值。通過比較，判斷自己是否受到了公平對待，從而影響自己的情緒和工作態度。為了做到公正激勵，必須對所有職工一視同仁，按統一標準獎罰，不偏不倚，否則將會產生負面效應。此外，必須反對平均主義。平均分配獎勵等於無激勵。

(二) 精神激勵

精神激勵與物質激勵往往是密不可分的，目前企業經常採用的精神激勵方法主要有：

(1) 目標激勵法。目標是企業及其成員一切活動的總方向。企業目標有物質性的，如產量、品種、質量、利潤等；也有精神性的，如企業信譽、形象、文化以及職工個人心理的滿足等。

(2) 環境激勵法。據調查發現，如果一個組織中的職工缺乏良好的工作環境和心理氛圍，人際關係緊張，就會使許多職工不安心工作，造成人心離；相反，如果使企

業成為一個人人相互尊重、關心和信任的工作場所，保持職工群體人際關係的融洽，就能激勵每個職工在企業內安心工作，積極進取。

（3）領導行為激勵法。有關研究表明，一個人在報酬引誘及社會壓力下工作，其能力僅能發揮60%，其餘的40%有賴於領導者去激發。

（4）榜樣典型激勵法。人們常說，榜樣的力量是無窮的。絕大多數職工都是力求上進而不甘落後的。如果有了榜樣，職工就會學有方向，趕有目標，從榜樣成功的事業中得到激勵。

（5）獎勵懲罰激勵法。獎勵是對職工某種良好行為的肯定與表揚，以使職工獲得新的物質和心理上的滿足。懲罰是對職工某種不良行為的否定和批評，以使職工從失敗和錯誤中吸取教訓，以克服不良行為。獎勵和懲罰得當，有利於激發職工的積極性和創造性，所以有人把批評或懲罰看作是一種負強化的激勵。

（三）職工參與管理

所謂參與管理，是指讓職工或下級不同程度地參與組織決策及各級管理工作的研究和討論。讓職工參與管理，可以使職工或下級受到上級主管的信任、重視和賞識，能夠滿足歸屬和受人賞識的需要，從而體驗到自己的利益同組織的利益及發展密切相關，增強責任感。同時，主管人員與下屬商討組織發展問題，對雙方來說都是一個機會，從而給人一種成就感、尊重感。事實證明，參與管理會使多數人受到激勵。參與管理既是對個人的激勵，又為組織目標的實現提供了保證。

目標管理是職工參與管理的一種很好形式。目標管理鼓勵下屬參與目標的制定工作，是一種在組織的政策或有關規定的限度內，自己決定達到目標的最佳方法；目標管理要求下屬發揮自己的想像力，創造性地工作，這可以使下屬人員產生獨立感和參與感，激發他們達成目標的積極性。

合理化建議是職工參與管理的另一種形式。鼓勵下屬人員積極提出改進工作和作業方法的建議，也能起到激勵作用。據美國一家公司估計，他們在生產率的提高方面只有20%得益於工人提出的建議，其餘80%來自技術的進步。該公司的經理認為，如果把精力集中於那80%就大錯特錯了。如果不是首先徵詢工人的建議並使整個公司在生產率上形成一致的認識，公司的生產率就絕不會有任何改變。

當然，鼓勵下屬參與管理，絲毫也不意味著主管可以放棄自己的職責；相反，主管人員必須在民主管理的基礎上，努力履行自己的職責，需要由主管決策的事情，主管必須決策。

（四）工作豐富化

工作豐富化，亦即使工作具有挑戰性且富有意義。這是一種有效的激勵方法，不僅適用於管理工作，也適用於非管理工作。工作豐富化和赫茲伯格的激勵理論有密切的關係，在這一理論中，諸如挑戰性、成就、賞識和責任等都被視為真正的激勵因素。工作豐富化的目的，就是試圖為員工提供富有挑戰性和成就感的工作。

【即問即答】請舉例說明為什麼工作豐富化也是一種激勵的方法。

工作豐富化不同於工作內容的擴大。工作內容的擴大是企圖用工作內容有更多變化的辦法，來消除因重複操作而帶來的單調乏味感。工作內容的擴大，只是增加了一些類似的工作，並沒有增加責任。工作豐富化則試圖使工作具有更高的挑戰性和成就感，它通過賦予多樣化的內容使工作豐富起來，也可以用下列方法使工作豐富起來：

（1）在工作方法、工作程序和工作速度的選擇等方面給下屬以更多的自主權，或讓他們自行決定接受還是拒絕某些材料或資料。

（2）鼓勵下屬人員參與管理，管理人員之間相互交往。

（3）放心大膽地任用下屬，以增強其責任感。

（4）採取措施以確保下屬能夠看到自己為工作和組織所作出的貢獻。

（5）最好是在基層管理人員得到反饋以前，把工作完成的情況反饋給下屬。

（6）在改善工作環境和工作條件方面，如辦公室或廠房、照明和清潔衛生等，要讓職工參加並讓他們提出自己的意見或建議。

工作豐富化也有其局限性，比如對技術水準要求比較低的一些職務工作就難以做到豐富化。另外，在採用專用機器和裝配技術的情況下，要使所有工作都很有意義也是不大可能的。既然如此，那麼如何使工作豐富化卓有成效呢？

下列方法可以使工作豐富化起到更高水準的激勵作用：

（1）首先必須更好地瞭解人們需要什麼，有的放矢。研究表明，技術水準要求低的工人更需要諸如工作穩定、工資報酬較高、廠規限制較少以及富有同情心、能體諒人的基層領導。而高層次的專業人員和管理人員，則不是工作豐富化的重點對象。

（2）管理人員要真正關心職工的福利，並讓職工感覺到管理人員正在關注他們。人們喜歡及時得到有關自己工作成績的反饋，獲得正確的評價和讚賞。

（3）人們願意參與管理，歡迎上級同他們商量問題並給予他們提出建議的機會。

（4）讓職工瞭解工作豐富化的主要目標及由此帶來的好處。

第三節　溝通

在實現管理主要職能的過程中，溝通將起到指揮、協調和通過收集信息為管理人員決策提供參考等作用。可以這樣說，沒有溝通，組織的目標、計劃及其管理者的意圖將不會很好地被員工理解和執行，組織的最終目的也就無法實現。因此，溝通就是組織為了實現其目標而實行的信息收集、分析、交流、協調及處理的過程。

一、溝通概述

（一）溝通的含義

溝通是信息發送者以語言、文字、符號等形式，通過有效的手段，如電話、會談、電子信件等，把信息傳遞給信息接受者的過程。溝通的目的是信息發送者希望信息接受者在收到信息後，能夠按照信息表明的意思採取相應的反應或行動。

要實現有效的溝通必須具備以下三個最起碼的條件：

（1）發送者發出的信息必須是完整、準確的；

（2）接受者能夠明白地理解這一信息；

（3）在理解這一信息之後，接受者會有相應的反應或採取相應的行動。

（二）溝通的重要性

一個組織的正常運轉要靠溝通來維持。一個有效的組織首先是一個相互配合的整體，在這個整體中，員工之間、上下之間、部門之間以及與外部之間的聯繫，每天都

離不開溝通。因此，溝通對於一個現代企業來講，顯得越來越重要。其重要性主要體現在以下幾個方面：

溝通是計劃、組織、領導和控制等管理職能得以實現和完成的基礎。因為組織計劃、組織、領導和控制工作的開展都離不開信息的溝通。因為這四個管理的基本職能是一個相互聯繫的整體，如果他們之間沒有有效的溝通，將都不可能發揮應有的作用。

溝通也是領導者最重要的日常工作。沒有溝通就不可能進行群體或組織的活動。沒有溝通領導者也就不可能瞭解外部、內部、下屬等其他情況，也就不可能作出有效的決策。

溝通也為組織建立起了同外界聯繫的橋樑，任何一個組織只有通過信息溝通才能成為與外部環境相互作用的開放系統，才能瞭解外部市場的變化情況，瞭解顧客的需要，瞭解政府的最新政策等外部環境的變化。

一個組織為了實現自己的目標，先決條件就是要讓自己的員工以及與組織相關聯者瞭解自己的目標，這都得依靠有效溝通來實現。另外，溝通也是使組織成員團結一致、齊心協力實現組織目標的重要手段。

（三）溝通方式

溝通的方式很多，但最常用的溝通方式有口頭形式、書面形式、非語言形式和電子媒體。

1. 口頭形式

在日常生活中，最常用的口頭溝通形式就是通過口頭交談，如會議、面談、電話、演講等方式。口頭溝通具有靈活、直接、迅速等特點。有什麼問題還可以直接反饋。但口頭溝通隨意性強，過後很容易忘記，這對於一些重要性的信息，如涉及各自的責任等問題是不利的，因為口頭協議不具有法律效力。還有當一個信息要經過多人或多層次傳遞時，在傳遞過程中，每位傳遞者都有可能根據自己的理解來傳遞信息，這樣信息的準確性就值得懷疑，如通常我們所說的小道消息，就是多人或多渠道的信息。

2. 書面形式

書面溝通是組織溝通最主要的形式，其主要的表現形式有文件、協議、合同、會議紀要等形式。它具有準確性、嚴肅性、有的還具有法律效力。如果對信息有什麼不明確的地方，還可以進行核實。它也可以收藏，作為歷史資料保存，也可以同時供許多人閱讀，可以提高信息傳遞的速度和範圍。它的缺點是，需要花費起草的時間，有的還經過多層次的傳閱或簽字。

3. 非語言形式

非語言溝通是一種既不是口頭溝通也不是書面溝通的特殊溝通形式，它是一種以符號、肢體、聲音等特殊方式進行溝通的方式，如交通標示、目光、面部表情和手勢等。非語言溝通形式作為一種輔助的溝通形式具有口頭溝通形式的特點和缺點。

4. 電子媒體

隨著現代信息和通信技術的發展，電子媒體在信息溝通過程中將扮演越來越重要的角色。電子溝通是以電子符號的形式通過電子媒體而進行的溝通。除了電信和電子信件以外，組織還可以通過計算機網絡等來收集、處理、傳遞及保存信息。其優點是可以迅速地提供準確的信息，而且還可以保存大量的信息。其缺點是依靠性強，技術要求和成本高。

【即問即答】我們還可以用其他哪些標準對溝通的方式進行分類?

(四) 溝通的過程

溝通的過程就是發送者將信息通過一定的渠道傳遞給接收者的過程。一個完整的溝通過程包括了主體/發送者、編碼、渠道（媒介）、解碼、客體/接受者、反饋、噪聲與背景等八個要素。管理溝通的過程如圖7-8所示。

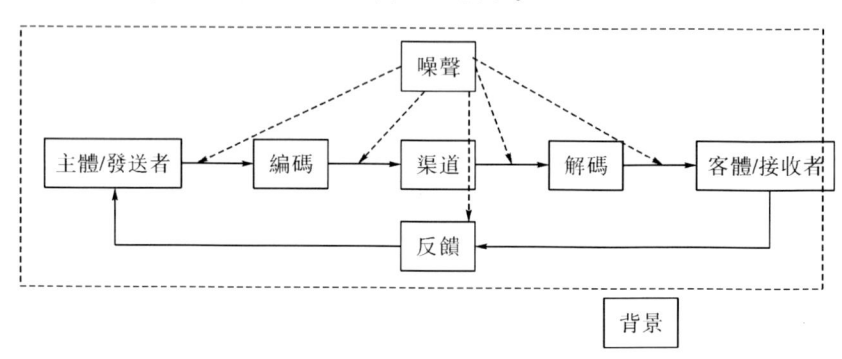

圖7-8 管理溝通的過程（八要素模型）

主體/發送者：即信息源與溝通發起者，這是溝通的起點。

編碼：即組織信息，把信息、思想與情感等內容用相應的語言、文字、圖形或其他非語言形式表達出來就構成了編碼過程。

渠道：即媒介、信息的傳遞載體，除了語言面對面的交流外，還可借助電話、傳真、電子郵件、手機短信等媒介傳遞信息。

解碼：即譯碼，接收者對所獲取的信息（包括了中性信息、思想與情感）的理解過程。

客體/接收者：即信息接收者、信息達到的客體、信息受眾。

反饋：接收者獲得信息後會有一系列的反應，即對信息的理解和態度，接收者向發送者傳送回去的那部分反應即反饋。

噪聲：上述六個環節在進行過程中，不可避免地會遇到各種各樣的干擾，統稱噪聲，它存在於溝通過程的各個環節，並有可能造成信息損耗或失真。常見的噪聲源來自以下八個方面：發送者的目的不明確、表達不清、渠道選擇不當、接收者的選擇性知覺、心理定勢、發送者與接收者的思想差異、文化差異、忽視反饋。

背景：即溝通過程所處的背景環境，同樣的一次溝通在不同的時空背景下導致的溝通效果是不一樣的，正是因為溝通雙方的人際關係是動態變化的，從而使得彼此之間的溝通效果也是動態變化的。

具體來說，溝通的過程便是發送者把意圖編碼成信息，通過媒介物——渠道傳送至接收者；接收者對接收到的信息加以解碼，並對發送者作出相應的反應，成為反饋；在溝通過程中不可避免地會存在各種噪聲干擾，導致溝通效果缺憾；同時由於每次溝通都處於一定的環境背景當中，不同的時空背景下，溝通效果也會大相徑庭。

二、人際溝通與組織溝通

溝通包括逐漸遞進的三個層次：其一，溝通，這是人類與生俱來的本能，和衣食

住行一樣是基本需求；其二，人際溝通，這是本能的、經驗型的、以個性為基礎的；其三，組織溝通，這是具有科學性、有效性與理性的溝通。

（一）人際溝通

人際溝通是人與人之間的溝通，是指兩個或兩個以上的人之間的信息溝通。我們每個人無論是在社會上還是在一個組織中都要充當各種不同的角色，這樣就要求我們具有不同人際溝通的技巧，來履行不同角色的職責。例如，在家庭裡面，作為兒子要與父母溝通；作為丈夫要與妻子溝通；作為父親要與兒女溝通。在組織裡面，要與上下級之間的溝通，同事、朋友之間的溝通。在社會上，還要與各種各樣的人溝通，如警察、醫生、律師、老師等其他人員溝通。因此，可以說溝通無時不在，溝通無處不在。由此可見人際溝通的重要性。

人際溝通是人與人之間的溝通，因此個人因素對人際溝通起到很大的影響。個人因素對人際溝通的影響主要表現在以下幾個方面：

1. 情緒因素

情緒在溝通中起到至關重要的作用。溝通雙方情緒的好壞將直接影響著溝通的效果。如雙方在爭吵的情況下溝通，那結果肯定不會什麼好結果的。

2. 認知因素

認知是一個人對待外界事物的觀點、態度。如果溝通雙方認知不同，看待事物的觀點也不同。雙方持不同的觀點，交流則不易達到統一。

3. 知識水準

不同知識水準的人，在語言的應用、表達方法和理解程度都會不同。這樣不同層次人的溝通將有可能出現不同的效果。

（二）組織溝通

組織溝通是一個組織內部之間的溝通。在組織內部中，即存在著個人之間的溝通，也存在著部門之間的溝通；即存在著上下級之間的溝通，也存在著平級之間的溝通。再加上，組織中不同部門權力差別，及其個人之間不同的職、責、權、利。因此，組織內部之間的溝通要比人際溝通複雜得多。

1. 組織溝通類型

在一個組織中，即有員工之間的非正式的人際關係，也有組織部門之間、部門與員工之的正規結構系統。因此，組織溝通可以分為兩大類：正式溝通和非正式溝通。

正式溝通是組織通過規章制度而設計的組織內部信息交流系統，如會議、匯報、討論會等形式。正式溝通具有正式性、嚴肅性、時效性等特點。它的正式性主要體現在事先有準備，在溝通的過程中有程序和事後有總結等特徵；嚴肅性體現在溝通的程序上有主次、先後、輕重緩急之分；時效性體現在時間的準確及合理的安排。

非正式溝通是組織溝通規定以外的溝通，主要體現為員工個人之間的溝通，當然有時組織的事也採取非正式溝通的形式來實現，如經理想瞭解某個生產崗位的情況，他就可以到這個部門找某一個員工瞭解，這種溝通也可以被認為非正式溝通。非正式溝通主要特點是隨意性、靈活性、多樣性及迅速性。它的隨意性可以體現為事先沒有準備和事後也不必要有總結；靈活性可以體現為隨時隨地，任何溝通方式，或者主要以便利為主，如遇到了就當面說，沒有遇到就打個電話或發個信息等形式；迅速性主要指時間的距離，從考慮溝通開始直到溝通結束時間都不會很長的，它不需要準備也

不需要總結。

2. 組織溝通的方式

組織溝通的方式很多種，但最主要的方式有由上而下的溝通、自下而上的溝通、橫向溝通和斜向溝通。

自上而下的溝通，是指信息由上級往下級傳遞，直到信息規定傳到的級別。這種方式主要是用於組織上級傳達命令、布置任務、下達指標等事項。這種方式往往帶有權威性、指令性，有時還具有時效性。在採用這種溝通方式時，有可能會出現下級對上級的信息理解有限或曲解。這時就一定要建立起一個信息反饋系統，對下級是否能夠理解上級的意圖和下級是否會按上級的意圖採取相應的行動進行反饋，以便上級能夠採取相應措施。

自下而上的溝通，是信息由下級向上級的傳遞過程。這可能有兩種情況，一種是上級為了收集信息，而派人到下面去，通過調查研究、找不同的員工談話或召開座談會等形式收集所需要的信息。另外一種是下級反應問題給上級或對上級的指令進行反饋。通常採用匯報制度、建議箱、接待日等形式來收集來自下面的信息。這種方式有可能會受到下級管理人員的阻撓，他們可能會為了維護自身的利益，對信息進行過濾，有利的就往上傳，不利的就採取掩蓋或進行修改等手段。總的來說，自下而上的溝通方式要比自上而下的溝通方式更有利於一個良好的組織文化的形成和暢通的溝通渠道的建立。這主要是由於自上而下的溝通方式往往具有民主性、客觀性和主動性。

橫向溝通，是指同一層次不同部門員工之間的信息交流。如人事部在制訂員工報酬方案時，要收集一些有關員工其他收入情況，這就要到財務部去獲取有關員工其他收入的信息。這種溝通的目的是為了實現不同部門之間的信息共享，避免某一個部門在作出相關決策時，由於信息的不足而出現片面性的情況；同時也是為了不同部門之間的相互瞭解和工作上的相互配合，因為這種方式具有協商性和雙向性。

斜向溝通，是指在組織中不同部門和不同等級層次的員工之間的信息交流。例如，主管業務的副總經理要瞭解銷售情況與市場部經理的溝通，就是典型的斜向溝通。斜向溝通也具有信息共享的特點，但同時也具有多向性，主要體現在自上而下或自下而上的溝通。它的主要目的是為了加快信息的溝通，避免不同等級部門和不同層次人員之間的障礙。例如，現在有很多組織都建立了一個信息共享平臺，不同部門和不同層次的人員都有有限的授權權限進入這個平臺，來獲取對他們各自職位有用的信息。

三、溝通的障礙及其克服

在溝通過程中都存在一些影響有效溝通的障礙。這些障礙在人際溝通過程中和組織溝通的過程中，既有他們的共性，也有他們的個性，主要體現在以下幾個方面：

(一) 人際溝通中的障礙

在人際溝通過程中，由於受環境的不同，及其信息者和信息接受者不同水準、理解力等因素的影響，信息經常會出現失真、誤解等現象。

1. 影響因素

造成信息經常失真、誤解等現象的產生，主要是由以下障礙導致的：

(1) 語言障礙

在人際溝通過程中，語言是最便捷和使用最多的工具之一，但由於不同的國家和

地區使用的語言不同，甚至在同一地區都有不同的方言，這就給人際溝通帶來了許多問題。由於語言的差異，溝通雙方經常會產生誤會而出現對信息的誤解。有時還會鬧出一些笑話，例如，一位北方人到廣東人家裡做客，好客的主人拿著西瓜對客人說，來來，你吃大便（片），我吃小便（片），不夠，叫我老婆再拉（拿）。搞得客人哭笑不得。

（2）理解問題

由於每個人受到不同的出生環境、不同的素質、不同知識水準、不同的身分和地位等因素影響，理解力也就可能不同。因此，對同一事物就有可能產生不同的看法。在市場營銷學教科書有一個這樣的案例，說有一家製鞋公司派了一位推銷員到非洲去考查市場，他回來告訴公司經理說，那裡根本沒有市場，因為那裡的人都不穿鞋。不久，公司又派了一位市場營銷人員去那裡考察，而他回來卻告訴經理說，那裡有很大的潛在市場，因為那裡的人都沒有鞋穿。產生這種天壤之別的看法是由於他們各自的身分不同等因素。不同的人都會按照自己的價值觀、興趣、愛好來理解不同信息的含義，一旦理解不一致，矛盾就會產生。

（3）信息含糊不清

信息含糊不清是指信息發送者在編排時沒有準確地表達清楚所要發送的信息，使接受者難以理解。產生這種情況，一種可能是與發送者的表達能力有關；再有就是可能發送者由於時間有限或在其他匆忙的情況下，當然也有可能是由於發送者的粗心大意所至。接受者在這種情況下，有可能就會根據自己的理解來行事。這樣就會出現與信息發送者相反的結果。

（4）環境干擾

環境干擾將會對人際溝通產生很大的影響。當溝通雙方處於一個雜亂不堪的環境下溝通時，那麼就可以想像，這時，任何一方稍微不留神，就有可能出現差錯。例如，在公路上或工地上交談。

2. 克服人際溝通障礙的方法

下面就是一些常見的克服人際溝通障礙的方法：

（1）互相尊重

互相尊重是人際溝通的基礎。在溝通過程中，不管你的地位有多高，只有給予對方尊重才有溝通，這種建立在相互尊重基礎上的溝通才會產生有效的結果。若對方不尊重你時，你也要適當地請求對方的尊重，否則也很難溝通。

（2）坦白地表達

只有坦白地表達你內心的感受、感情、痛苦、想法和期望，才能得到別人的理解和支持。

（3）不說不該說的話

在溝通過程中，如果說了不該說的話，往往要花費極大的代價來彌補，正是所謂的「一言既出、駟馬難追」、「病從口入，禍從口出」，甚至於還可能造成無可彌補的終生遺憾。所以溝通不能夠信口雌黃、口無遮攔；但是完全不說話，有時候也會變得更惡劣。

（4）情緒中不要溝通

情緒中的溝通常常無好話，既理不清，也講不明；尤其是不要做決定。

(5) 不責備、不抱怨、不攻擊、不說教

責備、抱怨、攻擊、說教這些都是溝通中的劊子手,只會使事情惡化。

(二) 組織溝通中的障礙

1. 影響因素

在組織信息溝通過程中,無論採取什麼溝通方式和方法,都會存在一些影響組織溝通的障礙。這主要是由於組織結構中不同部門和員工的不同級別的職、責、權、利所產生的。這些因素主要體現在以下幾個方面:等級的差別;不同部門的職責;相互之間的利益衝突和信息的傾向。

(1) 等級的差別

組織為了實現組織的目標,就要建立相應的職能部門,並要配備相關的人員,而相關的人員都應有各自的職、責、權和利。由於各自的職、責、權、利不同,這就無形之中把組織中人員分為不同的等級,不同等級人員所擁有的信息將會產生不同的效果。例如,管理人員發布的信息與一般員工發布的信息將會產生截然不同的效果。在處理一些事情的過程中,有時可能會出現這種情況,人們寧願相信管理者錯誤的信息,而不願相信有關人員的正確信息,從而發生信息傳遞的失誤。

(2) 不同部門的職責

在一個組織中,不同的部門有不同的職責,這就在組織中形成了不同的利益群體。不同的利益群體對信息的利用和取捨將會不同,這樣對信息的傳遞和信息的處理都會有各自的方法和方式。因此,在信息的傳遞過程中,可能會出現信息失真或時間的拖延等情況。

(3) 相互之間利益的衝突

不同的部門都有各自的利益,有的部門之間的利益是一致的,而有的部門的利益卻具有衝突的性質。例如,質檢部門與生產部門的利益就有可能發生衝突,質檢部門的主要職責是把好產品的質量關,如果沒有嚴把關,顧客對質量的投訴多,那麼這樣就會影響質檢部門的效益。而質檢部門嚴格把關,產品的質量提高了,而廢品多了,那麼這樣就又會影響生產部門的效益。因此,各個部門都會根據自身利益來編排、收集和傳遞有利於自身的信息。

(4) 信息傾向

由於不同部門的利益和出發點不同,他們在對信息的傾向上採取不同的態度。甚至他們會為了各自的利益,會扭曲信息,掩蓋不利於自身的信息或發布假的信息,使信息的真假難分,阻礙信息的傳遞速度。

2. 克服組織溝通障礙的方法

不同的組織會根據不同的情況來採取不同的克服組織溝通障礙的方法,但一般都在以下幾方面上下工夫:

(1) 建立一種相互信用的組織文化

一個組織如果能有一種相互信用的組織文化,那麼員工與管理者之間就會有一種良好的溝通氛圍,不管是誰都能夠開誠布公、暢所欲言地表達自己的想法。

(2) 建立一套多種信息溝通的渠道

在一個組織內,信息溝通的渠道應該是多種多樣的。既有自上而下的,也應有自下而上;既有正式的,也應該有非正式;既有口頭的,也應該有書面的等其他渠道。

只有這樣，才能使信息在一個組織內暢通無阻、行之有效。

（3）建立合理的組織結構

組織結構是否合理將會影響信息的傳遞、時效性以及準確性。多層次的管理結構將會對信息的傳遞起到阻礙作用，因此在這種組織結構中應考慮建立專門的信息溝通系統。

（4）建立有效的信息管理機制

有效的信息管理機制，能夠使一個組織起到信息的收集、分析、傳遞、儲存等作用。

三、衝突管理

（一）衝突的產生及其類型

衝突是人們對同一問題有不同的看法，並可能會採取不同的態度以及行為，從而導致不同的結果。無論是在人際溝通過程中還是在組織溝通過程中，都會有衝突產生的時候。產生衝突的原因很多，這主要是衝突產生的環境、時間、地點以及所涉及的人員的不同。

在組織溝通過程中一般產生衝突的原因有以下一些：

* 誤解
* 個性差異
* 工作方式、方法的差異
* 缺乏合作精神
* 工作中的失敗
* 追求目標的差異
* 文化價值觀的差異
* 工作職責方面的差異

衝突的類型有很多，但無論如何都可以歸納為以下幾種：

（1）內心衝突。內心衝突是指個人自己的意圖與客觀認識的衝突。它主要體現在目標的衝突和認識的衝突。內心衝突是當個人的行為與心目中的期望不一致時所產生的衝突。認識的衝突是指個人的想法、態度、價值觀等不一致時，所產生的衝突。

（2）人際衝突。人際衝突主要是指人與人之間在認識、價值觀、態度、行為等方面存在的分歧，從而導致不同的結果。

（3）組織衝突。組織衝突是指組織內部由於不同部門的職、責、權、利的不同所引起的差異，以致產生不同結果。組織衝突又可以分為橫向衝突和縱向衝突。

（二）解決衝突的措施

產生衝突主要是由於人們對同一問題的不同看法，而這些看法的差別可能非常大，有在目標一致情況下的衝突，有在目標不一致情況下的衝突。因此，要解決衝突的首要條件是分清楚衝突的性質，然後根據不同的性質而採取不同的措施。如衝突是在目標一致情況下的衝突，那麼就要衝突雙方找到利益的共同點，做到在求大同存小異，維護共同利益的基礎上協商、合作解決衝突。如果是在目標不一致情況下的衝突，那麼就要搞清楚產生衝突的原因及其性質，然後根據不同的原因及其性質而採取不同的措施。在緩和主要矛盾的基礎上，做到大事化小小事化了，達成共識。其次，要根據

不同類型的衝突採取不同的措施。對於個人內心衝突，要在理智分析衝突的情況下，作出明智的選擇，使自己走出困境。在處理人際衝突時，最主要的是要緩和雙方的氣氛，使雙方能夠心平氣和地坐下來協商，以便達成共識。在處理組織衝突時，要在平等、公平的氛圍下進行協商，使雙方的代表人都能夠表達自己的意見，以便達成共識，做到消除衝突。如果實在不能達成共識，還可以邀請第三方協調和談判等形式來解決。最後，有的時候解決衝突的最好辦法，就是採取迴避的措施。因為，有的時候衝突會隨著環境的改變而自動消失。如有的時候，人們會對自然災害產生的原因有不同看法，很可能這些不同的看法會隨著人們對自然災害的進一步認識而自動消失。

（三）談判的作用及其類型

產生衝突的主要原因是人們對同一事物的不同看法，而在人們經過努力不能夠達到共識的情況下，選擇談判是比較好的解決方式之一。談判是指人們為了各自不同的利益而進行協調的過程。在這個過程中，雙方坐下來，本著解決衝突的目的，進行討論、協商，最後達成協議，讓衝突得到解決。在有的情況下，即使不能夠解決衝突，也能夠緩和衝突，避免衝突的加劇。

根據談判的不同性質，談判可以劃分為很多種類型，如商務談判、外交談判、長期談判、短期談判等。與衝突的類型相適應，下面將介紹幾種主要的談判形式：

（1）個體談判，是一對一的談判。它是指在出現人際關係時，當事人雙方為了各自的利益、觀點而舉行談判。這種談判一般都採取非正式的形式，即隨意性比較大。雙方也許不需要作什麼充分的準備，特別是什麼書面的材料，如當事者雙方約到某一個地方進行協商。

（2）團隊談判。團隊談判是指各方派出了兩個以上代表參與的談判，一般都為組織衝突而舉行的談判。這種談判都是很正規的談判。在各自的團隊裡面，每個成員都明確地分工，材料準備充分。談判的時間、地點及方式都要得到雙方的同意。

（3）多邊談判。多邊談判是指捲入了兩個以上當事人或組織的談判。這種談判一般都採用正規的形式舉行。

（4）直接談判與間接談判。直接談判是指談判的雙方或多方都是捲入衝突的當事人，而間接談判是指談判的一方或雙方委託代理人而進行的談判。

【本章小結】

領導的本質在於組織成員的追隨與服從。領導理論是研究領導本質及其行為規律的科學，領導理論發展經歷了三個階段，每個階段都有不同學者提出的理論。領導者要達到有效的領導效果需要掌握一定的領導藝術。

管理的激勵功能就是要研究如何根據人的行為規律來提高人的積極性。目前把激勵理論分為三類，即內容型激勵理論、過程型激勵理論和改造型激勵理論。由於人的需求不同，在管理過程中要根據具體環境採取不同的激勵方法。

在實現管理主要職能的過程中，溝通將起到指揮、協調和通過收集信息為管理人員決策提供參考等作用。影響溝通的障礙有很多，要改善溝通效果必須盡可能消除障礙。衝突在溝通中是比較常見的，要根據不同類型的衝突採取不同的措施。

【復習思考題】

1. 請舉例分析管理和領導的異同。
2. 請對三種領導理論：領導品質理論、領導行為理論和領導權變理論進行比較。

3. 領導的藝術體現在哪些方面？
4. 內容型激勵理論與過程型激勵理論有何不同？
5. 為什麼說相互尊重是人際溝通的基礎？
6. 面臨衝突時你如何解決？

【案例分析】

ABC 公司的領導類型的調查

ABC 公司是一家中等規模的汽車配件生產集團。最近，對該公司的三個重要部門經理進行了一次有關領導類型的調查。

1. 安西爾

安西爾對他本部門的產出感到自豪。他總是強調對生產過程、出產量控制的必要性，堅持下屬人員必須很好地理解生產指令以得到迅速、完整、準確的反饋。安西爾當遇到小問題時，會放手交給下級去處理，當問題很嚴重時，他則委派幾個有能力的下屬人員去解決問題。通常情況下，他只是大致規定下屬人員的工作方針、完成怎樣的報告及完成期限。安西爾認為只有這樣才能導致更好的合作，避免重複工作。

安西爾認為對下屬人員採取敬而遠之的態度對一個經理來說是最好的行為方式，所謂的「親密無間」會鬆懈紀律。他不主張公開譴責或表揚某個員工，相信他的每一個下屬人員都有自知之明。

據安西爾說，在管理中的最大問題是下級不願意承擔責任。他講到，他的下屬人員可以有機會做許多事情，但他們並不是很努力地去做。

他表示不能理解在以前他的下屬人員如何能與一個毫無能力的前任經理相處，他說，他的上司對他們現在的工作運轉情況非常滿意。

2. 鮑勃

鮑勃認為每個員工都有人權，他偏重於管理者有義務和責任去滿足員工需要的需求。他說，他常為他的員工做一些小事，如給員工兩張下月在伽俐略城舉行的藝術展覽的入場券。他認為，每張門票才 15 美元，但對員工和他的妻子來說卻遠遠超過 15 美元。這種方式，也是對員工過去幾個月工作的肯定。

鮑勃說，他每天都要到工廠去一趟，與至少 25% 的員工交談。鮑勃不願意為難別人，他認為艾的管理方式過於死板，艾的員工也許並不那麼滿意，但除了忍耐別無他法。

鮑勃說，他已經意識到在管理中有不利因素，但大都是由於生產壓力造成的。他的想法是以一個友好、粗線條的管理方式對待員工。他承認儘管在生產率上不如其他單位，但他相信他的雇員有高度的忠誠與士氣，並堅信他們會因他的開明領導而努力工作。

3. 查里

查里說他面臨的基本問題是與其他部門的職責分工不清。他認為不論是否屬於他們的任務都安排在他的部門，似乎上級並不清楚這些工作應該由誰做。

查里承認他沒有提出異議，他說這樣做會使其他部門的經理產生反感。他們把查里看成是朋友，而查里卻不這樣認為。

查里說過去在不平等的分工會議上，他感到很窘迫，但現在適應了，其他部門的領導也不以為然了。

查里認為紀律就是使每個員工不停地工作，預測各種問題的發生。他認為作為一個好的管理者，沒有時間像鮑勃那樣握緊每一個員工的手，告訴他們正在從事一項偉大的工作。他相信如果一個經理聲稱為了決定將來的提薪與晉職而對員工的工作進行考核，那麼，員工則會更多地考慮他們自己，由此而產生很多問題。

他主張，一旦給一個員工分配了工作，就讓他以自己的方式去做，取消工作檢查。他相信大多數員工知道自己把工作做得怎麼樣。

如果說存在問題，那就是他的工作範圍和職責在生產過程中發生的混淆。查里的確想過，希望公司領導叫他到辦公室聽聽他對某些工作的意見。然而，他並不能保證這樣做不會引起風波而使事情有所改變。他說他正在考慮這些問題。

討論題：
1. 你認為這三個部門經理各採取的是什麼領導方式？
2. 依次分析這三個部門經理管理方式的激勵效果。
3. 經理安西爾的管理方式可能會出現哪些和下屬的溝通問題？

資料來源：MBA 智庫，有刪改。

【課後閱讀——管理大師】

亨利・明茨伯格
（Henry Mintzberg，1939— ）

教育背景：蒙特利爾的麥吉爾大學攻讀機械工程學，麻省理工大學管理學博士學位。

思想/專長：組織管理和戰略管理

簡介：明茨伯格出生於加拿大的一個普通家庭。父親是一家生產女裝的小公司的管理者。他高中畢業以後進入位於蒙特利爾的麥吉爾大學攻讀機械工程學。畢業後，他在加拿大國家鐵路公司從事操作研究工作。其間，他的興趣逐漸轉向人們如何工作上。1908 年明茨伯格到 MIT（麻省理工大學）攻讀管理學，他的人生軌道也由此改變。拿到博士學位後，明茨伯格回到了麥吉爾大學任教。

評價/榮譽：麥吉爾大學管理學教授、歐洲管理學院組織學教授、戰略管理學會主席。作為著名的自下至上的管理理論帶頭人，明茨伯格打破了習俗，確確實實地深入公司內部，去目睹商業中的交易。1975 年和 1987 年他先後兩次獲《哈佛商業評論》的麥肯錫年度最佳文章獎，1998 年獲加拿大國家勛章和魁北克勛章，1995 年獲美國管理學院喬治・泰瑞年度最佳管理圖書獎，2000 年獲得美國管理科學院傑出學者獎，2003 年獲美國培訓與發展協會終身成就獎。

出版物：明茨伯格迄今一共出版了十六本書和發表了一百四十多篇文章，其中最具影響力的包括《管理工作的本質》、《組織內外的權力鬥爭》、《明茨伯格談管理：我們的奇妙組織世界》、《戰略過程》、《戰略規劃興亡錄》、《戰略歷險》和《管理者不是 MBA》等。

資料來源：百度百科，整理。

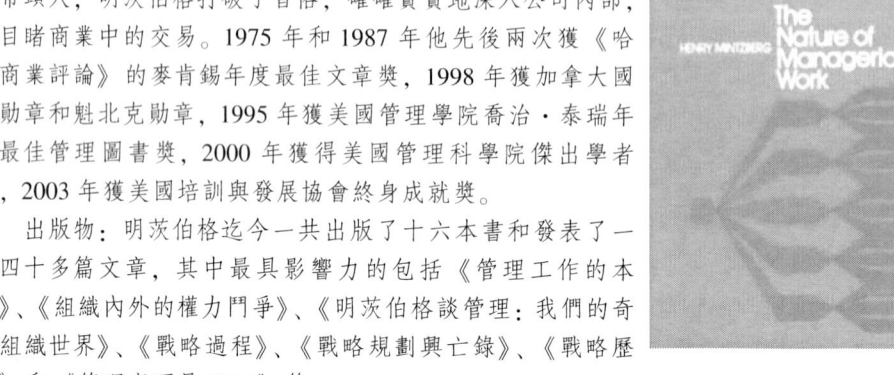

第八章 控制

【學習目標】

1. 掌握控制的概念及其與其他職能的關係；
2. 明確控制的前提和基本要素；
3. 理解控制的步驟；
4. 掌握控制的類型和方法。

【管理故事】

扁鵲見蔡桓公

春秋時期，名醫扁鵲晉見蔡桓公，站了一會兒，扁鵲對蔡桓公說：「你有病，但還在表皮，不抓緊治療，恐怕越來越深。」蔡桓公說：「我沒有病。」扁鵲見桓公不聽，就退了出來。蔡桓公對他的左右說：「當醫生的就是愛把無病的人當有病的人來治，以表示自己的醫術高明，來討取賞賜。」

過了十天，扁鵲又來見蔡桓公，說：「你的病已經進入皮肉了，如果不趕快醫治，恐怕會更深的。」蔡桓公根本不答理，扁鵲討了個沒趣，只好退出來，蔡桓公又是很不高興。

又過了十天，扁鵲再一次去見桓公，並且說：「你的病已經進入腸胃了，要是不趕緊治，將會更深的。」蔡桓公還是不答理扁鵲，扁鵲又退了出來。因為扁鵲屢次說他有病，他更加不高興了。

又過了十天，扁鵲一看見蔡桓公，回頭就走。蔡桓公派人去問扁鵲是什麼意思，扁鵲說：「當疾病還在表皮的時候，服一兩劑湯藥或擦一擦就可以了；疾病進入肌肉，針灸服藥也能治好；當疾病進入了腸胃，飲服「火齊」湯藥還可以治好；要是疾病進入了骨髓，這是性命攸關的大問題，是無法可治的。現在桓公的病已經進入骨髓了，我實在無能為力了。」

又過了五天，蔡桓公突然全身發痛，於是派人去找扁鵲，可是扁鵲已經逃到秦國去了。蔡桓公的病無人能治，就這樣死了。

管理啟示：

這個故事告訴我們如果做了什麼錯事，不及時改正，就會越錯越嚴重，後果將不堪設想。管理工作同樣如此。事後控制不如事中控制，事中控制不如事前控制，可惜大多數的事業經營者均未能體會到這一點，等到錯誤的決策造成了重大的損失才尋求彌補，有時是亡羊補牢，為時已晚。

資料來源：筱陳，蔡桓公因何而死，領導文萃，2006（06），有刪改。

控制作為管理職能的一個重要組成部分，它是一個組織計劃、組織、領導職能實現的保障，而反過來計劃、組織、領導又是控制的基礎。沒有有效的控制，計劃、組織、領導也就不能在一個組織中實現；而一個沒有計劃、組織和領導的組織，它也不可能實現有效的控制。

第一節　組織控制概述

一、組織控制的定義

控制是管理的一項重要的職能，它與計劃、組織、領導工作是相輔相成、互相影響的，它們共同被視為管理鏈的四個環節。計劃提出了管理者追求的目標，組織提供了完成這些目標的結構、人員配備和責任，領導提供了指揮和激勵的環境，而控制則提供了有關偏差的知識以及確保與計劃相符的糾偏措施。所謂控制就是指為了實現組織目標、以計劃為標準，由管理者對被管理者的行為活動進行檢查、監督、調整等的管理活動過程。控制的概念主要包括如下三點內容：

（1）控制有很強的目的性，即控制是為了保證組織中的各項活動按計劃進行；

（2）控制是通過「監督」和「糾偏」來實現的；

（3）控制是一個過程。

在現代管理活動中，控制既是一次管理循環的終點，是保證計劃得以實現和組織按既定的路線發展管理的職能，又是新一輪管理循環的起點，要保證組織的活動按照計劃進行，控制是必不可少的。

【看圖學管理】

管理者要經常對被管理者的行為活動進行檢查、監督和調整，發現問題及時解決，才能確保組織目標的有效實現。

圖片來源：卓越領導網。

二、組織控制的作用

一個組織為什麼要對其內部實行控制呢？其控制的作用是什麼呢？這是由一個組織自身的宗旨所決定的。組織宗旨就是要表明一個組織要在社會上充當一個什麼樣的角色。具體來說，就是它過去做過什麼，現在做什麼和將來打算做什麼。為了當好這個角色，以下是其幾個決定性的因素：

（1）必須得有一個明確的目標，也就是這個組織是一個什麼樣的組織，它在社會上從事什麼和在社會上扮演什麼角色。

（2）其組織的目標應該是與社會的需求和發展相符合的，沒有任何一個組織是能夠在社會上生存和發展下去的，如果它的目標是與社會的需求和發展不相符的。這就要求其組織目標必須隨著社會環境的變化而改變，只有這樣組織才能持續地發展下去。

（3）必須擁有一定的資源，這裡所說的資源，應該是可以用來實現其目標所需的，如人、財、物等。

（4）必須有一個與其組織宗旨實現相適應的管理機構，不同的組織宗旨需要不同的管理機構來承擔才能實現。政府、企業、醫院、學校等由於他們的宗旨不同，所以其管理機構也就應該有所不同。

由於以上因素，這就決定了組織控制具有以下幾方面的作用。

第一，只有實行有效的組織控制，才能確保組織目標的有效實現。根據管理學原理，每一個組織除了有其自身的目標以外，還有其帶有共性的目的：追求效率和效益。為了達到其目標的有效性，每一個組織都會根據其目標的內容而制定出一些具體的計劃，這些計劃必須是在實際操作中可行的，不然的話，也就無法實現。這些計劃通常都表現為數字和時間，也就是我們所說的量化。如某年某月某日要完成多少產量。為了實現這些量化指標，組織就要制訂出一整套落實、檢查、督促和糾正偏差等措施。在這些措施具體實施的過程中，首先，計劃部門或其他主管部門根據計劃的內容，把具體的任務分配給具體的部門和個人，並要求他們在什麼時間內完成什麼量，這就是所謂的計劃落實階段；然後，控制部門或其他主管部門，根據落實階段所分配的任務指標，去核查各個部門實際的業績是否與所分配的任務指標相符，如果相符，將不必採取措施。如果發現相差不大，那麼就要採取督促措施，這個時候，一般不要採取很大的行動，只要督促他們趕上就行。但如果發現相差很大，那就要採取糾差措施，一般採取以下措施：一是調整分配任務指標，二是增加人力或機器設備。當然，不同的組織還可以根據自身的特點採取不同的措施。如，學校對不稱職老師可以採取調換老師的措施。這個過程，也就是組織控制的過程。因此，有效的組織控制對組織目標的實現起到至關重要的作用。

第二，組織實現有效的控制，可以使組織對自己的目標是否符合社會發展的需求而作出判斷，並對自己的目標作出相應的修改，這樣才能使組織的發展具有連續性。

一個組織目標的實現往往不是由組織自身的努力就可以實現的，在絕大多數的情況下，組織目標的實現是由社會或者說是由市場決定的。例如，一個生產型企業目標的實現將取決於其產品能否在市場上銷售出去，如果說，其絕大多數產品能夠銷售出去，在得到社會的認可的條件下，其目標才可以或者很容易實現；相反，則很難實現。因此，每一個組織都要定期對自己的目標、自己的產品或服務進行監控，及時地發現新的需求，並及時地調整自己的產品或服務，同時如需要的話也可以調整自己的目標，以適應環境的變化，使自己在多變的環境下持續地發展壯大。

第三，組織實現有效的控制，可以合理配置自己有限的資源，節約成本，提高自己的競爭力。組織通過對內部的有效控制，可以起到合理地配置自己的有限的資源，節約成本的作用，從而可以提高自己的競爭力。在這裡需要特別強調的是對人力資源的合理配置，合理地使用人才，尊重人才，發揮人才的積極性、創造力。人才不但能創造物質財富，還能夠創造精神財富，如良好的組織文化等，這樣會使組織得到巨大的發展動力。

第四，組織通過對其不同部門及個人進行衡量實際業績的同時，也可以衡量出他

們的績效,從而對他們的績效進行評估。只有根據這些評估制訂出來的績效工資和崗位津貼等激勵措施,才能體現公平,從而有效地激勵員工的積極性和創造性。

第五,組織在分析實際業績的基礎上,可以發現不同的部門及其個人的工作進度和好壞,並通過反饋給不同的部門和個人,進而實行全面有效的控制。

【案例8-1】

巴林銀行的倒閉

1995年2月27日,金融界傳來驚人的消息,具有233年悠久歷史的英國巴林銀行宣布倒閉。造成這一事件的是巴林銀行新加坡分行的交易員,年僅28歲的尼克·里森。巴林銀行的內部控制制度非常鬆懈和疏忽,連尼克自己都說:「沒有人對我的行為進行制止,我感到不可思議。」

巴林銀行沒有將交易和清算業務分開,允許尼克既作為首席交易員,又負責其交易的清算工作。這是一個制度上的控制缺陷,使交易員能很容易地隱瞞其交易風險或虧掉的金錢。巴林銀行的倒閉不是突發事件,早在1992年3月,巴林銀行的一份內部傳真就提出如下警告:「我們正處於一種可能造成災難的危險境地。我們的制度缺陷將造成財務虧損或失去客戶的信任,或兩者兼有。」但遺憾的是,這份報告沒有受到重視。在1994年底巴林銀行已發現資產負債表有5000萬英鎊的虧空,之後兩個月裡巴林銀行高層和總部審計人員對財務進行關注,但都被尼克輕易蒙蔽過去。尼克用剪刀、膠水和傳真造假花旗銀行有5000萬英鎊存款,也沒有人去核實一下花旗銀行的帳目。尼克對巴林銀行總部報喜不報憂,將帳戶中累積的虧損隱瞞,只將獲利的交易上報。1994年,在巴林集團稅前營業利潤的3700萬英鎊中,有2850萬英鎊來自尼克的套利業務,他因而被銀行高層視為明星交易員,銀行高層盡可能地滿足尼克的需求,使得原來的內部審計對尼克失效。1995年1月,尼克看好日本股市,買入大量期貨合同,但日本坂神地震打擊了日本股市,股價持續下跌,巴林銀行損失14億美元,而其自身資產只有幾億美元,巨額虧損難以抵補,這座曾經輝煌的金融大廈就這樣倒塌了。

討論題:

巴林事件提醒我們什麼?

資料來源:施芳,管理學原理及應用,雲南晨光出版社,2008年,有刪改。

三、組織控制的基本前提

任何形式的控制必定依賴於一定的前提條件,若沒有這些前提條件,就無法進行控制。前提條件的充分性是影響控制工作順利開展的重要因素。一般說來,控制的前提條件主要包括以下幾個方面:

1. 有一個科學的和切實可行的計劃

控制是為了保證組織目標與計劃的順利實現。計劃是控制的前提,管理人員首先要制訂計劃,然後計劃又成為評定行動及其效果是否符合需要的標準。計劃越是明確、全面和完整,控制效果就越好。沒有計劃就無法衡量行動是否偏離計劃,更談不上糾正偏差。控制的目標體系是以預先制訂的目標和計劃為依據的,控制工作和計劃工作關係非常緊密。組織在行動執行之前制訂出一個科學的、符合實際的行動計劃,是控制工作取得成效的前提;相反,如果一個組織沒有一個好的計劃,或者有一個會導致組織走向失敗的計劃,那麼控制工作做得越好就越會加速組織組織走向失敗的進程。

另一方面，控制工作本身也需要有一個科學的、切實可行的計劃來明確控制的目標、對象、主體、方式、方法，沒有一個科學的控制計劃，控制就難免顧此失彼。從這兩個方面而言，有效控制是以科學的計劃為前提的。

2. 有專司控制職能的組織機構或崗位

控制工作主要是根據各種信息，糾正計劃執行中出現的偏差，以確保組織目標的實現。要做到這一點，就要有專司監督職責的機構或崗位，建立健全與控制工作有關的規章制度，明確由何部門、何人來負責何種控制工作。

一個組織，如果沒有專門的控制機構，而由各部門自行監督、自行控制，那麼就會出現管理部門和執行部門出於對切身利益的考慮而故意掩蓋、製造假象的情況，也可能會存在管理部門由於忙於貫徹指令，無暇顧及調查研究及分析評價而難以反應真實狀態的情況。因此，監督機構與相應的規章制度越健全，控制工作取得的效果也就會越明顯。

3. 有暢通的信息反饋渠道

控制工作的執行過程中需要將決策指令和計劃執行情況及時反饋給管理者，管理者根據這些信息和情況對已達到的目標水準和預期的目標進行比較和分析。這種信息反饋的速度和準確性會直接影響決策機構作出的決策指令的正確性和糾偏措施的準確性。因此，為了保證信息反饋的準確性，防止監督機構和被監督機構之間互相包庇、謊報信息，管理者在制訂好計劃，明確了各部門、各崗位在控制中的職責以後，還必須設計和維護暢通的信息反饋渠道，充分發揮社會輿論的監督作用。

在設計信息反饋渠道時需要注意的事項有：不要設立單一的信息反饋渠道；要明確信息反饋渠道中的工作人員的職責和任務；對信息的傳遞程序、收集方法和時間要求等事項要進行事先確定；要做好領導工作，充分調動各方面人員提供信息的積極性。只有加強領導，建立暢通的信息反饋渠道，才會使控制工作卓有成效。

另外，組織要進行有效的控制還應具備控制能力。

綜上所述，計劃、組織、領導是控制的基礎，而控制在這三者基礎上對具體組織活動進行檢查和調整，沒有一定的計劃、組織、領導，控制就無法正常進行，控制要以計劃為依據，按計劃、有組織地進行。

四、組織控制的基本要素

控制是有效進行計劃、組織和領導的必要保證，離開了適當的控制，計劃、組織和領導就可能流於形式，從而無法達到其應有的效果。因此，管理者為了有效地進行控制，必須建立一個完整的控制系統以監控環境的變化和各項活動的進展情況。控制系統主要由以下構成要素構成，如圖 8-1 所示。

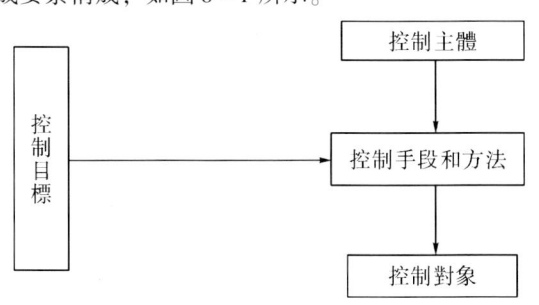

圖 8-1　組織控制系統的構成圖

1. 控制對象：控制的客體是什麼

建立控制體系首先要明確的是控制的對象，即控制的客體。將控制對象從組織的橫向進行考察，組織內的人、財、物、信息等資源都是控制的對象；從縱向來看，企業的決策層、管理層、操作層以及各個崗位都是控制的對象；從控制的不同階段來看，組織內不同的業務階段也屬於控制的對象，如產、供、銷等；從控制的內容看，能力、行為、態度、業績等都可以作為控制的對象。組織的控制是全面的控制，從理論上講，組織控制系統的對象會涉及組織的方方面面。

另外，組織的控制還是對組織整體的控制，因此在控制過程中要把組織的各個方面統一於一個控制系統中。只有統一控制才能使組織活動協調一致，實現整體的優化，從而有效實現組織的目標。

2. 控制主體：履行控制職責的是誰

為了落實對各控制對象根據控制目標進行控制的職責，控制系統必須明確各項控制工作的控制主體。組織內的控制活動是由人來執行和操縱的，因此，組織控制系統的主體是各級管理者及其所屬的職能部門。在控制主體中，管理者根據其所處的地位而承擔不同的控制任務。一般而言，中、低層管理者主要執行例行的、程序性的控制，而高層管理者履行的主要是例外的、非程序性的控制。控制主體的控制水準決定著控制系統所發揮的作用。

3. 控制的目標：在怎樣的範圍內進行控制

所有的控制活動都是有一定的目標取向的。建立控制系統必不可少的就是確定控制目標，即要求在怎樣的範圍內進行控制。

在一個組織中，控制的目標通過各種各樣的控制標準形式加以體現，如時間標準、質量標準和行為準則等。控制則服從於組織發展的總體目標，因此，控制標準往往是根據總目標所派生出來的分目標及各項計劃指標或制度要求來確定，也就是說，控制目標與組織目標和計劃體系是相輔相成的。

4. 控制的方法和手段：如何確定實際達到控制目標的程度

為了瞭解控制對象實際達到控制目標的程度，就需要明確衡量控制對象實際狀況與控制目標之間差距的方法和手段。控制的方法和手段根據控制對象和控制目標來選擇確定。

管理者進行控制的根本目的在於保證組織活動的過程和實際績效與計劃以及計劃內容相一致，最終保證組織目標的實現。控制職能是重要的，但控制本身不是目的，僅僅是保證目標實現的手段之一，必須將其置於整個管理工作過程之中，才能發揮應有的作用。

五、組織控制的類型

控制按照不同的標準可以劃分為不同的類型。按控制所採用的標準可將控制分為優化控制、跟蹤控制和程序控制；按控制主體可將控制分為直接控制和間接控制；按控制信息反饋有無回路可分為開環控制和閉環控制；根據控制的範圍不同可分為作業控制和綜合控制；按控制的程度的不同可分為集中控制、分層控制和分散控制；然而，一般說來，控制的基本類型是前饋控制、現場控制和反饋控制，這是根據控制所發揮作用的時間來劃分的。控制的基本類型如圖 8-2 所示。

图 8-2 控制类型示意图

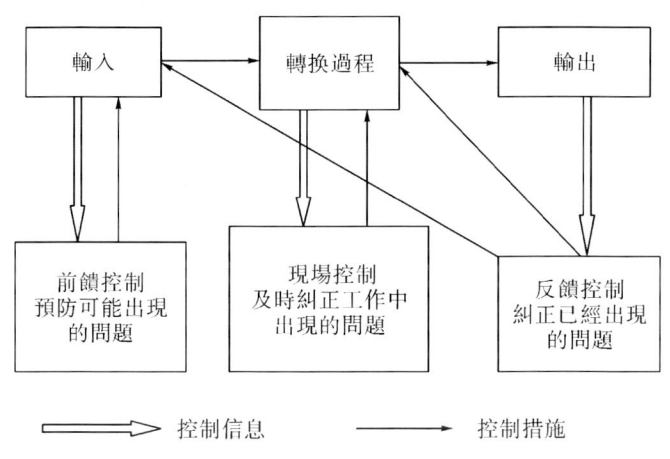

（一）前馈控制

前馈控制是在企业生产经营活动之前进行的控制，其目的是防止问题的发生而不是当问题出现时再补救。因此，这种控制需要及时和准确的信息并进行自习和反覆的预测，把预测和预期目标相比较，并保证计划的修订，控制的内容包括检查资源的筹备情况和预测其利用效果两个方面。为了保证经营过程的顺利进行，管理人员必须在行动前就检查企业是否已经或能够筹措到在质和量上符合要求的各类经营资源。如果预先检查的结果是自愿的数量和（或）质量无法得到保证，那么就必须修改企业的计划和活动目标，改变企业产品加工的方式和内容。事先预测的另一个内容是检查已经或将能筹措到的经营资源经过加工转换后是否符合需要。如果预测的结果符合企业需要，那么企业活动就可以按原定的程序进行；如果不符合，则需要改变企业经营的运行过程及其投入。前馈控制的重点一般指企业组织各类要素在计划意义上的动态调整（涉及所有各项管理职能和整个活动过程）和各类偶然事件的预防。

谈到控制就一定会有可对照的控制标准。那么前馈控制的标准是什么呢？一般说来，上一层计划是下一层次计划的目的，而下一层次计划是上一层次计划的手段。前馈控制的对象是作为手段的计划，其标准就是其上一层次作为其目的的计划，这一类型的计划包括组织的宗旨、组织使命和目标、组织政策等抽象计划，也包括较高层次的具体计划。

从某种意义上说，前馈控制体系实际上是一种反馈系统，只不过该系统的反馈是在输入端，在输入还没有开始前就给予了纠正。前馈控制能够防患于未然，避免不必要的损失，但前馈控制需要及时和准确的信息。不管前馈控制优点何其多，管理人员总要衡量系统的最终输出的，并且谁也不能指望计划地执行工作完美无缺的确保最终输出完全符合预期的目标。

（二）现场控制

现场控制亦称同期或过程控制，是指企业经营过程以后开始，对活动中的人和事进行指导和监督。在活动进行之中予以控制，管理者会较早发现业务活动与计划的不一致，可以较快地采取纠偏措施，这样可以避免发生重大损失，能够防患于未然。现场控制的标准包括组织活动正常开展所依据的各项具体计划在控制点上的预期结果。特殊情况下或紧急情况下也可以超越组织活动所依据的各项具体活动进行灵活性控制。

现场控制一般是在计划允许的范围内,为保证整个计划的实施而面对组织系统和组织外部环境进行协调。直接视察是现场控制的最常见的控制方式。对下属的工作进行现场监督,其作用有两个:首先,它可以指导下属以正确的方法进行工作。指导下属的工作,培养下属的能力,这是每个管理者的重要职责。现场监督,可以使上级有机会当面解释工作的要领和技巧,纠正下属错误的作业方法与过程,从而可以提高他们的工作能力。其次,它可以保证计划的执行和计划目标的实现。通过同期检查,可以使管理者随时发现下属在活动中与计划要求偏离的现象,从而可以将问题消灭在萌芽状态,或者避免已经产生的问题对企业不利影响的扩散。

现场控制的重点在于计划实施过程中所涉及的各种因素。特别是直接涉及的各种因素。现场控制能及时发现问题,有利提高组织员工工作能力和自控能力;但会受到时间、精力限制,且易形成对立情绪,伤害被控者积极性。

现场控制在实践中的使用比较普遍,许多组织的自量控制程序依赖现场控制来通知工人,他们所做的工作质量不高,未达到要求等。再如,我们在使用一些计算机软件,如文字处理软件时,如果出现拼写错误或语法错误就会出现一个提示警告。因此,在管理控制过程中要准确把握现场控制的有权内容。

【案例 8-2】

市容问题

某天上午,一辆面条车缓缓在某市行驶。车内坐的是分管城建的副市长、各城区区长及市各有关部门的「一把手」。副市长说,今天请各位局长现场管管长期不知由谁来管的市容「小问题」。他掏出几张密密麻麻记满了各种问题的纸条,环视了一下大家后说:「我侦察了很长一段时间,今天就点兵点将了。」副市长径直来到一公交站,他指着站旁边的一个破旧不堪的土围子说:「这个墩子竖在这儿已经5年了,我们的工作到位了吗?」一旁的市容办主任当即表态:「3天内我搞掉它。」看着港湾车站凹凸不平的道路,副市长眉头紧锁,他问市政局长:「全市像该车站这样的道路有多少?」市政局长立军令状,保证完成。公交车站的站牌上长了「牛皮癣」,副市长点将市公用局局长,公用局局长说,马上从公汽1000人对全市所有站名牌全面清洗。面条车缓缓驶过某大桥的桥头,突然,副市长高喊:「停,停!」指着被车撞缺的桥栏杆问:「这谁来管?」市政局局长说:「我来,我来。」随后,他拉着某区区长的手来到桥边一堆渣滓前说:「这堆渣滓在这里已待了好几年,现在成了假山……」话音未落,某区副区长接过话来说:「交给我,马上铲除。」

路上,一排门面的招牌参差不齐。一家店铺,歪歪斜斜「补胎」二字,大煞风景,招牌下面堆满了废弃的轮胎。副市长说,一个月内,所有脏乱差的遮阳棚、残破的广告牌统统去掉。

提示:控制是管理的一项重要职能,正确地理解控制的含义,采用合理的控制方法以及科学地实施控制对组织目标的实现有着重要的影响。本案例涉及控制的方法,可用于理解现场控制的特点、实施方式及效果。

讨论题:

1. 案例中涉及了哪些控制类型?各控制类型有何特点?
2. 你认为如何进行有效的控制?

资料来源:何海燕,现代管理学:理论与方法,北京理工大学出版社,2007年,有删改。

(三) 反饋控制

反饋控制亦稱成果或事後控制，是控制類型中最常用的，其控製作用發生在行動之後。它是只在一個時期的生產經營活動已經結束以後，對本期的資源利用狀況及其結果進行總結。其主要內容包括在計劃實施過程的終點對輸出的勞動成果進行檢查和篩選、在整個計劃完成以前向計劃實施的輸入端和執行過程反饋偏差信息，以及在整個計劃完成後向下一輪計劃反饋總結信息。進行反饋控制的依據主要是計劃實施過程終點上的預期成果，包括計劃進度所要求的預期成果和總的預期成果。反饋控制的重點在於對輸出的勞動成果進行計量、檢查和篩選。

反饋控制與前饋控制和現場控制相比，主要有兩方面的有點：第一，反饋控制為管理者提供了關於計劃的效果究竟如何的真實信息。如果反饋顯示標準與現實之間只是很小的偏差，說明計劃的目的達到了；如果偏差很大，管理者就應該利用這一信息使新計劃制訂得更有效。第二，反饋控制可以提高員工的積極性。因為人們希望獲得評價他們表現的信息，而反饋正好提供了這樣的標準。

然而，由於這種控制是在經營過程結束以後進行的，因此，不論其分析如何中肯，結論如何正確，對於已經形成的經營結果來說都是無濟於事的，它們無法改變已經存在的事實。成果控制的主要作用，甚至可以說是唯一的作用，是通過總結過去的經驗和教訓，為未來計劃的制訂和活動的安排提供借鑑。反饋控制主要包括財務分析、成本分析、質量分析以及職工成績評定等內容。

【案例 8-3】

麥當勞公司的控制系統

1955 年，克洛克在美國創辦了第一家麥當勞餐廳，1983 年美國國內分店已超過 5,000 家。1967 年，麥當勞在加拿大開辦了首家國外分店，以後國外業務發展很快。到 1985 年，國外銷售額約占它的銷售總額的 1/5。在 40 多個國家裡每天都 1,800 多萬人光顧麥當勞。

麥當勞的各分店都由當地人所知和經營管理。鑒於在快餐飲食業中維持產品質量和服務水準是其經營成功的關鍵，因此，麥當勞公司在採取特許連鎖經營這種戰略開闢分店和實現地域擴張的同時，就特別注意對各連鎖店的管理控制。如果管理控制不當，使顧客吃到不對味的漢堡包或受到不友善的接待，其後果就不僅是者加分店將失去這批顧客光顧的問題，還會波及影響到其他分店的生意，乃至損害整個公司的信譽。為此，麥當勞公司制訂了一套全面、周密的控制辦法。

討論題：
1. 麥當勞公司所創設的管理控制系統具有哪些基本構成要素？
2. 該控制系統是如何促進了麥當勞公司全球擴張戰略的實現？

資料來源：施芳，管理學原理及應用，雲南晨光出版社，2008 年，有刪改。

(一) 事前控制

麥當勞金色的拱門允諾：每個餐廳的菜單基本相同，而且「質量超群，服務優良，清潔衛生，貨真價實」。麥當勞通過詳細的程序、規則和條例規定，使分佈在世界各地的所有麥當勞分店的經營者和員工們都遵循一種標準化、規範化的作業，麥當勞公司的產品、加工和烹制程序乃至廚房布置，都是標準化的，嚴格控制的。例如，對製作漢堡、炸土豆條、招待顧客和清理餐桌等工作都事先進行翔實的動作研究，確定各項

工作開展的最好方式，然後再編成書面的規定，用以指導各分店管理人員和一般員工的行為。公司在芝加哥開辦了專門的培訓中心——漢堡包大學，要求所有的特許經營者在開業之前接受為期一個月的強化培訓。回去之後，他們還被要求對所有的工作人員進行培訓，確保公司的規章條例得到準確的理解和貫徹執行。麥當勞撤銷了在法國的第一批特許經營權，他們儘管盈利可觀，但未能達到在快速服務和清潔方面的標準。

（二）過程和事後控制

為確保所有特許經營分店都能按統一的要求開展活動，麥當勞公司總部的管理人員還經常走訪、巡視世界各地的經營店，進行直接的監督和控制。例如，有一次巡視中發現某家分店自行主張，在店裡擺放電視機和其他物品以吸引顧客，這種做法因與麥當勞的風格不一致，立即得到了糾正。此外，麥當勞公司還定期對各分店的經營業績進行考評。為此，各分店要即使提供有關營業額和經營成本、利潤等方面的信息，這樣總部管理人員就能把握各分店經營的動態和出現的問題，以便商討和採取改進的對策。

六、組織控制應用的典型領域

任何組織的有效運行都離不開控制。而目前控制的典型應用領域主要在製造業的生產運作方面，如柔性製造系統、存貨的即時控制、質量控制等。

（一）柔性製造系統

計算機技術的發展改進了傳統系統製造系統，使得企業能夠根據顧客的不同喜好、規格和預算來生產合格的產品，這就是柔性製造系統。柔性製造系統的獨特之處在於，通過計算機輔助設計、操作與製造相整合，能夠以從前批量生產的成本向顧客提供小批量的產品。它實際上否定了規模經濟法則，企業不再需要通過大量生產同一種產品來獲得較低的單位生產成本。當需要成產一個新的部件時，不用更換機器，而只需要改變電腦程序。這樣企業可以針對每位顧客的獨特偏好、規格和預算作出反應。

柔性製造系統使得企業在全球經濟中，能對變化作出迅速反應，從而獲得競爭優勢。他們能滿足顧客的不同需要，並能以比競爭對手更快的速度生產產品。當顧客願意接受標準化的產品時，固定流水生產線是有意義的，但在今天競爭激烈的時代，柔性技術對於公司的有效競爭變得更有意義。

固定的流水生產線固然離不開控制，但一般多是人工控制，而柔性製造系統更離不開控制，只不過它依靠的計算機和軟件技術，這樣的控制更有效，更準確，更具現代化。

（二）存貨的即時控制

像波音、本田等大公司的存貨價值往往有數十億美元，而小公司也常常有價值百萬美元的存貨。因此任何能顯著降低庫存的管理措施都能有效地提高企業的效率。即時存貨系統改變了存貨的管理技術。存貨在生產需要時才到達，而不是事先存儲在企業中。即時存貨系統的最終目標是指保留足以應付當天生產需要量的存貨，從而將從訂貨到交貨的時間、存貨以及相關的成本降至接近於零。

即時存貨系統是通過精確協調生產與供應，減少原材料存貨，從而降低成本。當該系統正常發揮作用時會帶來一系列的好處：減少存貨量、縮短生產準備時間、改善工作流程、縮短製造時間、減少空間佔用以及提高產量等。這當然必須要找到可以依

賴的能按時提供高質量材料的供應商。否則，沒有存貨，系統將無法在原材料有缺陷或運輸遲延的情況下正常運轉，這樣勢必會造成缺貨損失。因此，即時存貨系統需要全面、嚴格的控制。

(三) 質量控制

產品或服務的質量是競爭的實力所在。無論是什麼行業，質量都是反應企業水準的最重要的因素。「以質取勝」，既是現代企業的重要經營戰略，也是現代企業獲得成功的基本途徑之一。質量和數量是一個問題的兩個方面，對數量的控制很重要，但其前提是要有一定的質量水準。沒有質量也就沒有數量，沒有質量也就沒有效益，因此，數量和質量相比較，質量更重要。

質量有多種含義，一般包括產品質量和工作質量。產品質量，一是指功能，二是指壽命和安全性，三是指外觀。功能是指產品要具有一定的用途，能滿足用戶的某種需要；壽命和安全是指產品應經久耐用，能在用戶所需的相當期限內保證正常使用；外觀是指產品要造型新穎、色彩協調，使人賞心悅目，愛不釋手，滿足用戶愛新、愛美、愛奇的心理需求。廣義的質量除了產品質量外，還包括工作質量，即為滿足要求所做的各項工作的水準、效果和保證程度。工作質量是保證產品質量的前提，產品質量是組織中各項工作質量的綜合反應。

影響產品質量的因素很多，因而質量控制要有全面的觀點，要施行全過程控制。進行質量控制不僅要提高產品的使用價值，而且要做到質優價廉、高產低耗；不僅要提高產品的技術質量，還要提高產品的服務質量，適合用戶需求，保證用戶使用滿意；不僅要抓產品質量，而且要抓工作質量，從抓結果變為抓原因，使產品質量有可靠的保證；不僅要注意現有產品的生產質量，而且要重視新產品的設計質量，對產品實行設計、製造、使用全過程的質量控制。

加強質量控制是一項非常花費時間和精力的工作。隨著影響質量的因素的複雜變化，提高質量需要組織中的每一個人、每一項工作的配合，因此，在質量控制過程中，必須實行全員參與的全面質量管理。努力提高全體人員的責任心和工作能力；樹立認真負責、嚴謹細緻、用戶至上、質量第一的風氣；建立質量經濟分析制度，開展質量管理小組活動等，對於加強質量控制都是十分必要的。

總之，任何組織的任何領域都需要進行有效控制，只不過有些極為關鍵的領域必須要嚴格控制，否則組織將會遭受重大損失。相反，若具有高效的控制，組織可能會因此獲得競爭優勢。

第二節　組織控制的步驟

不同的組織都會根據自身不同的情況，採取不同的方法和方式來實現其控制的過程。但在通常的情況下，在這個控制過程中，都要經過以下幾個步驟。

一、確定控制標準

控制標準的制定是組織實現其有效控制的前提。一個組織如果沒有一整套可以用來衡量和比較其下屬部門和員工業績的標準，那麼這個組織的控制也就很難實現。因

為，沒有一個統一的和切實可行的衡量標準，那麼每一個管理者都會根據他們自己的經驗和有利於他們自身利益的原則來衡量其下屬部門和員工的工作，這樣就有可能產生不同的管理者對同一個部門或個人有不同的業績評價，出現公說公有理婆說婆有理的情況。因此，每一個組織都應該有一整套成文的控制標準。

在制定這些標準的過程中，每一個組織都應該遵循以下原則：

首先，組織控制標準的制定一定要是以組織的目標和計劃為基礎的。組織控制的目的是為了實現組織的目標，而組織計劃是一個組織為了實現其目標制訂出來的具體的執行方案。因此，組織控制標準的制定一定是以組織的目標為依據，以組織計劃為藍本。只有這樣，才能確保組織目標的實現。任何違背組織目標和計劃的控制標準都會給組織帶來毀滅性的災難。

其次，組織控制標準的制定一定要盡量地做到定量，對不能定量的標準，將應做到定性的細化。控制標準可分為定量標準和定性標準兩大類型。所謂的「定量」，就是數字和時間的具體化，如：要求老師要在兩個課時內，講完3小節的內容，在這裡時間的「定量」是兩個課時100分鐘，內容的「定量」就是從第一章的第1小節到第3小節。而「定性」就是對一些不能「定量」來衡量的事情，只有根據事物的性質來確定的標準，如，老師的工作態度，是不能量化的，但可以根據老師在回答學生提問時的情緒來確定。認真回答為好，置之不理為差等標準來衡量。但在「定性」時一定要做到細化，具有可操作性。

再次，控制標準的制定一定要考慮它們之間的整體性和連續性。每一個組織內的不同部門都有不同的控制標準，如財務控制、人事控制、原材料控制等標準。因此，在制定這些不同的控制標準時，應該要考慮他們之間的關聯性和整體性，而不是各自為政，相互對立或相互矛盾，有損於整體控制。在時間上也要考慮其連續性，這樣才能有利於整個組織的有效控制，做到主次分明，前後相連。

最後，組織在制定控制標準時，一定要考慮這些控制標準的可行性及其實施的經濟效益。任何組織制定出來的控制標準必須是可行的，再好的控制標準如果在實際操作過程中不能實行也是沒有用的。除此以外，還應考慮控制標準的實行能否給組織帶來經濟效益。如果任何控制標準的實施，不但不能給組織帶來經濟效益，反而有損於組織的經濟效益，那就要考慮其設置的合理性，看是否有控制的必要。

二、衡量實際業績

控制過程的第二個步驟，是用制定出來的控制標準來對比實際工作情況，來衡量實際業績和找出實際業績與控制標準之間的差異，進而對實際工作進行評估，以便採取相應的措施。

不同的組織會根據自身的情況和條件，採取不同的方法來衡量實際業績。但常見方法有：

第一，自我衡量法，即組織中的各個部門，甚至各個員工根據組織制定出來的控制標準與自身的工作情況進行對比，從中發現與這些標準差異，並以此為依據來衡量自己的業績，並對此作出評價，然後，以報告、統計表等形式向主管部門或主管個人匯報。

這種方法是許多組織所採取的普遍的基本方法之一。其主要的優點是操作成本低

和及時；其不利之處是其可靠程度，因為是每個部門和每個人都是在給自己打分，有失其客觀性。

第二，上級衡量法，即由組織中的專職部門或個人，如技術部門、質檢部門或技術員、質檢員等用組織的控制標準來對比所查部門或個人的工作情況，從而確定其業績。這種方法一般都以明查或暗查的方式進行。所謂的明查就是被調查者知道自己正在被上級有關部門或個人調查，也可能是上級有關部門或個人根據下級的匯報進行的復查，如例行的月度檢查等。暗查就是被調查者不知道自己何時、何地和採取什麼方法被調查，如產品質量抽查等。

這種方法也是許多組織所採用的方法之一。其主要優點是其客觀性，能夠公正地反應客觀事實。其不利之處是運行成本高和需要一定的時間。

第三，綜合法，是以上兩種方法的結合。它結合了兩種方法的優點。不利之處是運行成本高和所需時間長。但它可靠性強。

第四，外部衡量法，其主要體現的是請組織外部的專業組織來對自己進行業績衡量，如外部的會計事務所、審計事務所。這種方法主要是對上市公司的要求，如每年的公司財務年報告。

其優點是可靠性強，其不利之處是成本高。

當然，不同的組織會根據自身的特點和條件，使用不同的方法來衡量自己的業績，有的也可能會採取不同的方法來對不同的部門進行衡量，如，採取上級衡量法來對產品質量進行控制，採取外部衡量法來對財務實行控制。在一些大公司，有的也可能會設立專門的部門，如審計部門來從事控制工作。

【案例8-4】

克萊斯勒公司的績效管理

克萊斯勒公司在績效評價制度中採用了由下級進行評價的特殊做法。該公司認為，讓下級作為評價主體的理由在於：

首先，這種做法是員工參與管理的一種具體形式。

其次，管理者有必要瞭解下屬員工是如何看待自己的，因為員工對管理者的看法會影響到組織內的溝通、組織成員之間的關係及至組織的績效。

最後，因為下級員工與上級接觸比較多，他們可以更方便地觀察到管理者的行為，的確能夠提供與上級工作績效有關的準確信息。

但是，在克萊斯勒公司這樣一個具有傳統企業組織結構（注重員工職位等級的職務權威）的公司中實施由下級進行績效評價的方法是十分困難的。為了減少管理者的反對，克萊斯勒公司決定評價結果只通知當事人和上級，而且績效評價結果不作為人事決策的依據，而只是用於管理者的人力資源開發。克萊斯勒公司用來評價管理者的指標主要有：領導能力、計劃、員工人力資源開發、溝通等幾項，並採用了5分制進行評價。例如，協調：我的主管促進了團隊的協作；計劃：我的主管有能力制訂出合理的工作日程；領導：我的主管言行一致；員工人力資源開發：我的主管在工作中能夠進行一定的授權。

在這種績效評價制度中，上級可以根據下級對自己的評價發現自己不足的方面，從而為修正自己的行為制訂實施計劃。但在這之前，管理者應該就自己是否正確地瞭解了評價的結果與下級進行充分的溝通，然後將評價結果和與下級的面談結果報告給

自己的直接上級，並與上級討論制訂有關如何改進的具體行動計劃。為了使下級能夠瞭解到他們提出的意見已被接受，應該讓他們有機會看到這個行動計劃，而且定期地由直接上級對計劃的實施情況進行監督。需要強調指出的是，克萊斯勒公司將這種評價方法首先運用到了最高管理者身上，這樣就在一定程度上避免了其他管理者對這種評價方法的反對。

討論題：

就此案例結合控制相關知識談談你的看法。

資料來源：何海燕，《現代管理學：理論與方法》，北京理工大學出版社，2007年，有刪改。

三、進行差異分析

我們通過對實際業績與控制標準的比較，就可以發現是否有差異。通常會有以下幾種情況：

（1）無差異，就是實際業績與控制標準沒有差異或差異是在可以允許的範圍內。

（2）負差異，是指實際業績沒有達到控制的標準，如產品合格率低於控制標準。

（3）正差異，是指實際業績超過了控制標準，如產量超過了計劃要求。

對以上的情況，要根據不同的環境和情況進行具體的分析。無差異，這是組織希望得到的結果。在這種情況下，一般組織不會採取任何控制措施，工作將照常進行。但組織還是應該繼續保持警惕狀態，因為往往是一時的無差，接著而來的卻可能出現很大差異。對正負差異的分析也要主客觀地分析原因，只有搞清楚這些差異產生的原因，才能採取相應的措施來糾正。如有的負差異是由不可抗拒的原因所造成的，如自然災害，那麼這時也就只能採取相應的應急措施了。

在分析差異時，一定要搞清楚產生這些差異的原因及其將要產生什麼後果。這樣才能搞清楚，哪些是要立即採取措施加以糾正的；哪些是可以等一段時間才應該採取措施去糾正的；哪些是沒有必要採取措施去糾正，因為過一段時間他們將會自己消失的。

四、採取糾偏措施

對差異進行分析以後，就要根據差異的不同的情況，採取相應的糾偏措施，這樣才能確保組織的目標和計劃的實現。相應措施應該從以下幾方面開始：

首先，應該確定糾偏措施的輕重緩急，哪些是應該立即要採取措施的；哪些是可以以後再來糾正的；哪些是重點要採取措施的；哪些是可以等一等的。這樣才能集中力量及時地糾正那些將對實現組織目標和計劃有重大影響的偏差，確保組織目標和計劃的實現。

其次，將要考慮採取怎樣的措施來糾正這些偏差。不同的管理者將會根據不同的情況而採取不同的措施，但一般來說，應從以下幾方面來考慮：

（1）改進工作方法或操作程序。產生偏差的原因很多，但在絕大多數情況下，是由工作方法不當或操作程序設置不合理所引起的。這種情況特別是在生產型組織比較普遍。

（2）提高技術水準或增添先進的設備。有的時候，產生偏差可能是由於員工的角色水準不高或設備落後所產生的。

（3）重新設計組織結構和配備人員。產生偏差也有很多情況是由於組織結構的設置或人員的配備不合理產生的。

（4）調整或修改控制標準。產生偏差也有的時候是由於自身的控制標準過高或過低產生的，這種情況，就要及時地調整或修改自己的控制標準。

以上就是一些常見的糾偏措施，當然還要根據情況的不同，而採取的一些特別的措施，如在資金緊張的情況下，就要採取縮減開支的措施來控制資金的使用。

【案例8-5】

馬蒙集團控制方式

馬蒙集團是一家私人擁有的公司，下設60多個不同行業的企業，雇員達28,000多名，年收入超過53億美元。集團的首席執行官羅伯特·普里茲柯就是擁有該公司的普里茲柯家族的一員，普里茲柯先生信奉「用精明強干的人，帶領企業走向輝煌」的管理哲學並以此組織和控制馬蒙集團的事業。

這種管理方式誕生了獨特的企業文化，普里茲柯先生認為公司層的經理們在管理集團的不同業務時，他們參與直接的業務運作。他們的首要職能是通過財務控制系統承擔監督、評估的職能，因此，普里茲柯先生所強調的對產量的控制甚於對員工行為的控制。設在芝加哥的公司總部只有55名公司層的經理，他們要管理集團的60餘家企業，其中有30名經理的工作僅僅只是整理、解決財務和其他財政事業。而普里茲柯先生認為他本人的工作就是為企業尋找最好的公司層經理，然後站在一邊，放手讓這些經理們負責制定他們各自的公司發展戰略。這60多家企業的經理們向集團的9名高級經理中的一位匯報工作。另外，這60多家企業的財務總監向芝加哥的由3人組成的財務小組匯報，這種雙重匯報制度確保公司層的經理們收到關於各自企業的財務狀況的精確說明；同時，這一制度也避免了經理們整日陷於監督企業的日常經營管理。當然，高級經理就相應減少了許多。

扁平的、權力分散的組織結構，加上產出量控制，這種結合還有另外一個重要的好處，由於各企業部門的公司層經理們穩固地把持控制這一關，他們承擔了所負責企業的失誤，似乎「擁有了」企業的所有權，這一切都激勵著他們渴望成功，而且個人的薪酬與企業的業績掛勾。普里茲柯和他的高級經理們只管每個企業的很少的事務，企業經理們的薪酬以及經理們為提高企業的業績而尋求擴大資金項目就是其中的兩項。到目前為止，普里茲柯的組織與控制策略獲得了成功。在過去的10年裡，馬蒙集團的淨資產增加了20個百分點，它的利潤不斷上升，現在普里茲柯先生面臨的問題是他該如何作出改變使得集團的組織結構和控制系統再次讓公司在全球化擴張中有效地經營下去。

討論題：

1. 馬蒙集團使用了何種組織結構與控制方式？利弊各是什麼？
2. 業務擴張至全球時馬蒙集團面臨著哪些挑戰？普里茲柯先生將不得不做出怎麼的組織結構調整？

資料來源：何海燕，現代管理學：理論與方法，北京理工大學出版社，2007年，有刪改。

第三節　控制方式與方法

作為管理人員，必須瞭解控制職能的基本要素、控制的基本過程，還要掌握控制的基本方法和技術，如傳統的現場觀察法、統計數據資料分析法、專題報告分析法、人員管理控制法、內部審計法以及程序控制法、預算控制法，較現代的則有全面控制技術與面向未來的控制技術等。

一、傳統控制方法

隨著社會的不斷進步和管理方法、管理技術的不斷革新，進行控制的方法和技術也是日新月異，層出不窮。但是，自從人類社會誕生以來，一些被實踐證明行之有效的傳統的控制方法還在不同的組織、部門中發揮著重要的作用，值得認真研究。

（一）現場觀察法

現場觀察是一種最古老、最直接的控制方法。高層管理者通過現場觀察，可以發現組織目標與計劃的執行、完成情況，瞭解有關職能部門呈報的數據是否屬實，瞭解員工對組織的意見或合理化建議，並及時發現組織運行中存在的問題。職能部門通過現場觀察，可以瞭解計劃的執行情況以及有關規章制度的遵守情況等信息。而基層管理者通過觀察，則可直接對組織任務的完成情況作出判斷與分析。現場觀察的最大優點在於可以獲得最為真實的第一手信息。不僅如此，現場觀察還可以幫助管理者發現員工中的優秀人才，判斷組織系統的運轉是否正常，從下屬的合理化建議中獲得靈感與啓發。此外，現場觀察還可以起到對員工的激勵作用，營造一種和諧的組織氛圍。當然，現場觀察法的消極作用也是不容忽視的。比如，下屬或員工可能為應付管理者的觀察而製造假象，可能將視察視為對他們工作的干涉與猜疑，等等。儘管如此，在組織規模日益擴大、層級節制日趨規範以及自動控制技術充分發展的社會背景下，現場觀察仍是一種值得肯定和提倡的控制方法。比如，為了檢查安全生產法規的貫徹執行情況，中國有關部門每年都會組織力量對煤礦等企業的生產情況進行大檢查，及時發現、解決生產過程中存在的安全隱患。當然也發生過高層領導被蒙騙的尷尬事件，但這也說明瞭解基層情況的不易和領導需要親自視察的必要性和重要性。

（二）統計數據資料分析法

這是管理者對組織或部門活動中的各種統計數據和資料進行分析，發現問題並採取糾正措施的方法。管理者要善於利用組織或部門的統計數據、資料進行控制，因為這可以增強控制的針對性、有效性。一般而言，以數據、圖解或曲線圖形顯示的統計數據分析，可以對組織活動的趨勢及其相互關係作出明確的判斷。

管理者將組織活動的統計數據資料作為控制的重要參考時，應注意保持統計數據資料的及時性和真實性。具體而言，就是要保持統計數據資料定期、無誤、以規範的形式（如統計報表）呈報到管理層，從而使領導見微而知著，及時消除因種種意外情況和環境、條件變化導致的對原來工作計劃的偏離。

（三）專題報告分析法

專題報告是用來向管理者全面、系統地闡述計劃的進展情況、存在的問題與原因，

採取的措施及效果、潛在的問題等情況的一種方式。對專題報告的分析，有利於管理者對具體問題進行控制。例行的會計與統計報表雖然能提供一些必要的信息，但往往不充分。這時，管理者可以利用專題報告分析法進行控制。

專題報告的主要目的在於提供一種必要時可用作糾正措施依據的有關信息，它一般應由部門或下級單位完成，也可由領導身邊的參謀小組完成。一般說，一名從事複雜業務活動、富有經驗的領導者，作深入調查的時間往往受到限制，但他可以聘用數名訓練有素的分析人員，組成一個參謀小組，讓他們專就某一個重要問題開展調查研究工作，然後作出專題報告。這種參謀小組具有敏銳發現問題的能力，他們所提出的專題報告，對改進組織活動、提高組織績效具有非常重要的作用。

參謀小組所提出的專題報告應具有以下特點：及時；重點突出；簡潔扼要；提出中肯改進意見；等等。一般情況下，管理者對報告質量要求的程度，決定了運用專題報告進行控制的效果。組織管理的複雜程度總在不斷增加，而管理者的時間、精力畢竟有限，因此，應高度重視專題、定期報告的作用。如中國政府對社會治安、突發事件、重大社會問題所採取的專項調查方式，中國權力機關全國人民代表大會各專門委員會就某項法律執行情況所進行的專項調查與執法檢查，所形成的專項報告都屬於這一類。

（四）人員管理控制法

管理者在人事管理方面的控制工作，就其本質而言，主要集中於對組織或部門內的人力資源管理上，具體又體現在對員工工作中的表現、成績的評定和主要人事比率的分析兩個方面。管理者對員工的表現與績效進行全面、客觀的評價，有利於激勵先進，督促後進。這種評價、鑒定與分析可分為以下幾個步驟。

（1）工作分析。工作分析是指管理者對員工所從事工作、崗位的內容進行具體、細緻的分析。

（2）制定工作標準。在工作分析的基礎上，管理者要制定衡量員工能力及工作表現方面的合理標準，以利於衡量員工的工作表現、績效，並予以相應的獎懲。

（3）衡量、鑒定員工的工作表現及成績。其方法既可以是抽樣檢查，又可以是現場檢查。在檢查中，要結合實際情況，客觀、靈活地把握工作標準。

（4）評價與反饋。管理者通過對員工工作表現及成績的衡量作出相應的評價，並將結果反饋給相關人員。

（5）分析組織中各種人員的比率與組織任務、組織目標的關係。組織中的人員比率，主要有管理者與業務員的比率、後勤人員與業務人員的比率、員工調動的比率、員工曠工缺席的比率等。通過分析這些比率關係是否合理，管理者可以發現組織中存在的問題。例如，如果高等學校中行政管理人員與教師的比率過高，則會影響教師的工作積極性，使其各種資源得不到合理配置。再如，如果組織內員工的流動率太高，會影響組織的穩定與發展；如果流動率太低，又會窒息組織的生機與活力；等等。因此，管理者應採取適當的措施，合理確定組織中的各種比率。

（五）內部審計法

內部審計是指組織內部的審計人員對組織的會計、財務和其他業務經營活動所開展的定期、獨立的審核與評價。儘管內部審計具有顯而易見的局限性，但從理論上來說，內部審計畢竟體現了對組織經營活動的總體評價和全面評價。組織的高層管理者

可以通過審計發現經營活動的實際績效與預期績效之間的偏差，從而有針對性地開展控制活動。組織為保證內部審計的質量，必須建立起科學、完善的內部審計制度體系。

二、程序控制方法

(一) 程序與程序控制

1. 程序

程序是對組織或部門中操作或事務處理流程的一種描述、計劃與規定，是對按既定方式有效進行的工作實行控制或完成任務所必需的工具。它規定了如何處理那些重複發生的例行問題的標準方法。

程序具有以下特徵：

(1) 程序是一種優化了的計劃。程序是對組織中大量日常工作過程及工作方法的提煉與規範，規定了如何處理組織中日常問題及處理物質流、資金流、信息流的例行辦法，為組織人員提供便捷、明確、實用的行動方案。

(2) 程序具有系統性。管理者只有認識到程序根本是「系統」，才能充分發揮程序控制的作用。一個複雜的管理程序，往往會涉及多個職能部門、工作崗位、主管與專業人員，以及各種類型的管理活動，如調研、計劃、審核等。因此，管理者應將管理程序視為一種系統，用系統的觀點和方法來分析並設計程序。

(3) 程序是一種控制標準。程序通過文字、格式與流程圖等方式，對組織的業務處理方法作出嚴格而明確的規定，既便於執行者按程序辦事，也便於管理者的督促與檢查。

2. 程序控制

程序控制則是依據程序所提供的標準而展開的控制活動。由於程序通常會影響到組織內部的各個部門，所以依據程序開展控制是十分必要的。但是，不合適地運用程序控制法，卻往往會帶來一些副作用，比如抑制組織內部的創新活力，不能對環境變化作出及時反應，滋生組織的官僚化傾向，等等。

(二) 導致程序失效的因素

程序並不是永遠能得到實行的，也並不是任何情況下都是有效的。這些我們稱為程序失效。導致程序失效的因素有：

1. 程序衝突

組織內部不同的職能部門為了各自的運行，會試圖建立一些本部門的程序（制度），如果這些程序（制度）之間缺乏有效的協調，則難免會造成程序的交叉、重疊、矛盾等衝突現象，從而導致程序的失效。

2. 過分依賴程序

管理人員在解決出現的問題時，應綜合運用程序、授權、指導、溝通、協調等手段。如果過分依賴程序的控制作用而忽視其他的手段，則往往造成相反的效果。

3. 程序過時

在現代社會裡，組織面臨的是高度開放、瞬息萬變的外部環境，組織會根據環境的變化不斷調整其目標和計劃。程序是為組織的目標和任務服務的，如果程序不能隨著組織目標和任務的調整而進行相應調整，則程序就會因過時而失去效用。

4. 對程序的不瞭解

如果組織的管理人員對程序的內容知之甚少，不瞭解程序運行所需要的成本，或不能及時消除程序之間的衝突現象，那麼程序的失效就難以避免。

(三) 程序控制應遵循的原則

在管理實踐中，管理者要實現有效的程序控制，避免程序「失效」，應注意以下幾點：

(1) 將程序視為一個系統。從系統的觀點分析，任何一個程序都是一種系統；同時，從組織的整體角度分析，程序又是一個更大系統的有機組成部分。將程序視為系統，有助於管理者追求組織整體的最優化而非局部利益，可以促使管理者從整體角度分析並設計程序，使各種程序的重複、交叉與矛盾減少到最低限度。

(2) 將程序減至最少。很明顯，程序控制存在著一些弊端，如對環境的適應能力較差，不利於調動員工的積極性，往來公文過多，增加辦公費用，等等。因此，管理者應充分考慮這些因素，權衡潛在收益、必要靈活性與增強控制之間的利弊得失，將程序減至最低限度。

(3) 保證程序的計劃性。從本質上看，程序也是一種計劃，進行程序設計必須服務、服從於組織整體目標的實現和效率的提高。管理者在制定程序時，必須充分考慮制定的必要性、可否收到預期效果以及是否有助於實現計劃等問題，否則，程序將會成為影響組織生存與發展的消極因素。

(4) 要關注程序運行所需的費用。對程序進行分析時，管理者應考慮到其運行費用這一因素。儘管程序運行中的一些費用是無法準確估算的，但評估程序運行所需的費用，對促進程序的合理化，減少程序運行成本都是十分有益的。

(5) 控制程序的運行。這需要做三方面的工作：將有關程序的規定匯編成冊，發放給組織中的管理者及員工；培訓、指導員工進行正確的程序操作，使員工明確制定程序的必要性及目的；採取有效措施，確保員工可以及時、正確地接受新的程序，保證員工按照預期的要求工作。

(6) 使程序具有權威性。確保程序控制的有效性，應滿足兩方面的要求：既要保證程序設計的合理性、科學性，又要嚴格執行既定程序，保證程序的權威性。那麼，怎樣才能保證程序的權威性呢？具體而言，程序的科學性與合理性是基礎；管理者應成為遵守程序的典範；實現程序監督的規範化、制度化、長期化；等等。要做到這些，就必須通過內部審核等職能性活動，定期檢查程序的執行、實施情況，對因違反程序而造成的事故和損失應認真追究、嚴肅處理。

三、預算控制方法

預算是指組織或部門在一定時期內有計劃的財務活動的表現形式。預算作為一種主要的控制手段，屬於計劃的範疇，是對未來一段時間內組織收支情況的設計。組織的管理人員可以根據預算的指標來衡量計劃的執行情況，並據以採取有針對性的控制活動。

(一) 預算編製的程序

在現代管理系統中，預算一般由組織的高層管理人員與控制人員制訂，然後傳達給下級管理人員和員工。具體而言，預算編製應遵循以下幾個基本步驟：

下屬各職能部門制訂本部門的預算方案，由上級部門的管理者審批。

上級管理者對下屬各部門的預算草案進行綜合平衡，並制定出本部門的總預算

草案。

預算委員會（一般由高層管理人員與部門權威人士組成）審核各部門的預算草案，進行綜合平衡。

預算委員會與高層管理者進行協調，擬訂出本組織的預算草案。

預算委員會將整個組織的預算草案呈報組織高層管理者審批；審批後將預算方案在組織內逐級傳達。

以上只是預算過程的基本步驟。在管理實踐中，不同的組織或部門，其預算過程與方式可能千差萬別、形式各異。

(二) 預算的種類

按照不同的標準，可將預算劃分為許多種類。這裡按照內容，將預算劃分為經營預算、投資預算和財務預算三類。

1. 經營預算

經營預算是指經營性組織或部門在日常活動中所發生的各種基本收支的預算。例如，企業的經營預算主要應包括銷售預算、生產預算、直接材料採購預算、單位生產成本預算等。其中，銷售預算是預算控制的基礎。

2. 投資預算

投資預算是指針對組織或部門的固定資產購置、改造、更新、新建等投資活動，在可行性分析的基礎上編製的預算。它具體反應了投資時間、數量、資金來源、預期收益等情況。一般而言，投資預算應與組織的發展戰略緊密聯繫起來。

3. 財務預算

財務預算是指組織或部門在計劃期間內，反應有關現金收支、經營績效及財務狀況的預算，主要包括現金預算、預計收益表與預計資金負債表等內容。財務預算可以成為各項經營業務和投資的整體計劃，故也稱「總預算」。

(三) 兩種有效的預算控制法

預算作為一種重要的控制工具，具有有利於管理者制定控制標準、協調組織資源、評價組織對資源的運用情況、對管理者和員工工作進行評價等作用。但是，在實際的預算編製和執行過程中，由於過於推崇預算方法的作用，或預算編製本身的失誤，會導致出現一些副作用，比如缺乏靈活性、過於繁瑣而難以執行、預算目標實際上取代了組織目標等。所以，管理者必須慎重地選擇預算控制的具體方法。實踐表明，以下兩種方法可以比較有效地避免傳統預算方法所可能產生的副作用。

1. 零基預算法

零基預算法與傳統預算法截然不同。傳統的預算編製，一般均以基期的各種項目費用的實際開支為基礎，根據計劃期間各種變動因素的情況來確定各項費用。零基預算法則不然，其基本的指導思想是在編製預算時，不以過去的實際開支做標準，而以組織目前的需求和發展趨勢重新估量，通過對每項費用開支合理性的重新審定，在「成本—效益」分析的基礎上確定預算。與傳統的預算方法相比，零基預算具有以下較為明顯的優勢：

(1) 零基預算法有利於控制組織內部的各種隨意性開支，對組織的預算膨脹趨勢起到制約作用，可大大節約成本。

(2) 零基預算法有利於組織的高層管理者將精力集中於戰略性的重大項目上來，

並有利於將組織的當前目標、實現的效益與長遠目標有機地結合起來。

（3）零基預算法有利於對整個組織作全面地審核。

（4）零基預算法有利於提高管理者在計劃、預算、控制等方面的水準。

零基預算的編製，可分為以下幾個步驟：

第一，有關管理者在審批預算之前，應明確長遠目標與近期目標之間的關係，建立起可以量化考核的目標體系。

第二，審核預算時，以零為基點評價組織的一切活動。要求所有申請預算的項目或部門均須提交下一年度的計劃；凡新增項目，必須提交可行性分析報告；所有繼續進行的活動或項目，均須提交計劃完成情況的報告；等等。

第三，確定真正必要的項目或活動之後，根據新的目標體制，重新確定各項管理活動的先後次序。

第四，進行成本—效益分析，科學審定每項工作的支出和收益，編製預算，使資金按照重新核定的標準支用和回收。

實踐證明，零基預算法較為適合於政府機關、企事業單位內的行政部門與輔助部門。但是，組織或部門在編製預算的操作過程中，應注意避免可能出現的問題，如投入的人力、物力及時間可能很多，在安排項目的優先次序時難免存在著主觀片面性等。所以，零基預算的編製，應注意以下幾點：

第一，預算主持者應對組織目標認識明確。預算主持者認識明確，才能敏銳地區分哪些活動是必要的，哪些是不必要的。

第二，負責對預算進行最後審批的管理者應親自參加活動和項目的評價過程，並擔負起自己的責任。

第三，零基預算的編製應發揚創新精神。管理者應鼓勵創新，培養創新意識，這有助於制訂出既能提高效益，又可降低成本的行動計劃。實際上，零基預算法的本質就在於突破傳統習慣和常規，更新觀念，提倡從零開始，從事創造活動。

2. 項目預算法

項目預算法為組織或部門合理使用其資源提供了一種有效的方法。它是一種把組織目標分解為項目，從項目出發合理配置資源的方法。這種預算法兼顧了組織可用資源狀況，著眼於目標及規劃的實現，強調項目成本的最小化。這一優點使得項目預算法不僅適用於各類企業，而且還廣泛應用於政府的管理工作之中。

（1）項目預算法的主要特點

a. 項目預算法強調選取實現組織目標的最佳項目，著眼於對實現項目各種方案的費用效果分析。費用效果分析是指針對不同方案實現目標的效果及所需費用進行綜合評價，在此基礎上選擇最佳方案。通常情況下，可以運用數學模型對費用與效果的關係、變化模式進行定量化描述。

b. 項目預算法是按規劃的項目進行分階段撥款，而不是簡單地按會計科目在過去的基礎上分配資金。例如，有一個國家的國防部運用項目預算法，將款項分為研究、製造、試驗與評定四類項目，分別支付海、陸、空三軍及國防部的獨立單位；同時，將上述四類項目分為340個分項。為了對項目撥款進行審核，還需要確定340個分項中每一分項的費用水準，以此作為撥款的標準。如果某項目的某一分項的預算超過了標準，則必須履行特別的審批程序。

（2）進行項目預算法所面臨的困難

當然，由於一些因素的普遍存在，在公共部門內部推行的項目預算法也面臨著一些困難，主要是：

a. 公共部門現行的會計制度與實行項目預算的要求還不相適應。

b. 公共部門往往缺乏明確、具體的目標，這無疑會阻礙項目預算的實施。

c. 公共部門中的財務人員習慣於傳統的預算方法，可能會對新的預算法產生抵觸情緒。

d. 在公共部門內部推行的項目預算法，目前尚缺乏一整套的進行費用效果分析的目標與方法體系。

儘管項目預算法的推行面臨著諸多困難，但作為改革公共部門，實現有效管理的有益嘗試，項目預算法畢竟是一種有巨大潛在意義的控制方法，應在實踐中予以推進和完善。

(四）如何實現有效的預算控制

人們通常認為，預算是組織實現有效管理的重要手段之一。但是，在管理實踐中總會存在一些影響預算控制有效性的障礙。那麼，怎樣才能實現有效的預算控制呢？

1. 高層管理部門的支持

在預算通過組織的審核、批准後，高層管理部門應採取行動維護預算的權威性。比如，制訂計劃以執行預算，要求下屬部門制訂本部門預算，進行預算審查，等等。這樣，預算就會使整個組織的管理工作完善起來。

2. 所有管理者的參與

在進行預算編製時，最高層管理者應動員組織中所有管理者參與到這項工作中來。管理實踐表明，包括基層、中層管理者在內的所有管理者真正地參與編製工作，是保證預算成功的必要條件。同時，為了避免預算方案過細、無彈性而導致無法實現真正的授權，高層管理部門應允許下屬部門擁有一定程度地修改、調整預算的權利。

3. 制定相應的標準

為保證預算得到有效執行，管理者應制定出相應的、可操作的標準，並按標準進行衡量、分析，將各項計劃與任務轉化為對員工、經營費用、資金支出及其他資源的具體需要量，這是預算工作的關鍵步驟之一。事實上，許多預算就是因為缺乏諸如此類的標準而失效。

4. 重視信息反饋

在預算執行過程中，管理者需要及時收集、分析相關的各種信息，明確工作在當前的進展情況，並據此採取適當的行動。為了避免信息反饋過程中的堵塞、失真現象，管理者應付出努力，建立起一個靈敏、高效的管理信息系統。

四、全面控制與面向未來的控制技術

在一般管理領域，大多數控制方法都是針對組織或部門中的某項具體工作、任務而設計的，這些方法在組織或部門的整體控制方面具有一定的局限性。另外，許多控制方法是以對背離計劃的偏差進行評價、分析所獲得的信息為依據的。那麼，有沒有一種控制方法，使得工作、任務開展伊始就能夠預防偏差的產生呢？全面控制技術與面向未來的控制技術便可有效地解決這些問題。

(一) 全面控制技術

全面控制技術是相對局部控制技術的局限性而發展起來的，它包含一些重要的控制方法。通過運用這些方法，管理人員能夠根據組織（或者組織的部門、某一工程項目）的戰略目標來衡量、評價其整體工作成效。管理的實踐表明，全面控制方法在很大程度上指的就是財務控制方法，組織可以通過對經濟指標和財務方面的測量來達到控制目的。因為對於經營性組織而言，資金是其獲得生存和發展的最為重要的基礎，利潤是衡量組織效率最直觀的標準。即使對於非經營性的組織而言，開展全面控制的方法一般也是財務方面的。

全面控制的方法主要有以下三種。

1. 損益控制法

損益控制法是指根據組織或部門的損益分析表，對其經營狀況、管理績效進行綜合控制的一種方法。因為損益分析表能夠顯示該組織在一定時期內損益的具體情況，進而有助於說明直接造成損益的各種因素，管理層可以根據分析結果對組織的利潤、支出的因素進行控制。損益分析有助於發現組織中全局性的問題，並使控制工作針對關鍵問題而有的放矢。

當然，損益控制法也存在一些局限性，比如：

（1）核算工作和公司內部的票據傳遞的工作量大。

（2）在全面衡量組織的總體工作績效方面存在一些不足之處。

（3）由於運用這一方法要求部門負責人擁有相當大的自主權，所以可能不利於組織內部的協調統一。

（4）有些公共部門缺乏收入、利潤及支出的統計，因此，運用損益控制法面臨一定的困難。

因此，在運用損益控制法時，要注意採取措施盡量避免它的負面影響。

2. 投資報酬率分析法

投資報酬率分析法的基本做法是，以投資額與利潤之比，從絕對數和相對數兩方面衡量整個組織或內部某一部門的績效並依此進行控制。許多組織都把這一方法作為評價績效的主要手段。這一控制方法與損益控制法具有相似之處。兩者的區別在於，投資報酬率分析法不是將利潤視為一個絕對的數字，而是將其視為組織運用投資的回報。投資報酬率的計算方法如下：

投資報酬率 = 利潤總額/投資總額 × 100%

在實行分權制或事業部制管理的組織或部門中，投資報酬率分析法有助於促使事業部的管理者從組織最高層的角度來分析本部門的經營狀況，實現各分權單位的目標與組織整體目標之間最大限度的一致化。但是，這一分析方法的局限性也是顯而易見的，因為建立起一個有效的投資報酬率控制系統並非易事；而且，它不利於管理者創新意識與風險意識的培養，使管理者在新產品、新技術的投資方面受到限制。

3. 管理審計

管理審計是組織或部門全面、系統地評價、分析全部管理工作績效的一種控制方法，其實質就是針對整個組織開展的審計。它是一種側重於管理職能方面的審計，因此被認為是一種發現問題的最全面、最有力的控制技術。管理審計與內部審計的區別在於，後者涉及的範圍較廣，是對組織經營狀況的審計，而管理審計的目的則僅僅是

評價管理工作或者管理系統的質量。

通常情況下，管理審計指的就是外部審計，是指由組織或部門以外的專業審計機構對某一組織或部門的財務程序、財務經濟往來情況進行有目的地綜合檢查。要保證管理審計的質量，必須做到以下幾點：

（1）開展管理審計的公司應該是專業的和被社會公認的，它足能勝任評價組織管理系統及人員素質的任務。

（2）開展管理審計的公司應該是獨立的，以保證得出結論的客觀性。

（3）開展管理審計的公司應實習審計工作和管理服務工作，並開展充分的內部研究，制定科學的評價標準。

（4）開展管理審計的公司應取得審計對象的管理層和顧問小組的幫助和支持。

（二）面向未來的預防性控制

面向未來的預防性控制，其基本原理或者重要的理論假設就是：管理人員及其下屬的素質越高，就越不需要進行直接控制，就越能夠憑藉其責任心、能力、知識和經驗等正確地開展工作，從而最大限度地避免因對失誤而出現的各種問題。其基本做法是：組織或部門通過培訓、考核、指導等途徑，培養出責任心強、素質全面、能力出色的管理者，使他們能夠熟練地運用管理思想、技術和原理，並能用系統的觀點分析、解決經營與管理的各種問題。

1. 實施預防性控制方法的原因

（1）直接控制方法在「不確定性因素」面前無能為力

現代的種種管理活動，往往面臨著複雜的內部及外部環境條件，會經常遇到一些組織無法預測的不確定因素。這些因素常給組織的正常運轉、目標的實現造成很大的困難，有時甚至會危機組織的生存。建立在反饋原理基礎上的直接控制方法在不確定性因素面前是無能為力的。

（2）管理者缺乏知識、經驗或判斷能力

為了保證組織的良性運轉並有條不紊地實現既定目標，組織需要管理知識、能力、水準、敬業精神與管理活動的複雜程度相適應的主管人員。但是，如果擔任主管職務的人員缺乏必要的知識背景，那麼就有可能導致計劃的執行出現偏差。如果這些偏差是由於管理者經驗、知識不足或決策時依據了錯誤的信息所致，那麼，主管人員就能夠通過培訓、教育、提高各級管理人員的素質水準來加以解決。

2. 實施預防性控制方法的優點

儘管對於組織或部門而言，有效地運用預防性控制方法是一件相對困難的事，但這一方法的優點仍是不容否定的。

（1）實施預防性控制方法可以促使管理者更多地進行自我控制，從而主動地對潛在的問題採取糾正措施。

（2）在向管理者個體委派任務時，實施預防性控制方法有著較大的準確性；同時，對管理者定期、經常地評價，為組織的培訓工作提供了依據。

（3）主管人員綜合素質的提高，會提升自己在下屬中的威信，獲得更多的信任與支持，從而有利於營造良好的組織氛圍。

（4）管理者綜合素質的改善與提高，會有效地減少組織運行中的種種偏差，這有利於減少間接控制所造成的負擔，節約經費開支。

3. 實施預防性控制法的前提和途徑

組織或部門有效地運用預防性控制方法，是以高素質的管理隊伍的存在為前提的。一般而言，可以通過以下途徑培養高素質的管理者：

（1）高等院校培訓。管理者通過在高等院校接受系統的管理理論培訓，可以有效地提高管理者的知識水準。

（2）工作崗位的實踐鍛煉。這對於管理者增強能力、豐富經驗而言，其作用或許是關鍵性的。

（3）上級的指導。高層主管的綜合素質往往是非常出色的，他們的指導，會使下屬在工作的諸多方面獲得裨益。

（4）自學提高。一名富於責任心、上進心的管理者，往往會自覺地、持之以恒地為提高自己的素質水準、完善自己的素質結構付出最大的努力。

五、網絡時代的管理信息系統與信息控制法

當前，我們生活在一個互聯網時代。互聯網使得組織中的每一個人，從高層管理人員到員工，都能隨時隨地獲得大量的信息。鑒於信息對於組織生存與發展的極端重要性，建立一個能夠及時處理大量信息的管理信息系統，已經被諸多的現代組織提到了一個前所未有的高度，而信息控制法就是以組織的信息控制系統為基礎的。

（一）信息與管理信息系統

信息對於組織的重要性是不言而喻的，因為信息是組織實施管理與有效控制的基礎。管理信息系統就是組織內部負責信息處理的系統。一個完善、高效的管理信息系統應該能夠及時向各級主管部門（人員）以及相關部門（人員）提供四種主要的信息服務：確定信息需要；收集信息；加工信息；使用信息。事實上，組織的管理信息系統的有效與否，是衡量該組織的管理控制系統水準高低的重要標誌之一。

（二）信息技術發展對現代管理的影響

在各種管理領域，現代管理信息系統所帶來的深刻影響是全面的，它使得組織的面貌發生著前所未有的變化，主要表現在：

1. 管理者直接參與管理信息系統

近年來，由於個人計算機在公共教育過程中的迅速普及，今天組織中的管理者一般都能熟練地進行計算機操作。否則，管理者不僅會發現他們難以正常開展工作，甚至自己還面臨著被社會迅速淘汰的危險。

當前，管理者正通過利用網絡收發電子郵件，召開異地多媒體會議等方式，直接地參與管理信息系統。傳統的管理模式，如打電話、旅行、參加會議、等待下屬匯報等，正被一種嶄新的管理方式所取代。

2. 提高決策能力

當前，管理者對複雜、高效的管理信心系統的依賴性是顯而易見的。數據處理程序使管理者可以及時、直接地獲得大量可用信息，這不僅節約了資源，大大提高了分析問題的效率，還有效地避免了信息傳遞過程中的嚴重脫節現象。在此基礎上，管理者可以對備選的可行性方案進行充分地比較，並迅速地擇取最佳方案。

3. 改變著組織的結構

現代化的管理信息系統正在深刻地改變著組織的結構面貌。比如，當前組織的層

次進一步減少。其原因是計算機的控制取代了人的監督，使得控制的範圍更廣，對輔助人員的需求更少。再如，組織的科層制特徵進一步削弱，而有機化趨勢則進一步增強。因為現代化的管理信息系統可以使組織在減弱集權程度、增加分權傾向的前提下實現有效的控制，這必然會增加組織的活力。

4. 改變著組織內部的權力關係

首先，管理信息系統改變了自主的管理層次結構。中層管理者由於其影響力的下降，在組織中的地位也相對下降；同時，普通員工的作用也有某種程度的削弱，因為他們提建議、反饋信息的活動已部分地為管理信息系統所取代。其次，組織中出現了新的權力集中化趨勢。因為高層管理者及時、全面地獲取信息的可能性已變為現實，並且能夠對變化了的環境、隨機出現的問題作出迅速的反應。

5. 引起組織交流方式的變革

管理信息系統的巨大進步，極大地增加了組織收集、整理、分析、監督和傳遞信息的能力，在很大程度上減少了信息超載、堵塞等現象的發生。而且，現代化的管理信息系統允許更多的正式信息以橫向或越級的方式進行傳遞，這就極大地改變了傳統的上下級逐級交流的方式，不僅可以減少對信息的篡改與過濾現象，使員工更有效地開展工作，還極大地增強了管理者對環境的反應能力。

這些變化最重要的是對傳統管理控制方式提出了挑戰，從而呼喚一種隨機的控制方式。

(三) 管理信息系統的建立

建立管理信息系統是一項比較複雜的工作，因此，需要運用系統工程的基本原理、方法和科學的程序來創建。管理信息系統的建設應包括以下步驟：

1. 對決策活動的系統分析

管理信息系統歸根究柢是為決策服務的，因此，對決策的整個過程進行系統分析，鑑別、確定所有的管理決策在不同時段對信息的不同需求情況，是建立管理信息系統的重要依據。而一般組織中，管理決策往往是分級、分部門進行的，因此，在研究建立什麼樣的管理信息系統時，還要考慮到適應多層次、多部門分別決策的需要。

2. 信息需求分析

在部門或組織中，不同的管理級別或職能部門對信息的需求也是不同的。例如，一個公關部經理所需要的信息，與人事部門經理所需要的信息肯定是不同的。因此，管理信息系統應適應不同職能部門的需要。另外，管理者所需要的信息，還會因其在組織中的地位不同而有所區別，如表 8-1 所示。

表 8-1　　　　　　　　不同層次的管理者對信息的需求

信息內容 管理者	信息來源	信息範圍	信息綜合水準	信息的 時間範圍
高層管理者	多為外部	非常廣泛	綜合程度 較高而精煉	面向未來
中層管理著	外部與內部結合	一般廣泛	綜合程度中等	未來與 現在的結合
基層管理者	大部分來自內部	範圍較窄	綜合程度低， 但較為零散	現在的 信息為主

3. 信息「過濾」

在對管理者的職能範圍、信息需求重點予以確定後，信息「過濾」顯得十分必要。所謂「過濾」，就是把對一個或一級組織不必要的信息盡量不發給該組織，以免造成「信息泛濫」，從而對必要信息造成「淹沒」，影響決策質量。現實中，由於信息網絡的容量無限增長，信息的重複、泛濫現象畢竟是無法避免的。通過「過濾」，管理層在設計時可以讓系統盡可能少地提供重複信息和不必要的信息，使決策人員少受或不受干擾。

4. 信息處理設計

在這一階段，組織的技術專家和智囊顧問可以共同開發出一個用於信息收集、存儲、分析與傳送的可操作的管理信息系統，這一管理信息系統可以用一個簡明的系統流程圖表示出來，其中應包括數據的類型、來源、存儲方式、傳輸方式等環節。同時，還應確定相應的軟件及硬件系統。最後，在管理信息系統正式投入使用以前，還應對系統的可靠性進行必要的測試與改進。

(四) 管理信息系統的實施

管理信息系統的實施包括以下幾個重要方面：

1. 預調試

在管理信息系統正式安裝、投入使用前，應對其進行嚴格測試，以找出系統存在的缺陷並進行調試，這樣可使組織避免許多不必要的損失。

2. 培訓

一個新的管理信息系統正式使用前，還應對其工作人員和用戶進行必要的培訓，儘管這需要一定的時間與經費。因為即使是一個十全十美的管理信息系統，如果所有工作人員和用戶不具備必要的操作能力，其功能也不會得到充分發揮。

3. 用戶參與

管理者應充分意識到讓管理信息系統的相關者參與系統設計與實施過程的重要意義。通過動員用戶參與，不僅可以消除人們對新系統的抵觸情緒，還能夠使他們在參與的過程中增加責任感。

4. 安全性檢查

開放式管理信息系統的出現，給管理者提出了一個新的課題，即如何防止未經授權者非法接觸需要保密的信息。在以計算機技術為核心的管理信息系統獲得充分發展之前，組織的信息保密工作相對容易開展；但在今天，組織的信息系統很容易受到未經授權者的惡意入侵而遭受損害。這就需要管理者為管理信息系統設計出必要的防範措施，並進行定期安全檢查。

5. 定期評審

組織的管理者所需要的信息是不斷變化的；同時，為了保證系統適應科技進步的步伐以及不斷變化著的內外部環境，須對系統進行定期的檢查、分析與改進。當前，管理信息系統已成為組織或部門獲得競爭優勢的重要工具之一。例如，美國航空公司在 1960 年開發出薩伯里訂票系統，這使得它在世界範圍內的旅行社中建立了早期的立足點。今天，全球 14,000 家旅行社通過對薩伯里系統，保持著在美國航空公司的 281 條航線預定約 4,500 萬種機票的記錄。薩伯里系統不僅為美國航空公司帶來了將近 5 億美元的年收入，還使得該公司在本行業中確立了不可動搖的優勢地位。但是，誠如前

面所指出的管理信息系統作為一種競爭優勢並非永恆不變，因此必須適時地對其進行改進與更新。

【本章小結】

控制是組織為了確保其既定的目標或計劃的實現，而採取的一系列行之有效的措施的實施過程。組織控制的作用在於確保組織目標和計劃的實現。控制的基本前提主要是計劃、組織和領導，控制在這三者基礎上對具體組織活動進行檢查和調整，沒有一定的計劃、組織、領導，控制就無法進行。一般來說，控制的基本類型是前饋控制、現場控制和反饋控制，這是根據控制所發揮的作用的時間來劃分的。控制的步驟分為：確定控制標準，衡量實際業績，進行差異分析和採取糾偏措施。控制的基本方法和技術有傳統的現場觀察法、統計數據資料分析法、專題報告分析法、人員管理控制法、內部審計法以及程序控制法、預算控制法，較現代的則有全面控制技術與面向未來的控制技術等。

【復習思考題】

1. 作為管理的一個職能，控制的含義是什麼？
2. 試說明預先控制、現場控制、反饋控制劃分的標準以及各自的含義和控制對象。
3. 試述控制的基本程序。
4. 何謂預算控制？它在管理中有何重要作用？
5. 控制與其他職能之間的關係如何？

【案例分析】

中美上海施貴寶制藥有限公司內部控制制度

1. 內部控制的目標

第一，保護資產的安全。第二，準確反應企業財務狀況，給決策提供可靠保證。第三，保證政策規章和法規被遵守。第四，提高管理效率。相應地，施貴寶設計了一種內部控制結構，如圖 8-3 所示。

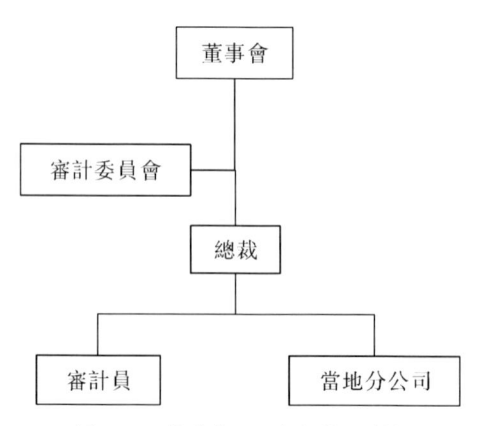

圖 8-3　施貴寶公司內部控制結構

2. 內部控制的基本原則

（1）不相容職務相分離的原則。所謂不相容職務，是指那些如果由一個人擔任，既可能弄虛作假，又能夠掩蓋其錯誤行為的職務。不相容職務分離就是要求把不相容職務由不同的人擔任。該公司的內部控制制度正是通過對授權、簽發、核准、執行、

記錄五個環節的合理分工，實現了不相容職務的分離，保證了內部控製作用的發揮。

（2）合理的授權制度。授權制度指企業在處理經濟業務時，經過授權批准進行控制，即規定每一類經濟業務的審批程序，以便按程序辦理審批，避免越級審批和違規審批的情況發生。

（3）適當的信息記錄。記錄企業內部控制的重要信息。信息記錄可分為管理文件和會議記錄。

（4）可靠的資產安全。其主要內容有限制接近、定購盤點、記錄保護、財產保險、財產記錄監控等。

（5）健全的內部審計。

3. 內部控制的流程設計

（1）收入循環

①訂單處理。該公司在發展新客戶時，採取了非常嚴格的考核制度，如要求新客戶證照齊全，同時還需要進行其他方面的考核。此外，訂單必須按順序編號，如有缺號，必須查明原因。

②信用和退款控制。該公司根據自身實際經營情況、市場競爭的激烈程度與客戶信譽情況等制定信用標準，並按規定向客戶授予一定的信用額度。此外，該公司還嚴格控制銷售質量，以減少退貨損失。

③開票與發貨。開票與發貨職務相分離。開票以有關票據為依據，如客戶的購貨訂單、發貨通知單等。發貨通知單要編號，以保證所有發出貨物均開票。發票和發貨單須經有關主管部門和人員的審批。

④應收帳款管理。定期檢查應收帳款明細、帳款餘額並進行帳齡分析。定期與客戶對帳，及時催收、回籠資金，確保收到的款項按時入帳，並按時間順序銷帳。

（2）生產循環

①生產循環職責分離。生產計劃的編製與復核、審批相分離；成品的驗收與產品製造相分離，存貨的審批、發放、保管與記帳相分離等。

②存貨保管責任與實物安全控制。該公司建立了嚴格的存貨保管制度，以保證實物財產的安全。同時，規定合理的儲存定額，定期考核，積極處理積壓的存貨，加速資金週轉。

③定期對存貨進行盤點。做到帳實、帳卡、帳表、帳帳相符，併購買足額保險。

（3）付款循環

①採購。原材料的請購、採購、驗收、付款、記帳等必須由不同的人員擔任。採購員只能在批准的採購計劃內根據貨物名稱、規格、數量等進行採購，不得擅自改變採購價格與內容。

②驗收。只有經過驗貨後方可執行付款的審批手續（預付款業務除外），此舉旨在保證貨物的價格、質量、規格等符合標準。驗收部門則嚴格按合同規定的品種、數量、質量等進行驗收。

③付款。發票價格、運輸費、稅款等必須與合同復核無誤，憑證齊全後方可辦理結算，支付貨款，且貨款必須通過銀行辦理轉帳。定期核對應付帳款、明細帳及總分類帳。

（4）信息管理

①憑證連續編號。憑證必須按編號次序依次使用。領用空白憑證必須經過登記備案。

②建立定期復核制度，定期對憑證的填製、記帳、過帳和編製報表等工作進行復核。

③建立總分類帳和明細分類帳，總分類帳與日記帳的核對制度。

④業務經辦人員在處理有關業務後必須簽名，蓋章，以備日後追責。

⑤建立完善的憑證傳遞程序。

⑥執行定期的會計信息分析制度，以便及時發現失誤信息。

在內部控制過程中，應該注意：一是要求成本效益分析；二是注意例外控制；三是防止內部控制執行人員瀆職；四是防止管理層濫用授權。

討論題：

1. 中美上海施貴寶製藥有限公司採取了哪些方面的控制方法？

2. 中美上海施貴寶製藥有限公司的內部控制方法有哪些優點和缺點，請提出改進的建議。

資料來源：魏旭東，管理學基礎，大連理工大學出版社，2011年，有刪改。

【課後閱讀——管理大師】

伊爾頓・梅奧

（George Elton Mayo，1880—1949年）

教育背景：曾就讀於阿德雷德大學，獲邏輯學和哲學學位。

思想/專長：人際關係理論

簡介：梅奧出生於阿德雷德。他在阿德雷德大學讀哲學和心理學，於1899年獲得邏輯學和哲學學位，不久他應聘到昆士蘭大學擔任哲學與心理學教師。梅奧的管理學研究，是從他移居美國開始的。1922年，梅奧得到洛克菲勒基金會的資助，到賓夕法尼亞大學的沃頓商學院任教，開始研究工業心理學問題。1923年，梅奧主持了費城紡織廠的工人流動率調查，並進行了改進工間休息方法的實驗，對工人的社會關係和團隊形成等問題有了一定的認識。1926年，他來到哈佛商學院，擔任工業研究部副教授、主任，1929年任哈佛大學工業研究終身教授，1927年冬至1936年期間進行了霍桑實驗。1933年，他發表《工業文明的人類問題》，總結了霍桑實驗前一階段的工作。1945年，他發表《工業文明的社會問題》，進一步概括霍桑實驗的成果，並對管理與社會的關係提出了自己的思考，進而提出了人際關係學說。

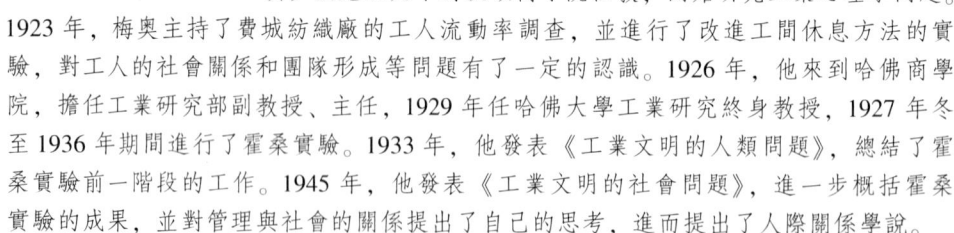

評價/榮譽：梅奧以參與霍桑實驗而聞名世界，並當選美國藝術與科學院院士。

出版物：梅奧以霍桑實驗為主要依據撰寫的兩部巨著《工業文明的人類問題》和《工業文明的社會問題》，迄今仍是管理學界和社會學界的經典著作。

資料來源：百度百科，有刪改。

第三篇　發展篇

第九章
管理理論新思潮與發展趨勢

【學習目標】
1. 瞭解 20 世紀 90 年代以來的幾種新管理理論；
2. 理解幾種理論的產生背景、本質及運用；
3. 理解管理實踐的發展趨勢及運用。

【管理故事】

黃帝問路

上古時代，黃帝帶領了六位隨從到具茨山見大傀，在半途上迷路了。他們巧遇一位放牛的牧童。

黃帝上前問道：「小孩，具茨山要往哪個方向走，你知道嗎？」

牧童說：「知道呀！」於是便指點他們路向。

黃帝又問：「你知道大傀住哪裡嗎？」

他說：「知道啊！」

黃帝吃了一驚，便隨口問道：「看你年紀小小，好像什麼事你都知道不少啊！」接著又問道：「你知道如何治國平天下嗎？」

那牧童說：「知道，就像我放牧的方法一樣，只要把牛的劣性去除了，那一切就平定了呀！治天下不也是一樣嗎？」

黃帝聽後，非常佩服：真是俊生可畏，原以為他什麼都不懂，卻沒想到這小孩從日常生活中得來的道理，就能理解治國平天下的方法。

管理啟示：

隨著科學技術的快速發展，新的管理思想和管理方法不斷湧現。「老前輩」的經驗值得後輩學習，但年經一代的新見解、新創見，不也是值得「老前輩」研究及重視的嗎？正所謂：活到老，學到老。

資料來源：柳徵，黃帝問路，刊授黨校，2009（01），有刪改。

隨著科技的進步、社會的發展，管理環境在悄然變化，管理理論與實踐也在隨之變化。20 世紀 90 年代以來，理論界和實踐層逐步提出知識管理、企業再造、人本管理、六西格瑪管理、標杆管理、學習型組織等新的管理理論和方法。信息社會、知識經濟的到來，管理者需要時刻懷揣民主、以人為本的理念。隨著科技的發展、全球化的深入，知識管理、扁平化管理和全球化經營勢在必行。

第一節　管理理論新思潮

一、知識管理

（一）理論起源

知識管理是隨著計算機網絡技術的發展，新經濟時代的到來而產生的新興的管理思潮。斯威比博士於 1986 年用瑞典文出版了的《知識型企業》一書，成為了知識管理理論與實踐的「瑞典運動」的思想源泉。1987 年，他和英國知識管理專家湯姆·勞埃德合著出版了《知識型企業的管理》一書，提出一整套知識型企業管理理論和實用方法，成為研究知識型企業管理的開山之作。1990 年，斯威比出版了世界上第一部以「知識管理」為題的著作——《知識管理》，書中斯威比從認識論的角度出發，將知識管理闡述為利用組織的無形資產創造價值的藝術。

在信息時代，知識已成為最主要的財富來源，而知識工作者就是最有生命力的資產。對於組織和個人而言，知識管理已經成為偉大的機遇和挑戰，知識管理使組織和個人具有更強的競爭力。此外，知識還能使人們作出更科學、更合理的決策。所以，對知識進行管理成為了組織和個人的重要任務之一，對知識管理的研究也顯得十分重要和迫切。

（二）知識管理的含義

作為一個新生事物，目前已經被學術界所接受的知識管理尚未形成一個能為人們普遍認可的定義。

卡爾·費拉保羅認為知識管理就是運用集體的智慧提高應變能力和創新能力，是為企業實現顯性知識和隱性知識共享提供的新途徑。

馬斯認為知識管理是一個系統地發現、選擇、組織、過濾和表述信息的過程，目的是改善雇員對待特定問題的理解。

美國生產力和質量中心對知識管理的定義是：知識管理是組織一種有意識採取的戰略，它保證能夠在最需要的時間將最需要的知識傳送給最需要的人。這樣可以幫助人們共享信息，並將之通過不同的方式付諸實踐，最終達到提高組織績效的目的。

較為普遍的認識是：知識管理是企業在面對非連續的變化所致的重大變革時，在組織中建立的一個包含了將資料、資訊技術與整個組織流程、企業精神等並加以整合的人文與技術兼備的知識系統，讓組織中的信息與知識，透過獲得、創造、分享、整合、記錄、存取、更新等過程，達到知識不斷創新的目的，並反饋到知識系統內部，使個人與組織的知識得以永不間斷地累積。

知識管理就是為企業實現顯性知識和隱性知識共享提供的新途徑，包括幾個方面的工作：建立知識庫；促進員工的知識交流；建立尊重知識的內部環境；把知識作為資產來管理。

（三）知識管理的必要性

1. 隨著市場競爭的加劇，創新的速度越來越快，企業必須不斷獲得新知識，並利用知識為企業和社會創造價值。

2. 雇員的工作流動性增強，如果企業不能很好地管理其所獲得的知識，就將增大

失去其基礎知識的風險，那麼企業的績效將有可能降低。

3. 由於競爭而導致的不確定性和由於模糊性而帶來的不確定性使得環境的不確定性加大，技術更新速度加快，學習就成為企業得以生存的基本保證，組織成員獲取知識和使用知識的能力成為組織的核心競爭力，知識將增強企業的競爭優勢，成為企業重要的資產。

4. 在經濟全球化的趨勢下，企業要具有交流溝通能力以及獲取知識、創新知識與轉換知識的能力，才能更好地應對全球化的挑戰。獲取知識、創新知識和轉換知識依賴於企業的學習能力，所以學習是企業加強競爭優勢和核心競爭力的關鍵。

(四) 實施知識管理的關鍵

1. 知識管理與企業經營戰略的結合

企業經營戰略為企業的發展指明了道路，所以知識管理必須要與企業經營戰略相結合才能更好地發揮作用。

2. 重視知識共享的企業文化和鼓勵知識共享的激勵制度

知識管理不是為了控制知識，而是要使知識達到共享和充分利用，以提高企業績效，所以應該努力創建一種知識共享的企業文化和建立鼓勵知識共享的激勵機制，從而使知識管理起到更好的作用。

3. 扁平化的組織結構

企業要實行知識管理，必須一改陳舊的金字塔式的組織結構，建立一個扁平柔性的組織，讓組織的全體員工積極參與到知識管理中。

4. 高層領導的全力支持

知識管理的成功應用，必須得到高層領導的全力支持。

5. 易於操作的知識管理軟件

知識管理不僅僅是為了保存信息，更重要的是利用知識，幫助企業作出最合理的決策，所以必須要有易於使用的知識管理軟件，使知識得到最大程度的利用。

【即問即答】知識管理是為了控制知識嗎？知識管理的目的是什麼？

二、企業再造

(一) 理論產生的背景

二十世紀六七十年代以來，信息技術革命使企業生存發展的環境和運作方式發生了巨大的變化。西方國家經濟的長期低增長又使得市場競爭日益激烈，企業面臨著來自顧客、競爭、市場變化三方面的嚴峻挑戰。企業只有在更高水準上進行根本性的改革與創新，才能在低速增長的時代下增強自身的競爭力，從而更好地迎接挑戰。

在這種背景下，邁克爾·哈默和詹姆斯·錢皮廣泛深入企業調研，並於1993年共同出版了《企業再造工程》一書。1995年，詹姆斯·錢皮又出版了《再造管理》。邁克爾·哈默和詹姆斯·錢皮提出應在新的企業運行空間條件下，改造原來的工作流程，以使企業更適應未來的生存發展空間。這一全新的思想震動了管理學界，邁克爾·哈默和詹姆斯·錢皮的著作也在全世界引起了巨大的反響，從這時起「企業再造」、「流程再造」成為大家談論的熱門話題，在短短的時間裡該理論便成為全世界企業以及學術界研究的熱點。

(二) 企業再造的含義與特徵

1. 含義

企業再造也稱為組織重建或流程改革，指企業為了飛越性地改善成本、質量、服務、速度等重大的現代企業的營運基準，對工作流程進行根本性重新思考並找出其不合理因素，以效率和效益為中心對作業流程和服務流程進行關鍵性的再設計。

2. 特徵

(1) 以過程為導向

企業再造工程以作業流程為中心來實施改造，把分散在各功能部門的作業，整合成單一流程，以提高效率。將縱向一體化結構轉變為扁平化的網絡流程結構，以提高企業內部的溝通效率。

(2) 創造性地應用信息技術

在當今社會，信息技術就如同催化劑，使企業能夠以完全不同的方式快速進行工作，從而提高企業效率。

(3) 打破常規

企業再造的過程中，要勇於打破常規，打破舊有管理原則的束縛。

(4) 目標遠大

企業再造工程改進的目標將達到70%、80%乃至90%，這是再造工程與全面質量管理等其他現代管理技術的最大不同。

(三) 企業再造的主要步驟

1. 對原有流程的功能、效率、成本和可靠性等進行全面分析，找出其不合理因素

根據企業現行的作業程序，繪製細緻明了的作業流程圖，然後從以下三個方面分析現行作業流程存在的問題：

(1) 功能障礙

隨著技術的發展，技術上具有不可分離性的團隊工作以及個人的工作效率都會發生變化，如果繼續使用原來的作業流程就會造成不合理的組織結構，就會增加管理成本，阻礙了企業發展。

(2) 可行性

根據市場、技術的變化特點及企業的實際情況，深入現場，具體觀測，分析現存作業流程的制約因素以及表現出來的關鍵問題，並找出流程再造的切入點。

(3) 適應性

不同的作業流程環節會對企業產生不同的影響。隨著企業生存發展的環境、顧客對產品和服務需求的變化，作業流程中各環節的重要性以及關鍵環節也在變化。

2. 設計新流程的改進方案，並進行評估

為了設計更加科學、合理的作業流程，管理者必須加強溝通、集思廣益、鼓勵創新。在設計新的流程改進方案時，可以考慮：

(1) 將現在的數項業務或工作組合，合併為一；
(2) 為同一種工作流程設置若干種進行方式；
(3) 工作應當跨越組織的界限，在最適當的場所進行；
(4) 設置項目負責人，盡量減少檢查、控制、調整等管理工作；
(5) 給予職工參與決策的權力，提高員工的積極性。

對於提出的多個流程改進方案，還要從成本、效益、技術條件、實施難易和風險程度等方面進行評估，選取可行性最強的方案。

3. 制定與流程改進方案相配套的其他改進規劃，形成系統的企業再造方案

企業業務流程的實施，是以相應的組織結構、人力資源配置方式、作業規範、溝通渠道乃至企業文化作為保證的。所以，在制訂流程改進方案的同時，應制定與之相配套的組織結構、人力資源配置和作業規範等方面的改進規劃，形成系統的企業再造方案，才能達到預期目標。

4. 組織實施與可持續進行

實施企業再造方案，必然會打破原有的利益格局。因此，要精心組織，謹慎推進。對利益相關者要曉之以理，動之以情，克服實施阻力，還要加大宣傳，在全體員工中達成共識，以保證企業再造的順利進行。

企業再造方案的實施並不意味著企業再造的終結。在社會發展日益加快的時代，企業總是不斷面臨新的挑戰，這就需要對企業再造方案不斷地進行改進，使企業再造可持續進行，以適應新形勢的需要。

【案例9-1】

海爾的再造方案

1998年的海爾，已經實現了銷售收入超100億元。隨著社會經濟的不斷發展，市場的不斷變化，海爾開始考慮實施國際化戰略。但是，與此同時，海爾面臨著巨大的挑戰，海爾同國際大公司之間還存在著很大的差距。這種差距集中表現在海爾的客戶滿意度、速度和差錯率不夠理想，企業員工對市場壓力的感知程度不高。

為了能夠順利實施國際化戰略，適應快速變化發展的外部環境，海爾必須進行企業再造。在企業再造前，海爾是傳統的事業本部制結構，集團下設六個產品本部，每個本部下設若干個產品事業部，各事業部獨立負責相關的採購、研發、人力資源、財務、銷售等工作。1999年，海爾在全集團範圍內對原來的業務流程進行了重新設計和再造，並以「市場鏈」為紐帶對再造後的業務流程進行整合。海爾的再造方案，如圖9-1所示。

1. 同步業務流程結構：「三個大圈、六個小圈、兩塊基石」

海爾的再造方案，將原來各事業部的財務、採購、銷售業務分離出來，實行全集團統一採購、營銷和結算。將集團原來的職能管理部門整合為創新訂單支持流程3R（R&D—研發、HR—人力資源開發、CR—客戶管理），和保證訂單實施完成的基礎支持流程3T（TCM—全面預算、TPM—全面設備管理、TQM—全面質量管理）。

2. 流程運轉的主動力：「市場鏈」

推動整體業務流程運轉的主動力不再是過去的行政指令，而是把市場經濟中的利益調節機制引入企業內部，將業務關係轉變為平等的買賣關係、服務關係和契約關係，將外部市場訂單轉變為一系列的內部市場訂單。

3. 流程運作的平臺：海爾文化和OEC（日事日畢，日清日高）管理模式

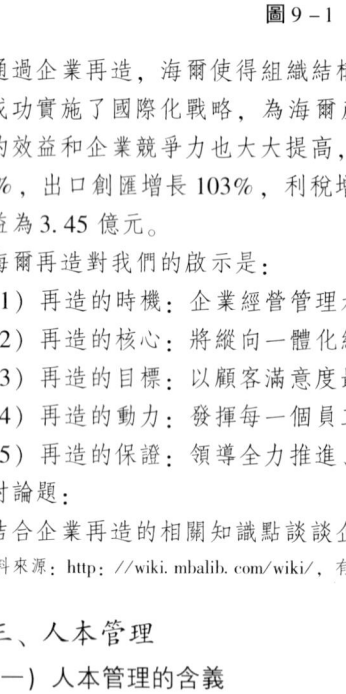

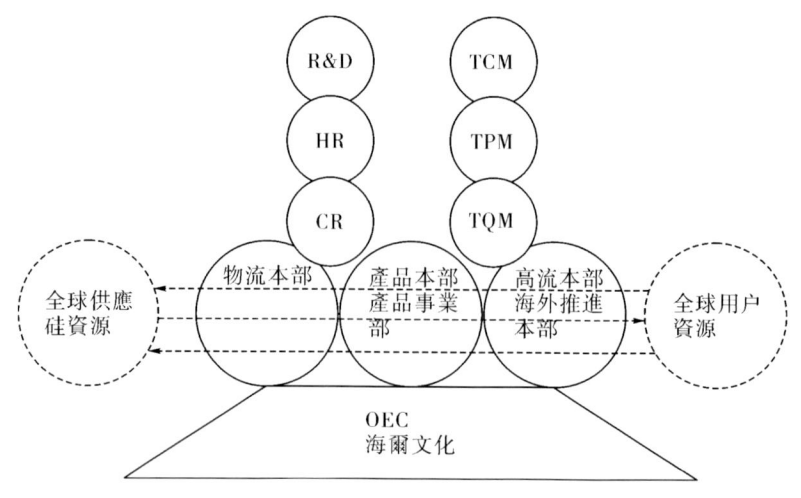

图 9-1 海爾集團的再造方案

通過企業再造，海爾使得組織結構、業務流程等能夠更好地迎接新形勢下的挑戰，從而成功實施了國際化戰略，為海爾產品成功打入國際市場打下堅實基礎。與此同時海爾的效益和企業競爭力也大大提高，交貨時間降低了 32%，到貨及時率從 95% 提高到 98%，出口創匯增長 103%，利稅增長 25.9%，應付帳款週轉天數降低 54.79%，直接效益為 3.45 億元。

海爾再造對我們的啟示是：
(1) 再造的時機：企業經營管理水準上臺階。
(2) 再造的核心：將縱向一體化結構轉變為平行的網絡流程結構。
(3) 再造的目標：以顧客滿意度最大化為目標。
(4) 再造的動力：發揮每一個員工的積極性和主動性。
(5) 再造的保證：領導全力推進、企業文化滲透。

討論題：
結合企業再造的相關知識點談談企業再造實施的要點。

資料來源：http://wiki.mbalib.com/wiki/，有刪改。

三、人本管理

(一) 人本管理的含義

人本管理是指在管理活動中尊重人性的基礎上充分發揮人的主觀能動性，以達到個人發展和組織成長的一種管理模式。

(二) 人本管理的基本要素

1. 組織成員

任何組織都是由人組成的，任何群體的形成都離不開組織的成員。組織成員是組織形成和發展的必要條件。

2. 管理環境

任何組織都要在一定的客觀環境下生存，在良好的管理環境下更能夠充分發揮人的主觀能動性、積極性。它包括人際關係環境和組織的內外部管理環境。

3. 組織文化

良好的組織文化可以使組織的工作績效有明顯的提高。組織文化主要是指在組織的發展過程中形成的獨具本組織特徵的意識形態和文化觀念，它往往是在企業多年經營中逐步形成的。

(三) 人本管理的基本內容

1. 組織成員的管理第一

組織管理，從管理對象上看，分為人、財、物及信息，於是組織管理就具有了社會屬性和自然屬性兩種特質。企業的贏利性目的是通過對人潛能的充分管理使資源得到充分利用。

2. 以激勵為主要方式

激勵是指管理者針對下屬的內在需求，採取外部誘因進行刺激，並使組織成員按要求自覺為組織服務的過程。

激勵主要是激發人的內在動機，使人朝著組織所期望的目標前進的過程。只有未滿足的需要，才會引起動機。激勵必須是管理者利用某種外部誘因，刺激人的未滿足的需要，誘發人的「潛在的需要」，一旦潛在的需要變成現實的需要，就會引起動機。根據人不同的需要，可將物質的和精神的兩種激勵方式相結合。激勵的目的是使組織成員按照管理要求，使組織發展更加穩固。

3. 建立和諧的人際關係

人們在一定的社會中生產、生活，就必然要同其他人結成一定的關係，不同的人際關係會使人產生不同的工作情感。人際關係，會影響到組織的凝聚力、工作效率、人的身心健康和工作績效。

4. 積極開發人力資源

人力資源開發是組織和個人發展的過程，其核心是開發人的潛能，提高組織成員的素質。所以說，制定和實施人才戰略，是企業實現發展戰略的客觀要求。

5. 建立團隊精神

要建立和諧的團隊精神應該從以下幾個方面著手：

(1) 明確合理的組織目標

組織要建立明確、科學合埋的目標，使每個員工都能達成共識。為此，我們應該使每一部門、每一個人都知道自己承擔的責任和應作出的貢獻，把每一部門、每一個人的工作與組織的目標結合在一起。

(2) 增強管理者自身的影響力

管理是組織的核心，領導者應該憑藉自己的威望和個人魅力使整個組織團結起來。

(3) 建立科學系統的管理制度

科學系統的管理制度使組織成員的行為制度化、程序化、規範化，這是組織活動協調、有序、高效運行的重要保證。

(4) 要有良好的溝通和協調體系

溝通主要是通過信息和價值的交流達到認識上的一致，協調則是取得行動的一致從而使組織發展得更加強大。

(5) 強化激勵方式

有效的物質和精神激勵體系，可以使組織成員形成與組織目標一致的價值觀。

(6) 建立組織成員參與管理的平臺

參與組織管理，可以調動組織成員的積極性，充分發揮他們的潛質，並直接為企業發展創造出更多的價值。

【即問即答】人本管理的基本內容包括哪些？

(四) 人本管理的意義

1. 人本管理是組織成功的保證

人本管理使每個組織成員充分發揮其潛能為組織的發展提供力量保證。和諧的人際關係使組織有更加廣闊的發展前景。

2. 人本管理是增強組織凝聚力的重要途徑

人本管理通過在組織內部建立良好的環境來建立一致的價值觀，從而增強企業的凝聚力。

3. 人本管理是建立良好組織文化的關鍵

人本管理通過物質和精神激勵兩種方式管理使組織成員的積極性得到充分發揮，從而保證組織活動協調、有序、高效運行，進而使組織獲得良好的社會聲譽和信譽。

【看圖學管理】

人本管理思想把員工作為企業最重要的資源，以員工的能力、特長、興趣、心理狀況等綜合性情況來科學地安排最合適的工作，並在工作中充分地考慮到員工的成長和價值，使用科學的管理方法。人本管理通過全面的人力資源開發計劃和企業文化建設，使員工能夠在工作中充分地調動和發揮工作積極性、主動性和創造性，從而提高工作效率，增加工作業績，為達成企業發展目標作出最大的貢獻。

圖片來源：卓越領導網。

三、藍海戰略

自邁克爾·波特的《競爭戰略》和《競爭優勢》兩部戰略管理專著問世後，「競爭」就成了戰略管理領域的關鍵詞。在基於競爭的戰略思想指導下，企業常常在「差異化」和「成本領先」戰略之間選擇其一，確立自身的產品和服務在市場中的定位和優勢，以便打敗競爭對手，佔有更多的市場份額。然而，追求「差異化」戰略意味著相應地增加成本，而以「成本領先」為導向的戰略又限制了企業所能獲取的利潤率。隨著競爭的白熱化，越來越多的企業參與瓜分和拼搶有限的市場份額和利潤，無論採取「差異化」還是「成本領先」戰略，企業的利潤空間都將越來越小。在這種情況下，企業如何才能從血性的競爭中脫穎而出？如何才能保持利潤增長？

(一) 藍海戰略的含義

藍海戰略最早是由 W. 錢‧金和勒妮‧莫博涅於 2005 年 2 月在兩人合著的《藍海戰略》一書中提出。藍海戰略認為，聚焦於紅海等於接受了商戰的限制性因素，即在有限的土地上求勝，卻否認了商業世界開創新市場的可能。運用藍海戰略，視線將超越競爭對手移向買方需求，跨越現有競爭邊界，將不同市場的買方價值元素篩選並重新排序，從給定結構下的定位選擇向改變市場結構本身轉變。

(二) 藍海戰略和紅海戰略

讓我們想像下，我們把整個市場想像成海洋，這個海洋由紅色海洋和藍色海洋組成。紅海代表現今存在的所有產業，這是我們已知的市場空間；藍海則代表當今還不存在的產業，這就是未知的市場空間。那麼所謂的藍海戰略就不難理解了，藍海戰略其實就是企業超越傳統產業競爭、開創全新的市場的企業戰略。如今這個新的經濟理念，正得到全球工商企業界的關注，有人甚至說，接下來的幾年注定會成為「藍海戰略」年。既然已經進入藍海戰略年，那麼相關匹配的機構也就會應運而生。在專家先進的理念引導下，一些相關機構也就產生了，譬如藍海艦隊、海藍艦隊、藍海戰隊、聯合艦隊、藍海團隊等相關機構就是應運藍海戰略思維而產生的。

「紅海」是競爭極端激烈的市場，但「藍海」也不是一個沒有競爭的領域，而是一個通過差異化手段得到的嶄新的市場領域，在這裡，企業憑藉其創新能力獲得更快的增長和更高的利潤。藍海戰略要求企業突破傳統的血腥競爭所形成的「紅海」，拓展新的非競爭性的市場空間。與已有的通常呈收縮趨勢的競爭市場需求不同，藍海戰略考慮的是如何創造需求，突破競爭。我們的目標是在當前的已知市場空間的「紅海」競爭之外，構築系統性、可操作的藍海戰略，並加以執行。只有這樣，企業才能以明智和負責的方式拓展藍海領域，同時實現機會的最大化和風險的最小化。任何一家企業，無論其規模大小，是已有的行業企業，還是新進入該行業的企業，都不應過度冒險。

藍海戰略目前在中國被企業界、學術界和社團廣泛關注。著名的職業經理人蘇奇陽先生就藍海戰略結合實際應用出版了《藍海戰略書簡》，中國互聯網協會還專門開辦了定期舉辦的「藍海沙龍」。用簡單的話來解釋：紅海就是紅色的大海，防鯊網的範圍之內，水質混濁，營養貧乏，但是人很多，在這個小範圍之內不能出圍，人人都競爭激烈；而相對藍海就是藍色的大海，防鯊網之外海之深處，水質和營養物都很好很豐富，範圍也相當廣泛，競爭的人也少，藍海競爭勝者將得到比紅海多得多的利益。如果說黑海戰略是一個完全沒有規律的殘酷競爭你死我活的世界，那麼紅海戰略就是一個具有一定規律有著一定共同準則被管理但仍是弱肉強食在黑海上取得一定進步的世界，是需要膽識和強大的競爭力才能充當領頭者。而藍海更多的是創新與創意，是一場差異戰。當今社會，紅海戰略仍占市場大部分份額，而以創意為特色的藍海正在不斷成長，並不排除在創新型社會中藍海在未來佔有優勢的可能性。

(三) 如何構思藍海戰略

構思藍海的戰略佈局需要回答四個問題：

1. 哪些被產業認定為理所當然的元素需要剔除

這個問題剔除產業中企業競爭攀比的元素，這些元素經常被認為理所當然，雖然他們不再具有價值。

2. 哪些元素的含量應該被減少到產業標準之下

這個問題促使作出決定，看看現有產品或服務是否在功能上設計過頭，只為競比和打敗競爭對手，企業所給超過顧客所需並徒然增加成本。

3. 哪些元素的含量應該被增加到產業標準之上

這個問題促使去發掘產業中消費者不得不作出的妥協。

4. 哪些產業從未有過的元素需要創造

這個問題幫助發現買方價值的全新源泉，以創造新需求改變產業戰略定價標準。

(四) 藍海戰略六項原則

藍海戰略共提出六項原則，也就是四項戰略制定原則（重建市場邊界，注重全局而非數字，超越現有需求，遵循合理的戰略順序）和兩項戰略執行原則（克服關鍵組織障礙，將戰略執行建成戰略的一部分）。

1. 重建市場邊界

藍海戰略的第一條原則就是重建市場邊界，以擺脫競爭，開創藍海。

要從「紅海」突圍，企業必須跨越他擇性產業、戰略集團、買方群體、互補性產品和服務、產業的功能與情感導向，甚至跨越時間。第一，跨越他擇性產業。處於紅海中的企業關注的是產業內的競爭對手；開創藍海要求跨越他擇性產業看市場。企業的競爭對手不僅僅在於產業內部，還包括其他產業中他擇性產品或服務的提供者。他擇品要比替代品更為廣泛，形態不同但功能與效用相同的產品或服務互為替代品；他擇品則包括功能與形態都不同但目的相同的所有產品和服務。比如進餐館和電影院可能處於同一目的：散散心，兩者並非互為替代品，卻互為他擇品。第二，跨越戰略集團。戰略集團是指產業中的一組戰略相似的企業。處於紅海中的企業專注於戰略集團內部的競爭；開創藍海要求跨越產業內不同的戰略集團看市場。第三，跨越買方鏈。處於紅海中的企業專注於更好地為目標買方服務；開創藍海要求重新界定買方群體。現實中，買方是由不同環節組成的鏈條，購買者為產品或服務付帳，但未必是實際使用者。買方鏈中還包括施加影響者，每個環節都直接或間接地影響購買決定。第四，跨越互補性產品或服務項目。處於紅海中的企業專注於在產品邊界內將產品和服務的價值最大化；開創藍海要求跨越互補性產品或服務看市場。第五，跨越針對賣方的功能與情感導向。產品或服務的吸引力通常是企業之間競爭的結果，它無意間為顧客灌輸了對產品與服務的定向期望，企業行為不斷地強化顧客這種定向期望。藍海戰略要求重設產業的功能與情感導向。第六，跨越時間。處於紅海中的企業專注於適應外部潮流，藍海戰略要求參與塑造外部潮流。開啓藍海的關鍵靈感很少來自預測潮流本身，而是源於從市場角度洞悉某一潮流將如何改變顧客所需的價值。

2. 注重全局而非數字

制定藍海戰略不能把大部分時間花在填空和擺弄數據上，繪製戰略佈局圖才能將企業戰略推向藍海。制定戰略佈局可分為四個步驟：第一，視覺喚醒。分析現行戰略佈局圖，與競爭對手進行比較，找出需要改進的地方。第二，視覺探索。觀察他擇性產品和服務的優勢，找出需要剔除、創造和改編的元素。第三，繪製新的戰略佈局圖，並在聽取各方面反饋意見的基礎上修改完善。第四，視覺溝通。對戰略轉變的前、後進行比較，支持、加強那些促進新戰略實施的項目和措施。

3. 超越現有需求

通常，企業為增加自己的市場份額努力保留和拓展現有顧客，常常導致更精微的市場細分。然而，為使藍海規模最大化，企業需要反其道而行，不應只把視線集中於顧客，還需要關注非顧客。不要一味通過個性化和細分市場來滿足顧客差異，應尋找買方共同點，將非顧客置於顧客之前，將共同點置於差異點之前，將合併細分市場置於多層次細分市場之前。非顧客可以分為三個層次。

第一層次：徘徊在企業的市場邊界，隨時準備換船而走的「準非顧客」。

這些「準非顧客」，在找到更好的選擇前，只是最低限度地使用現有產品和服務，一旦有更好選擇就會換船而走。例如針對上班族無所適從的午餐，英國 Prêt A Manger 快餐廳關注上班族午餐的共同需求：快速、新鮮、健康，提供新鮮美味的成品三明治，免除餐位，將購買行為縮短為 90 秒，每年在英國得以售出 2,500 萬只三明治。

第二層次：有意迴避市場的「拒絕型非顧客」。

因為市場現有產品或服務不可接受或者超過他們的經濟承受能力而不使用。1964 年德高廣告創造了「街道家具」概念，此前戶外廣告為公路廣告牌和運輸工具廣告，廣告呈現時間很短，德高意識到缺乏市中心固定廣告放置點是產業不受歡迎的原因，為此，德高通過向市政府免費提供街道家具及其維修保養，出售廣告空間獲得高達 40% 的利潤率。

第三層次：處於遠離市場的「未探知型非顧客」。

產業內的企業通常從未把這些「未探知型非顧客」定為目標顧客，這些人的需求常常被想當然認為屬於其他市場，如果企業知道他們丟棄的此類顧客數量之大肯定大吃一驚。例如牙齒增白從來被認為是牙醫的事兒，當最近口腔護理廠商著眼於這種需求時，市場隨之爆炸般膨脹。

4. 遵循合理的戰略順序

構建藍海戰略的順序是：買方效用、價格、成本和接受。買方效用是藍海戰略順序的起點。企業提供的產品或服務是否具有傑出的效用，能否吸引大眾前去購買。這決定了藍海的潛力。第二步是確定戰略價格。企業不能只靠價格創造需求，產品或服務的定價應能吸引目標賣方的大眾群體，使他們有能力支付。第三步是成本核算。企業能夠以目標成本生產產品或提供服務，並獲得相應的利潤，既不能使成本驅動價格，也不能因目標成本過高而減少利潤。最後一步是克服接受上的障礙。企業在創意藍海戰略時就應考慮可能面臨的障礙，比如零售商或商業夥伴的反對情緒。藍海戰略的實施意味著企業駛離紅海，所以從創意開始就著手克服障礙至關重要。

5. 克服關鍵組織障礙

企業經理們證明執行藍海戰略的挑戰是嚴峻的，他們面對四重障礙：一是認知障礙，沉迷於現狀的組織；二是有限的資源，執行戰略需要大量資源；三是動力障礙，缺乏有干勁的員工；四是組織政治障礙，來自強大既得利益者的反對，「在公司中還沒有站起來就被人撂倒了」。藍海戰略根據威廉‧布拉頓領導的紐約警察局 20 世紀 90 年代變革，提出了引爆點領導法，其理論是在任何組織中，當數量達到臨界規模的人們以信心和能量感染了整個組織而行動起來去實現一個創意時，根本性變化就會發生。與組織變革理論轉變大眾為基點不同，引爆點領導法認為轉變大眾就要把力量集中於極端，也就是對組織業績有超凡影響力的人、行為和活動之上。

6. 將戰略執行建成戰略一部分

執行藍海戰略，企業最終需要求助於最根本的行動基礎，即組織基層員工的態度和行為，必須創造一種充滿信任和忠誠的文化來鼓舞人們認同戰略。當人們被要求走出習慣範圍改變工作方式時，恐慌情緒便會增長，他們會猜測這種變化背後真正理由是什麼。員工距離高層越遠就越不容易參與戰略創建，也就越惴惴不安，不考慮基層思想和感受，將新戰略硬塞就會引起反感情緒。要想在基層建立信任與忠誠，鼓舞資源合作，企業需要將戰略執行建成戰略的一部分，需要借助「公平過程」來制定和執行戰略。「公平過程」來源於社會科學家對心理學的研究，他們研究確認，人們不僅在意結果本身，也在意產生結果的過程公正，當程序公正得以實施，人們對結果的滿意度和支持度就上升。有三個因素為公平過程定義，這就是三 E 原則：邀請參與（Engagement）、解釋原委（Explanation）、明確期望（Clarity of Expectation）。邀請參與表達允許發表意見和反駁，表達管理層的尊重；解釋原委讓所有的相關人等瞭解最終的戰略決策為何如此制訂；明確期望是清晰講述新的游戲規則，如何評價業績和懲罰不佳。實現公平過程的關鍵不在於新的目標、期望和責任，而在於人們是否清楚地理解了它們。圍繞公平過程的原則組織藍海戰略的制定，一開始就將戰略執行建成戰略創建的一部分，就能夠將政治遊說和偏袒減少到最低，使人們集中精力執行戰略。

五、六西格瑪管理

(一) 六西格瑪管理的定義

20 世紀 80 年代到 90 年代初期，摩托羅拉是眾多市場不斷被日本競爭對手吞食的西方公司之一，摩托羅拉的領導人也承認其產品質量低劣。1987 年，摩托羅拉通信部門經理喬治·費希爾提出了一種質量管理新方法，就是六西格瑪方法（6σ）。在公司主席鮑伯·高爾文的支持下，六西格瑪方法在公司範圍內得到推廣。實施六西格瑪方法僅僅兩年，摩托羅拉就獲得了馬可姆·波里奇國家質量獎。從實施六西格瑪方法的 1987 年到 1997 年，銷售額增長 5 倍，利潤平均每年增長 20%，最重要的是帶來的節約額累計達 140 億美元。

6σ 管理法是一種統計評估法，目標是追求零缺陷生產，防範產品責任風險，降低成本，提高生產率和市場佔有率，提高顧客滿意度和忠誠度。希臘字母 σ（xigema）（大寫為 Σ）是統計學裡的一個單位，表示與平均值的標準偏差，它表示著如單位缺陷、百萬缺陷或錯誤的概率，σ 值越大，缺陷或錯誤就越少。六西格瑪質量水準表示在生產或服務過程中有百萬次出現缺陷的機會僅出現 3～4 個缺陷，即達到 99.9997% 合格率。傳統的公司一般品質要求已提升至三西格瑪，這就是說產品的合格率已達至 99.73% 的水準，這可以理解為每一千貨產品只有 2～7 件為次品，很多人認為產品達至此水準已非常滿意。然而 6σ 是一個目標，它意味著做 100 萬件事情，其中只有 3～4 件是有缺陷的，這幾乎趨近到人類能夠達到的最為完美的境界。由此可以看出，隨著人們對產品質量要求的不斷提高和現代生產管理流程的日益複雜化，企業越來越需要六西格瑪這樣的高端流程質量管理標準，以保持在激烈的市場競爭中的優勢地位。

通常把六西格瑪管理定義為：「是獲得和保持企業在經營上的成功並將其經營業績最大化的綜合管理體系和發展戰略，是尋求同時增加顧客滿意和企業經濟增長的經營戰略途徑。」六西格瑪的管理方法重點是將所有的工作作為一種流程，採用量化的方法

分析流程中影響質量的因素，找出最關鍵的因素加以改進從而達到更高的客戶滿意度。

(二) 6σ 管理的組織結構

6σ 管理需要一套合理、高效的人員組織結構來保證改進活動得以順利實現。6σ 管理的組織結構圖如 9-2 所示。

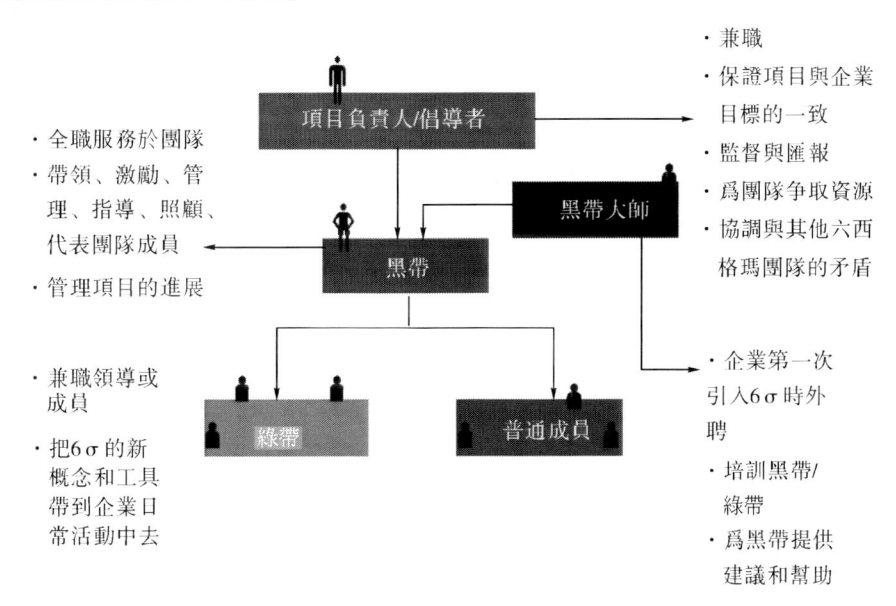

圖 9-2　6σ 管理的組織結構圖

資料來源：http://wiki.mbalib.com/wiki/，有刪改。

它的組織結構必須由以下人員組成：

1. 6σ 管理委員會

6σ 管理委員會是企業實施 6σ 管理的最高領導機構。該委員會主要成員由公司領導層成員擔任，其主要職責是：設立 6σ 管理初始階段的各種職位；確定具體的改進項目及改進次序，分配資源；定期評估各項目的進展情況，並對其進行指導；當各項目小組遇到困難或障礙時，幫助他們排憂解難等。

2. 執行負責人

6σ 管理的執行負責人由一位副總裁以上的高層領導擔任。這個職位要求具有較強的綜合協調能力人才能勝任。其具體職責是：為項目設定目標、方向和範圍；處理項目所需資源；協調各項目小組之間的溝通。

3. 黑帶大師

這是 6σ 管理專家的最高級別，一般是統計方面的專家，他們必須熟悉所有黑帶所掌握的知識，深刻理解那些以統計學方法為基礎的管理理論和數學計算方法，負責在管理中提供技術指導，並培訓黑帶。實際上，黑帶大師人數只有黑帶的 1/10。

4. 黑帶

黑帶來源於軍事術語，指具有精湛技藝和本領的人。黑帶是 6σ 管理的中堅力量。黑帶由企業內部挑選出來，黑帶候選人應具備大學教學和定量分析方面的知識基礎、較為豐富的工作經驗。黑帶候選人在接受 160 個小時的理論培訓和由黑帶大師一對一

地進行項目的訓練和指導取得認證，被授予黑帶稱號，並全職擔任項目小組負責人，領導項目小組實施流程變革，並負責培訓綠帶。

5. 綠帶

綠帶的工作是兼職的，他們經過課堂專業學習和具體項目的培訓，只負責一些難度較小項目小組，或成為其他項目小組的成員。一般情況下，由黑帶負責確定綠帶培訓內容，並在培訓之中和之後給予協助和監督。

(三) 六西格瑪管理的模式

為了達到 6σ 管理，首先要制定標準，並在管理中隨時跟蹤評定，不斷改進，最終取得 6σ 管理成功。所以有必要形成一套使每個環節不斷改進的流程模式 DMAIC：定義、測量、分析、改進、控制。6σ 管理的流程模式 DMAIC，如圖 9-3 所示。

定義 → 測評 → 分析 → 改進 → 控制

圖 9-3　6σ 管理的流程模式 DMAIC

定義 (Define)：確定需要改進的目標及其進度。企業高層領導要確定企業的策略目標，中層營運目標可能是提高製造部門的生產量，項目層的目標可能是減少次品和提高效率。

測量 (Measure)：以靈活有效的衡量標準測量和權衡現存的系統與數據，瞭解現有質量水準。

分析 (Analyze)：利用統計學工具對整個系統進行分析，找到影響質量的少數幾個關鍵因素。

改進 (Improve)：運用項目管理和其他管理工具，針對關鍵因素確立最佳改進方案。

控制 (Control)：監控新的系統流程，採取措施以維持改進的結果，以期整個流程充分發揮功效。

總的來說，六西格瑪在提供行之有效的管理方法和流程技術的基礎上，為企業培養了具備組織能力、激勵能力、項目管理技術和數理統計診斷能力的領導者，這些人才是企業適應變革和競爭的核心力量。他們將最先進的工作方法和最新的電腦技術，應用到一個簡單的流程模式 DMAIC 中，通過追求零缺陷運行和改善流程達到使顧客滿意的快速突破性改善，以達到每一個環節的不斷改善的戰略目標。

(四) 六西格瑪管理的意義和作用

實施 6σ 管理的好處是顯而易見的，主要表現在以下幾個方面：

1. 提升企業的管理能力

正如韋爾奇在通用電氣公司 2000 年年報中所指出：「6σ 管理所創造的高品質，奇跡般地降低了通用電氣公司在過去複雜管理流程中的浪費，簡化了管理流程，降低了材料成本。6σ 管理已經成為介紹和承諾高品質創新產品的必要戰略和標誌之一。」

2. 節約企業營運成本

對於企業而言，通常次品要麼被廢棄，要麼需要重新返工，要麼在客戶服務部需要維修調換，這些都需要花費巨大的企業成本。然而運用 6σ 管理後，一方面追求產品質量以達到最大顧客滿意度，另一方面企業每年可以節約成本。

3. 增加顧客價值

實施 6σ 管理可以使企業瞭解、掌握顧客需求，然後通過 6σ 管理降低出錯率，從而提高顧客滿意度，最後實現企業利潤最大化。

4. 形成積極向上的企業文化

在傳統管理方式下，員工不知道自己的目標，工作處於一種被動狀態。而實施 6σ 管理後，員工十分重視質量及顧客的要求，並力求做到最好；員工通過參加培訓，掌握標準化、規範化的問題解決方法，工作效率獲得明顯提高；在強大的企業管理支持下，員工能專心致力於工作，氣勢高漲，降低了出錯率。

六、標杆管理

(一) 標杆管理產生的背景

標杆管理起源於 20 世紀 70 年代末 80 年代初，在美國學習日本的運動中，首先開闢標杆管理的是施樂公司，後經美國生產力與質量中心系統化和規範化。

一直處於世界複印機市場壟斷地位的施樂公司，從 1976 年以後，受到來自國內外的全面挑戰，尤其是日本公司，如佳能、日本電氣（簡稱 NEC）等公司的威脅，這些公司以相當於施樂公司成本價銷售產品，不僅新產品開發比施樂快，產品成本價也一直比施樂低，施樂公司的市場佔有率大比下降。面對這種困境，施樂公司率先向日本公司學習，進行了大規模的標杆管理。隨後西方企業爭先恐後，形成了「標杆管理狂潮」，據研究表明，世界 500 強企業中有近 90% 的企業應用了標杆管理，如施樂、柯達、福特等行業領袖。

(二) 標杆管理的含義

美國生產力與質量中心對標杆管理的定義是：標杆管理是一個系統的、持續性的評估過程，通過不斷地將企業營運流程與世界上居領先地位的企業相比較，以獲得幫助企業改善經營績效的信息。

標杆管理的本質是一種具有實踐性、過程性的以方法為主的管理方式，其基本思想是系統優化，不斷完善和持續改進。一個組織瞄準一個比其績效更好的組織進行比較，通過資料收集、比較分析、跟蹤學習、重新設計等一系列規範化的實施程序，以便取得較好的企業績效，不斷超越自己、超越標杆，追求卓越，組織創新和流程再造的過程，其本質是向業內或業外的最優秀的企業學習。

標杆管理逐漸成為企業優化、企業實踐、調整經營戰略的指導方法，企業通過標杆管理，從與最佳實踐企業的差距中找出自身不足，學習別人的符合市場規律的生產方式和組織模式，可以在尋找差異的過程中培養組織擴展型的思維模式，引導組織的管理水準和技術水準上升發展，甚至可以激發創新改革，向學習型組織邁進。

標杆管理是站在全行業甚至更廣闊的全球視野上尋找基準，突破了企業的職能分工界限和企業性質與行業局限，它重視實際經驗，強調具體的環節、界面和流程，並與企業再造、戰略聯盟並稱為 20 世紀 90 年代三大管理方法。

(三) 標杆管理類型

根據標杆的對象，可以將標杆管理分為六種類型：

(1) 戰略標杆管理。其目的是尋找最佳戰略，進行戰略轉變。這需要收集競爭企業的財務、市場狀況進行相關分析並比較，尋求績優公司成功的戰略和優勝競爭模式。

（2）營運標杆管理。它注重具體運作，找出達到同行最佳運作方法。營運標杆管理通過對過程、成本和差異三個方面進行比較取得最佳運作方法。

（3）內部目標標杆基準法。這是以企業內部操作為基準的標杆管理。它通過辨識內部績效標杆的標準即確立內部標杆管理的主要目標，可以做到企業內的信息共享。辨識企業內部最佳職能或流程及其實踐，然後推廣到組織的其他部門。這是最簡單且易操作的標杆管理方式之一。不過單獨執行內部標杆管理的企業往往會視野內向，容易產生封閉思維。

（4）外部競爭標杆基準法。這是以競爭對象為基準的標杆管理，與有著相同市場的企業在產品、服務和工作流程等方面的績效與實踐進行比較，有著強烈的競爭意義。但是此標杆管理實施較困難，競爭企業的非公開信息不易獲得。

（5）職能標杆管理。這是以優秀職能操作作為基準進行的標杆管理，其對象是職能或者業務實踐。通過合作的方式提供和分享技術市場信息。但是其缺點是費用高，有時難以協調。

（6）流程標杆管理。這是以最佳工作流程為基準進行的標杆管理，其對象是工作流程。企業對整個工作流程和操作系統有詳細瞭解。但是其詳細程度往往很難達到，以至於不易進行。

(四) 標杆管理的運用

標杆管理是市場經濟發展的產物，是一種擺脫傳統的封閉式管理方法的有效工具。企業要生存，要獲得競爭能力，就要善於學習，效仿榜樣，取長補短，實施標杆管理。在實施標杆管理過程中，選擇何種標杆管理方式，如何實施標杆管理的步驟，怎樣避免實施過程中可能出現的問題等至關重要。只有科學地實施標杆管理，才能全面提升企業的綜合競爭力。

標杆管理的創始人——施樂公司的羅伯特·開普將標杆管理活動劃分為五個階段、若干個步驟。

第一階段：計劃

此階段又分為「三個確定」，即：確定對哪個流程進行標杆管理；確定用於作比較的公司；確定收集資料的方法。

首先，明確標杆的內容。即明確對什麼進行標杆管理，找出企業面臨的問題，可能是長期的績效差距，也可能是企業戰略效果不佳等薄弱環節，這可以採用因果分析法，針對各項產出所分解的任務提出問題，分析原因，將企業面臨的問題、挑戰和機遇整理成內容明確的文件，再找出問題的可能原因，由此來確定標杆的具體內容。

其次，正確選擇標杆企業或部門。即確定用於作比較的公司。選擇標杆企業應遵循兩個原則：第一，標杆企業應具有卓越的業績，尤其是領導觀念要正確，包括投資戰略和投資方向和力度適合等方面，並且標杆企業各要素之間有很好的配合，企業各部門之間相互協調，內部關係融洽。第二，標杆企業的被瞄準領域應與本部門有相似的特點，實際上選擇標杆企業可以在同行業內找，也可以在跨行業企業中一個相近的部門，只要有適合本公司瞄準的企業或部門都可以。這種類型的標杆管理有助於資源的共享，並可發現和改進最佳實踐。

最後，收集資料和信息。資料和信息以及數據是進行標杆管理活動的基礎，是瞄準標杆內容的精確化和定量化。通常資料信息可以分為兩種：一種是標杆企業的資料

和信息，主要包括標杆企業的績效以及它們的最佳的實踐，即標杆企業達到優良績效的方法/措施和管理訣竅。這些資料是被瞄準的基準線，是開展瞄準活動的企業學習、追求的目標。另一種資料是來自開展標杆管理活動的企業、部門，反應它們自己目前的績效及管理現狀。由於標杆瞄準的類型和目的不同，作為基準的資料數據的來源也不同，可以是政府部門，也可以是外企等，所以獲取資料往往是很困難的，特別是從對手那兒獲取，因而需要靈活性，例如可以通過問卷調查以及實地考察等方法來收集資料。

第二階段：分析

此階段是瞭解認識作為標杆企業的目標內容，通過比較本企業與目標企業的績效差異，擬定未來的績效水準。

首先，分析差距。對收集的資料和數據進行分析比較，即可找出本企業與標杆企業在績效水準、管理措施以及方法上的差異。

其次，計劃績效目標。在分析比較的基礎上，即可確立追趕的績效目標。明確應該學習的標杆企業的最佳實踐。

此階段必須考慮以下四個方面的客觀條件的差異：

（1）經營規模的差異以及由於規模經濟而造成的效率差異；

（2）管理哲學及管理理念上的不同，例如對經營職能的集權程度、資源分享程度以及內部控制程度的不同觀點；

（3）產品特性及生產過程的差異；

（4）經營環境中存在的不利條件。

第三階段：整合

這是就標杆管理過程中的發現進行交流並認同，通過反覆交流，徵詢意見，並將標杆管理所要達到的目標前景告訴員工；然後根據全體員工的建議，修正已制定的部門目標，改進計劃方案；最後統一員工思想，使他們在標杆管理中，目標行動一致，這是標杆活動能否成功的關鍵。

第四階段：行動

此階段要求制訂行動計劃、具體的行動方案，包括計劃、預算、培訓、所需資源、安排實施的方法和技術以及階段性的成績評估等。它能反應小組成員清楚關於哪個實踐活動是應最先進行的，哪個活動最適於在本企業開展等的判斷。

第五階段：成熟運用階段

這一階段主要包括了監測、評估與運作三個方面。這一階段通過對所產生的長遠結果進行定性和定量的評估，重新調整標杆，及時更新目標，運用於標杆管理，並不斷審視、監測回顧循環過程。

七、學習型組織

（一）理論背景

學習型組織最初的構想源於美國麻省理工大學佛瑞斯特教授。他在1965年發表的題為《企業的新設計》的論文中，運用系統動力學原理，非常具體地構想出未來企業組織的理想形態——層次扁平化、組織信息化、結構開放化，逐漸由從屬關係轉向為工作夥伴關係，不斷學習，不斷重新調整結構關係。這是關於學習型企業的最初構想。

學習型組織理論的奠基人彼得·聖吉於 1990 年出版了他的代表作《第五項修煉——學習型組織的藝術與實務》。該書提供了一套使傳統企業轉變成學習型企業的方法，使企業通過學習提升整體運作的「群體智力」和開發持續的創新能力，成為不斷創造未來的組織。

(二) 學習型組織的含義與特徵

1. 含義

學習型組織是指通過培養彌漫於整個組織的學習氛圍，充分發揮員工的創造性思維，從而建立起一種有機的、高度柔性的、扁平的、符合人性的、可持續發展的組織。

2. 特徵

(1) 組織成員擁有一個共同的願景

組織的共同願景是組織中所有員工的共同理想，是員工對組織理想未來的設想。它能使不同個性的人凝聚在一起，朝著組織共同的目標前進。

(2) 組織由多個創造性個體組成

創造性的工作可以使組織持續發展，具有創造性的個體是學習型組織中必不可少的。

(3) 組織的邊界將被重新界定

在傳統的組織中，存在著明顯的組織邊界，包括不同等級間的垂直邊界、不同職能和領域間的水準邊界。在學習型的組織中，組織邊界將被重新界定，形成「無邊界團隊」，讓團隊邊界更具可穿透性，避免讓團隊邊界成為固定、僵硬的牆壁。

(4)「地方為主」的扁平式結構

相對於傳統組織金字塔式的垂直組織結構而言，學習型組織是以「地方為主」的扁平式結構，即從最上面的決策層到最下面的操作層，中間相隔層次極少，有利於組織內部的溝通與協調。

(5) 善於不斷學習

這是學習型組織的本質特徵，包括四個方面：

一是「終身學習」。即組織中的成員均應「活到老，學到老」，這樣才能形成組織良好的學習氣氛，促使其成員在工作中不斷學習。

二是「全過程學習」。即學習必須貫徹於組織系統運行的整個過程之中。

三是「全員學習」。即企業組織的決策層、管理層、操作層都要全心投入學習，尤其是管理決策層，他們是制定企業發展戰略、決定企業發展方向和命運的重要階層，因而更需要學習。

四是「團隊學習」。即不但重視個人學習和個人智力的開發，更強調組織成員的合作學習和群體智力的開發。

(6) 自主管理

實行「自主管理」有利於充分發揮員工的管理積極性。而實行自主管理，必須是擁有高素質的員工，這就需要學習。

(7) 員工家庭與事業的平衡

學習型組織努力使員工豐富的家庭生活與充實的工作生活相得益彰。

(8) 領導者的新角色

在學習型組織中，領導者不再是高高在上的集權者，而是設計師、僕人和教師，

領導應和大家一起分享權力、觀念、信息。

(三) 學習型組織的五項要素

1. 建立共同願景

企業一旦建立了共同願景，建立了全體員工共同認可的目標，就能充分發揮每個人的力量，凝聚公司上下的意志力。共同願景的建立不是企業領導人的單方面設計，而是對每一個人的利益融合。

2. 團隊學習

團隊學習的目的，一是通過集體思考和分析，找出個體弱點，強化團隊向心力，避免無效的矛盾和衝突。二是團隊學習使每個人的力量能通過集體得以實現，讓個別人的智慧成為集體的智慧，以作出正確的組織決策。

3. 改變心智模式

組織的障礙多來自於個人的舊思維，即思維定式，唯有通過個人和團隊的不斷學習以及標杆學習，才能改變心智模式，有所創新。

4. 自我超越

自我超越既是指組織要超越自我，也指組織中的個人也要超越自我。超越自我不是不要個人利益，而是要有更遠大的目標，要從長期利益出發，要從全局整體利益出發。

5. 系統思考

系統思考是學習型組織的靈魂。系統思考應通過資料信息的搜集，整體掌握事件，培養縱觀全局的思考能力，看清楚問題的本質，有助於清楚瞭解因果關係。進行系統思考，一是要有系統的觀點，二是要有動態的觀點。系統思考不僅是要學習一種思考方法，更重要的是在實踐中要反覆運用。

(四) 創建學習型組織的意義

學習型組織理論認為，在世界經濟環境變幻莫測的今天，企業要持續發展，必須增強企業的整體能力，提高整體素質。也就是說，企業的發展不能再只靠單純依靠像福特汽車的福特、通用汽車的斯隆那樣偉大的領導者一夫當關、運籌帷幄、指揮全局，未來真正出色的能夠在複雜多變的環境下站穩腳跟的企業將是能夠設法使各階層人員企業的每一個員工全新投入並有能力不斷學習的組織——學習型組織。

創建學習型組織意義在於：

1. 它解決了傳統企業組織的缺陷

傳統企業組織的分工、競爭、衝突、獨立等主要問題，降低了組織整體的競爭力。更為重要的是傳統組織的注意力僅局限於眼前細枝末節的問題，而忽視了長遠的、根本的、戰略性的問題，這使得組織的生命力在急遽變化的世界面前顯得十分脆弱。學習型組織理論分析了傳統組織的這些缺陷，並開出了醫治的「良方」——五項修煉，即學習型組織的五項要素。

2. 它為組織創新提供了一種操作性比較強的技術手段

學習型組織提供的每一項修煉都由許多具體方法組成，這些方法簡便易學。

3. 它解決了企業生命活力問題，使企業能夠可持續發展

企業生命活力包含企業中人的活力問題。在學習型組織中，人們能夠充分發揮潛能，創造出超乎尋常的成果，從而由真正的學習體悟出工作的意義，追求心靈的成長

與自我實現。

4. 它提升了企業的核心競爭力

在知識經濟時代，獲取知識和應用知識的能力將成為競爭能力大小的關鍵。一個組織只有通過不斷學習，拓展與外界信息交流的深度和廣度，才能立於不敗之地。

（五）創建學習型組織的關鍵

創建學習型組織關鍵在於以下三方面：

1. 領導與管理

在學習型組織中，各級領導和管理人員通過以下五個方面為從事學習的個人和團隊提供強有力的支持：

（1）使學習行為規範化；
（2）加強合作與交流，建立一種促進學習的體系；
（3）鼓勵員工開發創新思維，提出創新建議；
（4）保證知識傳播和學習渠道的暢通；
（5）企業資源向從事學習的人員和團隊傾斜，鼓勵學習。

2. 組織和文化

文化是組織的黏合劑。一個學習型組織的文化應該支持並獎勵學習和創新；鼓勵員工對於現有模式提出懷疑和挑戰，並倡導他們去積極尋求改善的途徑；允許犯錯，在錯誤中總結教訓，將錯誤視為學習的良機。

3. 交流和知識系統

學習型組織的關鍵在於建立一個自由開放、便於知識傳播和信息交流的系統。這種交流系統必須符合這些條件：

（1）該系統能夠產生新穎而又實用的理念；
（2）該系統能夠保證企業內部有關經營和戰略信息傳遞渠道的暢通；
（3）企業能方便、快捷地從外部獲取需要的知識；
（4）高效的信息傳播，即信息能及時到達需要它的員工和部門手中；
（5）各個信息點相互支持，相互促進。

學習是心靈的正向轉換，企業如果能夠順利導入學習型組織，不僅能提高組織的績效，還能調動組織的積極性進而激發組織的創造力。學習型組織的締造不應是最終目的，更重要的是通過邁向學習型組織的種種努力，引導一種不斷創新、不斷進步的新觀念，從而使組織日新月異，不斷創造未來。

八、情緒資本的價值分析與情緒管理

（一）情緒資本的含義

情緒資本是存在於內心的力量，是一種客觀與主觀相結合的複雜資本。對一個企業來說，情緒資本包括兩大核心要素：外在情緒資本和內在情緒資本。前者存在於企業外部顧客的內心，後者存在於企業內部顧客的內心。但在人力資本的範疇中，我們可以把情緒資本定義為：存在於勞動者身上的、通過投資在後天獲得並能夠實現價值增值的情感方面的價值存量。

英國管理學者凱文·湯姆森提出企業的十大動力情緒：執著、挑戰、熱情、奉獻、決心、愉快、愛心、自豪、渴望、信賴；同時他也指出了企業的十大負面情緒：畏懼、

憤怒、冷漠、緊張、憂慮、敵意、嫉妒、貪婪、自私、憎恨。顯然，任何企業都會受到動力情緒和負面情緒的共同影響。

(二) 情緒資本的特點

情緒資本具有多樣性、伸縮性和可塑性的特點。

(1) 情緒資本的多樣性是由於情緒的多樣性造成的，包括感覺、信念、意志和價值觀等隱性資源。情緒資本的這種多樣性就增加了情緒資本管理的複雜性，因為個人和組織必須對各種情緒資本進行不同的管理。

(2) 情緒資本的伸縮性是指情緒資本具體能夠對個人和組織的發展起到什麼程度的作用具有很大的伸縮空間，既能夠起到積極的作用，也能夠起到消極的作用。在一定意義上，情緒資本可以稱之為智力資本的燃料和催化劑，它的能量的發揮限制或推動了智力資本的功能。情緒資本的這種伸縮性增加了情緒資本管理的必要性，因為任何個人和組織都希望人力資本能夠發揮最大的積極效應。

(3) 情緒資本的可塑性意味著個人和組織可以通過有效的管理實現情緒資本的保值增值以及效益最大化。

(三) 情緒資本管理的內容

1. 個體的情緒資本管理

個體的情緒資本管理包括對員工的情緒資本進行管理，也包括管理者的自我情緒資本管理。

2. 組織的情緒資本管理

對於組織而言，情緒資本管理也非常的重要，這不僅有利於實現內部顧客情緒資本的效益最大化和提高工作效率，而且有利於組織從外部顧客那裡獲得更多的情緒資本。由此可見，組織的情緒資本管理包括組織對內部顧客的情緒資本管理和組織對外顧客的情緒資本管理。

(四) 情緒資本的價值分析

情緒資本是企業管理理論發展的必然結果和企業不斷發展的必然要求。在管理科學發展歷程中，人性假設從來都是管理學中首要解決的問題。人性假設經歷了「經濟人」、「社會人」、「決策人」、「複雜人」的論證過程，現在正向「文化人」發展。這表明管理理論越來越重視人的非理性因素的研究，管理科學也由理性主義漸向人本主義轉變。企業往往認為失誤或失敗源於管理、營運方面等純理性的問題，卻忽視了使用這些工具與技術的人的情緒與情感。東方哲學所講究的「身心合一」同樣適用於企業，要充分發揮物力資本、智力資本和人力資本的競爭性作用，就必須重視和管理好企業中的情緒資本。

情緒資本是員工高績效和個人成功的必要保證。情緒雖多變、遊移、不穩定，卻時時影響著人的理智和行為。某種意義上，情緒有時比適應性或才能更重要，是人生成功的決定性因素。哈佛大學一項研究顯示，成功、成就、升遷等原因的85%是我們正確的情緒，而僅有15%是由於我們的專門技術。只有讓員工具備積極的動力情緒，他們才會有愉快工作、樂於奉獻的精神，從而願意並且能夠為企業的發展不斷貢獻才智，創造價值，同時在這個平臺上自我成長。

情緒資本是企業創新的動力。員工如果能不斷保持積極的動力情緒，視自己為企業人力資源開發的主體，就會為企業的發展持續地注入新的競爭性的人力資源，從而

創造出充滿活力的企業組織，企業的創新潛力也得以激活。智力資本是企業探索未知數的基礎，情緒資本則扮演替員工清除探索道路上的負面情緒的角色。

情緒資本能有效提高企業的管理水準。大部分企業內部管理不善的真正原因是沒有處理好員工的情緒、情感，沒有將他們的情緒納入企業管理範疇，沒有與員工形成一種共存共榮的價值觀。因此，近幾年企業文化、團隊精神在企業中越來越被重視。樹立一種情緒資本的理念，將會促使企業管理者時刻關注員工情緒變化並及時採取措施解決問題和完善管理制度。

(五) 情緒管理對策

倡導人性化的企業管理風格。企業是由人構成的，人是企業的命脈。情緒管理更要注重人性化的管理理念，隨時關注員工的情緒需要，將員工積極的、正面的情緒激發出來，從而發揮工作的積極性與創造性，並在工作中享受到樂趣。以人為本的企業管理風格應用於情緒管理，就要像母親那樣——對員工表現出高度的關心和愛護；像姐妹那樣——學會與員工接觸與交流；像朋友那樣——珍惜友情，耐心傾聽。這樣，情緒管理融進了東方文化的重情感、天人合一的哲學思想，符合新世紀東西方管理整合和軟化的發展趨勢。

引導員工動力情緒，積聚情緒資本。情緒引導是指在員工情緒形成過程中，採取先期管理措施發揮導向性作用，使員工形成積極向上的動力情緒並使之凝聚成為企業情緒資本的一部分。

消除和轉化員工負面情緒。人們經常要受到負面情緒的影響，因此，轉化員工負面情緒就顯得很有必要。管理者在這一點上首先要做的是全面瞭解和確認員工負面情緒產生的根源，如員工關係是否和諧，工作設計是否合理，利益分配是否公平等。只有找到其背後真正的原因，才能對症下藥。企業要善於化解負面情緒，使之變成一種可控的、能夠使企業穩定發展的積極因素，從而提高組織和工作效率。

培育優秀的企業文化，進一步提高員工情緒商數，昇華情緒資本。每個員工都有不同於他人的情感問題，都有不同於他人的情緒處理方式。儘管企業很難完全掌握員工錯綜複雜、千變萬化的情緒世界，但如果企業有一個能激勵員工為之奮鬥的願景，一種被員工認同的價值觀，那麼這個企業也就有可能激勵員工超越個人情緒，激勵員工以高度一致的情感凝聚成情緒資本，打造企業的核心力量。

可以適當引進EAP。EAP，直譯為員工幫助計劃。這一計劃的具體內容包括壓力管理、職業心理健康、裁員心理危機、災難性事件、健康生活方式、法律糾紛等方面，旨在全面幫助員工解決個人情緒問題，減輕員工的壓力，維護其積極的情緒。如今，眾多企業的實踐證明，EAP能夠幫助員工緩解工作壓力，改善工作情緒，提高工作積極性，從而為企業帶來巨大的經濟效益。

第二節　管理發展趨勢

一、管理理念的人性化

(一) 人性化管理的產生背景

「經濟人」研究階段：政治經濟學家亞當·斯密1776年發表了《國富論》，提出了

「經濟人」觀點。他認為，人們在經濟行為中，追求的完全是私人利益。另外，科學管理之父泰勒亦是重要代表人物。他在其著作《科學管理原理》中闡述了工作定額原理、標準化管理、能力與工作相適應、差別計件工資制等。這些理論將科學引入了管理領域，使生產效率大大提高。但他把使得工人勞動異常緊張、勞累，把工人看成純粹的「經濟人」，認為工人的活動僅僅出於個人的經濟動機，忽視了工人的情感，引起怠工、罷工以及勞資關係日益緊張。

「社會人」研究階段：20世紀20年代以後，「經濟人」假設表現出很大的局限性，管理者開始注意到了「人」的特殊的方面，需要管理者採取不同的方式來加以管理。在這一時期作出突出貢獻的是美國管理學家梅奧，他的霍桑試驗表明人也有社會需求，被稱為人際關係學說。他的主要觀點：工人是「社會人」而不是「經濟人」，要滿足工人的社會慾望，增強工人的士氣；企業中存在著非正式組織。人際關係學說只強調重視人的行為，沒有找出產生不同行為的影響因素，如何制約人的行為以達到預定目標。

「行為科學」研究階段：行為科學即人們應用現代科學知識來研究人類行為的一般理論，這門綜合性的學科定名為「行為科學」。管理學家試圖通過行為科學的研究，掌握人們的行為規律，找出對待工人的新方法和提高工效的新途徑。

主體研究階段：決策人。20世紀70年代，日本經濟迅速騰飛，管理學家對日本成功企業的經驗進行剖析，認識到職工在企業中的重要作用，逐漸形成了以人為中心的管理思想。根據這種觀點，職工是企業的主體，企業經營的目的，不是單純商品生產，而是為包括企業職工在內的人的社會發展提供有價值的服務。

（二）人性化管理理念的含義

人性化管理，就是一種在整個管理過程中要以人為中心，充分調動人的積極性，在企業內營造一種和諧氛圍的理念。它可以包含很多要素，如對人的尊重，充分的物質激勵和精神激勵，給人提供各種成長與發展平臺，注重企業與個人的雙贏，制定員工的生涯規劃，等等。

馬斯洛的需求層次理論表明，人既有自然屬性又有社會屬性，人的需求從低到高分別是：生理需求、安全需求、情感需求、尊重需求、自我實現的需求。在管理的過程中，一定要清晰地意識到員工的不同需求，從而運用不同的方式來滿足員工生活、工作、學習各方面需求。這樣員工就會用積極的工作態度為企業創造出良好的工作業績。

管理要以人為本，因為人是生產勞動的主體。員工的工作態度與公司的氛圍有極大的關係。如何最大化地調動人生產的積極性，是擺在管理者面前的大事，人性化管理理念，無疑將成為公司領導的最優選擇。

人性化管理認為人性是管理的出發點，管理應關心人，愛護人，並把這種尊重和關愛運用到管理實踐中去。人性化管理的全部內涵，並不只是發現人性，挖掘人性，而是在管理實踐中，尊重人性，體現人性，使人在管理中的作用得到充分發揮。

（三）人性化管理的意義

1. 人性化管理理念是知識經濟時代要求

現代社會進入了以全球化、信息化、網絡化和以知識驅動力為基本特徵的嶄新的社會經濟形態——知識經濟時代。人的作用尤為突出，現代國家的競爭是人才的競爭，

人才是每個組織不可或缺的一部分。人性化管理理念的提出有利於組織的發展。

2. 人性化管理理念的提出是尊重人才的要求

現代社會對人才越來越重視。究其原因，人才的流失會導致組織的損失。只有人性化的管理才能留住人才不致使組織蒙受不必要的損失。

3. 人性化管理理念的提出是順應時代的要求

隨著民主法制化進程的加深，人民對自主權利越來越重視。人性化管理理念建立了良好的人際關係，從而為社會主義和諧社會創造良好的氛圍。

(四) 人性化管理理念應遵循的原則

1. 人性化管理理念應遵循個性化發展原則

個性化發展是人的全面自由發展的初級階段，個性化發展準則要求組織在成員的崗位安排、員工培訓，在組織的工作環境、文化氛圍、資源配置過程等諸多方面要從員工的利益出發，充分尊重員工，絕不是僅僅從組織的利益出發。它是通過有效的方法，發揮人性的特點，提供能充分發揮人的潛能的環境，積極發揮人的創造性，使人在創造社會財富、實現經濟效益的同時，實現其自身價值。它具體要求管理者在管理活動中尊重人的價值，適應和滿足人性的需要，注重感情和文化的因素，激發人的潛力，發揮人的創造性，引導人們去實現預定目標。

2. 人性化管理理念應遵循引導性管理原則

人性化管理提倡重視人的情緒、情感等因素，認為管理的中心是人而不是物，要求組織中的所有成員公平地看待彼此，平等友好地互相建議、互相協調，使組織的凝聚力增強，共同完成組織的最終目標，在此過程中注重每個人的個性化發展。管理者不是單純地用命令或懲罰的方式來約束員工的行為，而是充分運用各種條件，通過合理的激勵機制和採用科學的管理方法，為員工創造一個寬鬆、和諧的工作環境，增強員工的滿意度，從而在組織和員工、員工與員工間建立起良好的關係，為組織創造良好的發展前景，提升組織的核心競爭力，使每個員工保持良好的狀態，從而最大限度地提高工作績效。

3. 人性化管理理念遵循良好環境原則

人性化管理要求組織努力創設良好的物質環境和文化環境，以利於組織成員的個性化發展和進行自我提升。從某種意義上說，以人為本的管理就是創造一個能讓人全面發展的氛圍，引導他們發揮自己的潛能。對組織內部而言，這樣的環境主要有兩個方面：一為物質環境，包括工作條件、設施、設備、文化娛樂條件、生活空間安排等；二為文化環境，即組織擁有獨特的文化氛圍。實施人性化管理，強調個人自由與社會社會秩序的和諧發展，注重人的主觀能動性，努力為員工營造良好的環境，滿足人性的精神需求，以鞏固自身的競爭優勢。在計劃、組織、領導和控制等管理過程中，採用以人為本的「柔性管理」，在實現共同目標的前提下，給員工更多的「空間」，做到尊重人、理解人、寬容人、信任人等。

4. 人性化管理理念遵循成員與組織共同成長原則

組織本身的發展應與以人為本的管理方式相適應，改變金字塔式組織結構，建立學習型組織，從而極大地激發人的潛能並使之為組織的發展充分發揮積極性和主觀能動性。管理人性化就是在管理的制度、方法、過程等方面都應當符合以人為本的要求，尊重人性，為人的全面發展提供良好的環境，以便於組織的員工在完成組織既定目標

的要求下，能夠自我發展。從而使組織和個人都能共同發揮其作用，為社會謀福利。

(五) 人性化管理實施要點

1. 營造自由和諧的環境，增強組織成員的歸屬感

營造良好的環境是組織人性化管理的重要內容。要對組織成員自由的充分尊重，充分調動成員的積極性，還要關心員工的工作、學習和生活，使他們用積極的心態來為組織服務；同時，也要在管理的過程中創造良好的硬件設施和軟設施，使員工能夠感覺到組織的溫暖。

2. 搭建溝通交流的平臺，增強組織成員的責任感

人性化管理就要加強組織中人與人之間的情感交流和溝通，形成企業內融洽的人際關係，使組織成員意識到自己在企業中的權利、義務和責任，從而增強成員工作的動力。

為實現有效溝通，企業要堅持自願、雙向、平等、真誠等原則，努力排除各種障礙，最終達到組織的目標。

3. 提供充分發展的空間，增強組織成員的成就感

馬斯洛的需求層次理論告訴我們要充分尊重組織成員的各方面需求，根據員工不同層次的需求對其提供物質激勵、精神激勵等。組織要提供讓成員充分發揮其才能的空間，並且要根據成員的不同層級需要採取不同的激勵方法，從而增強組織的活力，使組織能夠有更加管擴的發展前景。

【案例 9-2】

以人為本的玫琳凱

玫琳凱喜歡粉紅色，這種粉紅彌漫於公司各處，從粉紅色的凱迪拉克，到粉紅色的小卡片。這種風格，我們稱之為人性領導風格。其核心在於，不是通過大公司所普遍存在的「人吃人」的競爭來實現的，而是通過關注他人需求來實現的。

這是一種「以柔克剛」的管理風格。一方面，它跟玫琳凱女性為主的佣金模式很搭配，另一方面，它提供了一種新的可能——如何全方位、更有效地引爆人的潛力。危機之下，這種「以柔克剛」的力量更顯特別。通過《玫琳凱談人的管理》來看看玫琳凱的黃金法則：

黃金法則 1：尋找你的粉紅色凱迪拉克

玫琳凱認為，每個人都是特別的，每個人都希望感覺自己很出色。每當玫琳凱見到某個人，她就會想像對方身上帶著一個看不見的信號：讓我感覺自己重要。玫琳凱就會立即回應這個訊號，結果每次都有意想不到的效果。

讓員工知道首席執行官賞識他們。這是很多公司首席執行官都擅長的，但是，玫琳凱把它做到了極致，並融進了企業文化。例如，玫琳凱的業務督導到總公司參觀時，總部會鋪紅地毯歡迎她們，公司的每一個人也會盛情地招待她們。甚至，公司會給優秀的業務督導授予粉紅色的凱迪拉克轎車的使用權。玫琳凱的邏輯是，「一開始，我就確定自己的銷售隊伍要的是一流的東西，如果那種實在過於昂貴，我們就乾脆不用，也不會用二流的東西來替代」。

黃金法則 2：三明治策略——夾在兩大贊美中的小批評

不要以為玫琳凱只會贊美和愛，她更擅長批評。玫琳凱的批評策略是，不管你要批評的是什麼，你必須找出對方的長處來贊美，批評前和批評後都要這麼做。

现代市场竞争亦如古之兵战。我们管理者必须懂得人是世界上最富感情的群体，人性化管理是管理者调动员工积极性的重要手段。管理心理学研究表明，一个人生活在温馨友爱的集体环境里，由于相互尊重、相互理解和容忍，使人产生愉悦、兴奋和上进的心情，工作热情和效率就会大大提高；相反，一个人生活在冷漠、争斗和尔虞我诈的气氛中，情绪就会低落、郁闷，工作热情就会大打折扣。

讨论题：

结合管理人性化/以人为本的知识点，谈谈你的感受。

资料来源：http://press.idoican.com.cn，有删改。

二、管理形态的知识化

(一) 管理形态知识化的含义

管理形态的知识化指企业对各种已有的和可能获取的知识进行连续的管理，最大限度地掌握和利用信息与知识，使知识转化为知识资本，以满足开拓新市场的需要，提高企业竞争力的过程。

管理形态知识化的核心内涵主要包括以下两个方面：

1. 实现知识的共享

企业所拥有的知识是多方面的，有的是高度个性化且难于格式化的隐性知识，如员工的智慧；有的是能用数字和文字表达出来，容易以规范的形式交流与共享的显性知识，如企业的专利、技术诀窍、生产工艺等。存在于人的头脑中的隐性知识不仅在数量上占绝对优势，而且具有很大的开发潜能，是企业创新的最终源泉。如果能对隐性知识加以有效地组合和应用，就能不断实现创新，为企业创造巨大的效益，从而达到管理形态知识化的目的。为此，通过交流沟通，发现和分享彼此的隐性知识；通过谈话讨论，发掘和研究更深层次的知识；通过群体思维，激发产生新的知识，使管理形态的知识化形成一个良性循环。

2. 用知识优势增强企业的竞争优势

在知识经济时代，企业面临的市场竞争越来越激烈，在这样激烈的竞争环境中，没有竞争优势的企业最终会被淘汰出局，而拥有了竞争优势，就会在竞争中处于有利地位。资金是慢慢可以累积的，实物资源则是会消耗掉的，所以依靠资金或实物资源建立起来的优势只是暂时的。处于知识经济中的企业最有价值的资本是智力资本，最重要的资源是知识，而每个企业都具有自己独特的知识，都具有一定的知识优势。用这种知识优势铸就的竞争优势才是持久的、稳固的。

(二) 管理形态知识化的基本途径

1. 树立以知识为核心的管理观念，实现管理理念的知识化

要想实现管理形态的知识化，首先要转变陈旧的管理理念，树立以知识为核心的管理观念，实现管理理念的知识化，才能在具体的管理活动中体现出管理形态的知识化。

2. 改造组织，实现管理组织的知识化

(1) 建立适应管理形态知识化要求的组织结构

要想实现管理形态的知识化，这就要求管理更加强调组织中各要素之间知识、信息传递与共享的及时、有效，更加注重各要素的积极性、主动性和创造性。为此，我

們必須對傳統的企業組織結構進行知識化的改造，使改造後的企業組織結構有利於管理形態的知識化；有利於知識和信息迅速地、暢通地擴散，更好地實現知識與信息的共享；有利於組織成員與企業的知識庫建立直接的聯繫，為知識庫的建設、開發、完善與應用貢獻力量；有利於企業對知識應用情況進行監督和指導，並及時反饋信息，促進知識創新。

（2）構建一種團結協作的企業文化，實現知識的共享

實現知識的共享是企業管理形態知識化的前提和核心。然而，要實現知識的共享是不容易的，人都有自私利己的一面，不願意把個人所掌握的知識拿出來與人分享。為了實現知識的共享，就必須建立一種團結協作的企業文化，並要以適當的激勵機制加以鼓勵，比如對貢獻知識的員工給以獎勵，讓知識參與利潤的分配等。

（3）建立知識管理者制度

在知識經濟時代，知識管理對企業發展越來越重要，面對當今知識「大爆炸」的環境，為盡快獲得、掌握和保存最有價值的知識，企業應專門設立「知識主管」或「智力資本主管」職位，承擔著企業的知識變成企業的資本的任務。其主要職責包括：為組織建立一套知識管理的信息基礎結構；為組織營造一種知識共享、知識創新的企業文化，促進以知識為導向開展組織管理工作；加強知識的集成，促使新知識的產生，促進知識的共享和應用。

3. 改變企業與客戶之間單純的買賣關係，使客戶變成企業的夥伴，實現與客戶的知識共享

多數傳統企業為零和競賽，從不考慮互利或共生，這使得大部分行業已進入微利狀態。任何一個企業都不可能具有所有的優勢資源，而同其他企業進行合作所獲取的外部資源應該成為企業競爭優勢的重要來源。改變企業與客戶之間的單一關係，充分利用客戶的知識，挖掘客戶的有效資源，建立與客戶的共生關係，實現與客戶的知識共事，使客戶與企業共同發展是商業企業贏得競爭優勢的有效選擇。

4. 對企業進行信息化改造，實現管理方法和手段的知識化

企業所擁有的知識由於分散在員工的頭腦和技能中、生產過程中、組織機構中以及供應鏈的不同節點上，為了保證知識最大範圍的共享並能夠及時有效地處理不斷湧入的外界信息與產生於企業內部的信息，使其納入到企業的知識體系中，讓知識迅速轉化為知識資本，為企業更好地服務，最好的辦法是依靠先進的信息技術。利用先進的管理信息系統、專家系統等實現企業與員工、企業與專家、企業與客戶之間的知識共享，使得未來商業管理能夠以知識化、信息化的方法和手段來進行。

三、管理組織的虛擬化

（一）管理組織虛擬化的含義

管理組織虛擬化是指在地理上分佈的獨立組織臨時或永久的集合，他們之間通過信息技術及通訊技術來提供互補的核心競爭力、共享資源以完成整個生產過程。

管理組織虛擬化來源於以虛擬現實為核心的現代計算機技術在組織中的應用，由虛擬組織引申而來，是虛擬管理中的具體應用。

（二）管理組織虛擬化的基本要素

規劃、設置和管理三者共同組成了管理組織虛擬化。它為服務管理流程和解決方

案所必需的信息技術基礎設施增加了新的複雜性。虛擬化功能的服務管理流程和解決方案必須要讓信息技術部門能夠從服務的角度管理這個虛擬化的環境。這個基礎設施服務是在這個基礎設施中的全部資源之間不斷移動的。在這個動態環境中的有效的服務管理不僅要求回答「我的服務器在哪裡」這個問題，而且還要回答「我的服務在哪裡」的問題。要回答這些問題，你必須知道哪一個虛擬資源正在提供哪一項服務，哪一個服務器正在託管哪一個虛擬資源，在任何時候和對於所有的服務都瞭解。

(三) 管理組織虛擬化的發展方向

1. 以柔性技術為基礎保持管理技術領先

虛擬化管理要能夠按照變化的形勢和要求，注重技術、方法、產品和服務的改革管理，重視高新技術和柔性技術的研究與開發。虛擬化管理組織的設備和技術，常常以結構可變的、單元的、可重組利用的形式出現，柔性設備系統和智能化的過程控制裝置，借助傳感檢測系統、採樣器、分析儀和智能識別診斷軟件的配合，對組織的資源進行閉環監視或控制，確保其質量。

2. 以信息網絡為依託實現組織的資源優化

虛擬化組織具有很強的社會性，它以信息網絡為依託，跨越了空間界限，能在對資源進行最優化配置。

3. 科學的組織結構使組織能夠迅速應變環境變化

虛擬化管理能夠根據不確定的需求，對組織流程予以重新組合，從「再造」中獲得「新生」。虛擬化組織強調橫向管理，打破了傳統金字塔式的縱向管理，使組織形態從高聳型向扁平型轉變，有極大的靈活性。

(四) 管理組織虛擬化的意義

1. 它可以降低組織的成本

其主要包括以下幾個方面：第一，管理組織虛擬化可以降低管理虛擬基礎架構的複雜性。第二，管理組織虛擬化可以共享信息技術資源。第三，管理組織虛擬化可以優化現有資源的利用率，以降低開銷。第四，管理組織虛擬化可以自動部署或取消部署虛擬資源，以回應需求變化。第五，管理組織虛擬化可以通過策略的標準化，降低營運成本。

2. 它可以改進組織的服務

其主要表現在以下幾個方面：第一，管理組織虛擬化可以快速部署新的組織環境。第二，管理組織虛擬化可以跨地理位置地將虛擬資源整合管理和問題解決。第三，管理組織虛擬化可以改善部署質量。第四，管理組織虛擬化可以動態調度工作，將其分配給最好的虛擬資源。

3. 它可以降低組織的風險

其主要有以下幾個方面：第一，管理組織虛擬化可以跟蹤基礎設施中的信息技術資產、關係、配置和變更。第二，管理組織虛擬化可以改進虛擬共享環境中的安全性。第三，管理組織虛擬化可以實現虛擬信息技術環境中關鍵和中間的高可用性。

四、組織結構扁平化

(一) 扁平化管理的產生背景

在傳統的企業中，組織結構與管理體制是建立在金字塔式的層級結構基礎上的。

這種結構表現為上級不能越級指揮，下級不能越級請示、匯報，它是按職能部門一級管理一級的。然而隨著信息技術的發展，網絡化、信息化時代的到來，對傳統企業組織和管理結構帶來了很大的挑戰：一是管理幅度窄，分工過細，機構臃腫，尤其是出現的跨國公司、超級大公司已經很難有效運作；二是管理部門層級複雜，使信息傳遞渠道過長和失真，容易造成決策失誤，執行困難和不易反饋；三是組織結構僵化，官僚主義盛行，生產成本高，管理效率低。因此面對瞬息萬變的市場形勢和稍縱即逝的市場機遇，企業組織必須快速反應和迅速決策以增強企業的競爭力，贏得生存和發展空間。而傳統企業的多層次、職能性、金字塔管理不能跟上信息化時代的發展步伐，就必須不得不簡化臃腫的組織機構，以增加企業的柔韌性。最早運用扁平化管理的是美國通用電氣公司，通用電氣公司首席執行官韋爾奇通過「無邊界行動」、「零管理層」管理措施，將通用從最高層至基層的 24 層銳減 5～6 層，不但清除了組織內部的官僚系統，節省了大筆開支，還快速地提高了管理效率。12 年裡，通用電氣公司銷售收入增長了兩倍半，經濟效益大幅提高。

（二）扁平化管理及其特徵

組織結構扁平化就是一種通過減少管理層次，壓縮職能機構及裁減人員，拓寬管理幅度，使組織的決策層最大限度管理操作層的新型管理組織。它具有靈活、敏捷、快速、高效的特點。扁平化組織結構的基礎是基於計算機技術和互聯網技術知識和信息的共享，實現的基本途徑是流程再造，借助信息技術，將側重縱向控制的職能部門改造為橫向協作的團隊。

扁平化組織結構具有的典型特徵有：

（1）以工作流程為中心而不是部門職能來構建組織結構。公司的結構是圍繞有明確目標的「核心流程」建立起來的，而不再是圍繞職能部門，職能部門的職責也隨之逐漸淡化。

（2）縱向管理層次簡化，橫向管理幅度拓寬。組織扁平化要求企業的管理幅度增大，簡化繁瑣的管理層次，削減中層管理者，縮短企業指揮鏈。

（3）企業資源和權力下放基層，顧客需求驅動。基層的員工與顧客直接接觸，使他們擁有部分決策權能夠避免顧客反饋信息向上級傳達過程中的失真與滯後，大大改善服務質量，快速地回應市場的變化，真正做到「顧客滿意」。

（4）依靠計算機和互聯網。企業內部與企業之間通過使用電子郵件、辦公自動化系統、管理信息系統等網絡信息化工具進行溝通，大大增加管理幅度和提高了工作效率。

【即問即答】實施組織扁平化需要具備哪些條件？

（三）組織結構扁平化的風險

在全球化的大趨勢下，市場競爭越來越激烈，為提高競爭優勢，國際上和國內很多公司都在大刀闊斧地實行扁平化組織結構，有的公司很成功，如 IBM、日本豐田汽車、中國的海爾集團等，然而扁平化組織結構也有弊端，盲目追求扁平化還會帶來風險。

1. 管理控制的風險

組織扁平化後，管理層次減少，但有效管理幅度增加了。部門之間、部門與生產業務單位之間的相互依賴性和交叉作用也隨之提高，加之在扁平化管理初期，組織系

統裡會有相當多的新情況、新問題出現。管理人員的素質、技能經驗和知識的限制使其難以承受過重的工作負荷，難以在較大的管理幅度內進行有效的控制。

2. 企業核心競爭力被削弱的風險

組織結果扁平化後，由於文化創新啓動緩慢，公司內部文化衝突依然存在。不少整合單位反應融合難度較大，削弱了扁平化管理效力及執行力，缺乏統一的思想基礎。遇到關鍵問題時上下思想不能統一，公司政策和改革方案在職工中難以達成共識。職工的承受能力和各方面利益相衝突，影響了扁平化的順利推進。

3. 技術風險

由於扁平化組織結構過分依賴通信和網絡技術，導致組織一旦遇到技術故障，就有可能癱瘓；同時，管理者也要注意信息技術的大量使用對員工心理方面所產生的潛在影響。

(四) 構建扁平化組織結構要注意的問題

實際上，一些歷史悠久的大型企業機體上會出現老化跡象，致使管理效率低下、信息傳遞不暢，導致企業生產經營成本不斷上升，無競爭活力，這會影響員工的積極性，阻礙人才健康成長。因此企業組織結構必須作出重大改革，才能適應未來社會發展的要求，但中國企業中組織扁平化取得成功的僅占少數，究其原因是在中國這個複雜的環境下，沒有深刻認識到扁平化的風險。構建扁平化組織結構要注意如下一些問題：

1. 突破傳統文化和傳統管理理論的束縛

中國是有著 5,000 年歷史的文明古國，其傳統文化與現代管理思想始終存在著衝突，組織扁平化管理要求上級授權、放權以提高效率。但在傳統文化中，統治者的權力是至高無上的，上級是不能輕易把權力交給其他人的。在這種組織氛圍內，即使形式上設立了扁平化組織機構，由於沒有充分授權，根本達不到預期效果，徒有其表。此外層次越多，中層管理者利益越多，為保護利益，中層管理者將自覺地抵制，設置障礙，使得變革的努力被削弱和抵消，甚至夭折。因此在實施組織扁平化過程中，要突破傳統文化和傳統管理理論的束縛，接受先進的現代文化和現代管理理論，進行文化和管理的創新。

2. 分權與集權想結合

組織扁平化管理實際上是權力中心下移，盡量減少決策在時間和空間上的延遲過程。而中國企業的金字塔式的管理體制要求規範工作程序，這種結構對組織成員的行為有一種約束限制，會制約創造力的發揮。分權化組織結構將一定的決策權授予較低層和較多組織成員，可以增強員工的參與感和自主性。

隨著市場經濟的發展，顧客成為企業競爭的焦點，這要求企業從各方面能把握顧客的需求。隨著市場細分的日益加劇，企業只有快速地對市場作出相應反應，才能適應市場的多樣化需求。因此，企業過去集權的組織結構必須向組織分權化轉變；同時要正確處理「分權」與「集權」的關係，組織扁平化管理的本質應為有控制的分權，而不是絕對的「集權」與「分權」，關鍵是要根據企業的具體情況，決定哪些權力該集中，哪些權力該分散，做到集而不死，分而有序。

3. 企業實行團隊式管理

團隊是扁平化組織結構構造的基礎，扁平化組織本質是知識體系，其主要建立在

如何對組織所擁有的知識、信息進行整合、創造和管理，從而更直接地面向市場，面向用戶。所以未來支持這種知識體系，扁平化組織內部不能以職能為單位，而是形成一個完整、統一的知識團隊，扁平化組織的核心就是通過這種團隊式管理，提高整體知識的釋放力，進而實現企業價值創造空間的創新和發揮。

　　4. 建立學習型組織

　　在扁平化組織中，人力資源成為第一資源，由於扁平化組織的充分授權、分權，加大管理幅度，決策中心下移，這就要求團隊的每個人都是各自領域的專家，知識員工是企業的主要載體。因此在組織內要建立一個充足的知識系統，讓組織中的信息與知識，通過接受、分析、整合、創新、決策等過程，不斷地回饋到知識系統內，形成個人與組織的知識不斷累積、循環。

　　5. 強化網絡技術

　　計算機技術是組織結構扁平化的支撐。實施扁平化管理是建立在計算機系統基礎上的，網絡技術可以在很大程度上解決扁平化管理的困難。借助先進的計算機管理手段，有序、有效地整合產品流程、資金流程、銷售流程的節奏，從而可最大限度地發揮扁平化管理的潛能，提高企業的整體效益和競爭能力。

[案例 9-3]

波司登快刀扁平化

　　1994 年，全國羽絨服企業均陷入低價無序競爭漩渦的時候，持續虧損的波司登在營銷上出奇制勝，通過與賣場的合作，不僅扭虧為盈，而且在 1995 年以 68 萬件的銷售量首次登上了同行業全國銷售第一的寶座，從此聲名鵲起。即使春天是羽絨服銷售的淡季，波司登的總經理高德康卻顯得炙手可熱：旗下的幾個品牌連續 12 年銷量全國第一、剛剛榮獲 2006 年度經濟年度人物、品牌人物……十幾年時間，高德康將一個以貼牌為生的小作坊，做成了中國第一的羽絨服品牌。現在的波司登已經成為有八個子品牌、年銷售過百億的大企業。

　　可令人奇怪的是，如此大的企業居然找不到一個公司副總！其實，波司登曾經有過 9 個副總。但 2004 年 3 月，9 名副總以及副總職位，一夜之間被高德康全部免除。高德康為什麼要這樣做？關於為何波司登沒有副總的疑問，剛剛參加完「央視年度經濟人物頒獎」的高德康談興甚濃：「這就是所謂的『扁平化管理』吧。這種方式適合企業的發展，最適合的就是最好的。」同時他還強調撤消副總、實現扁平化管理，在整個波司登發展過程中，是「順理成章」的行為。波司登一直以來，先後開發出「雪中飛」、「康博」等多個子品牌，將品牌戰略發揮到了極致，連續 10 餘年銷量為全國之冠，徹底占據了國內羽絨服市場的第一把交椅。但此時的高德康沒有被勝利衝昏頭腦，他對羽絨服市場有著清醒的認識。「國內的大多數企業技術上水準相當，單純的以量制勝，肯定不能長久。當企業站穩腳跟、進入平穩發展期後，就要靠管理占據先機。」2004 年，波司登剛剛實現了從規模銷售向技術創新轉變的過程，在保證主品牌全國銷量連年第一的前提下，開始走技術創新的道路，然而在管理上卻出現了問題。「高總的命令下達到 9 個副總，副總再傳達到部門經理，然後才能在企業內全面實行，而基層幹部的一條建議，上傳到高總那裡，最少也要半個月的時間！」波司登辦公室主任丁建新介紹。「當時兼併一家企業，9 位副總有 8 個反對。要進行一項投資，高管表決就是通不過，這個時候，我意識到『管理』出了問題。」高德康回憶道。許多大企業都曾面

臨這樣的困惑：中高層管理人員為企業的發展立下了汗馬功勞，在企業進入成熟期之後，這些勞苦功高之臣卻成了企業效率的絆腳石。因此許多企業在發展中都曾有過「改制」或「變法」的經歷——或者換人換血，或者壓縮組織層級，去除臃腫的機構，便於快速反應與管理。實行扁平化管理無非兩個方向：或者使權力下移，或者使權力集中到塔尖。「我當時並不瞭解什麼『扁平化管理』，他們阻礙了企業發展，那就要解決問題。最適合波司登的方式，就是讓這些人重新回到車間，回到他們熟悉的崗位上，退出管理層。」高德康如是說。「實際上我是想去建立一種制度。」高德康進一步闡述他的觀點，「管理層臃腫，會出現權責不明的情況，因為副總已經在企業中擁有了很大的權力，權力越大，承擔的責任就越大。而當管理層出現一些創業元老居功自傲、逃避責任的時候，那就必須對管理層進行換血。明確權責是這個制度的核心。」

其實波司登的做法與國內另一知名企業娃哈哈不謀而合。娃哈哈掌門人宗慶後曾直言，自己直接控制各個部門和分公司，沒有任何中間環節。總經理對各部、分公司採取分級授權管理，各部、分公司直接對總經理負責。「我覺得失去控制力就很麻煩。現在這種扁平化的方式，是在吸取了許多國內大企業的教訓之後通過我們實踐摸索的方式，能使娃哈哈持續發展。」宗慶後如是說。

營銷專家劉永炬談及扁平化時給出了自己的建議：「管理的目的是為了目標及策略，因此不管採用何種方式扁平化，必須都是為了目標服務。」由此可見，波司登廢黜9位副總，僅僅是實現企業管理變革的第一步，而建立一套完整有效的企業管理制度，才是長遠之計。

管理層發生劇變之後，波司登果然按照高德康的構想，不但繼續占據著全國銷量第一的寶座，而且旗下其他品牌也開始嶄露頭角，銷量年年攀升，儼然一副企業航母的架勢。

討論題：
結合扁平化管理的要點，談談扁平化管理的優點及注意事項。

資料來源：紀亮，廢黜九位副總 波司登快刀扁平化，中外管理，2007（4），有刪改。

五、管理文化的全球化

（一）全球化經營管理

進入21世紀，以經濟全球化、信息網絡化、知識經濟化及可持續發展為特徵的新經濟時代的到來，給世界經濟和企業競爭帶來了深刻變化。而經濟全球化的一個最重要現象，就是跨國公司在全球的投資和全球的運作，其實質就是全球範圍內產業結構的調整。其表現出來的特點是跨國的產業鏈和供應鏈的形成。在經濟全球化的作用下，全球化經營管理包括：

1. 跨國界經營

國際經營要涉及不同的主權國家，企業所面對的不是單一的外部環境，而是多元、複雜的外部環境，而且這種多元性和複雜性往往隨著國際化經營的地理範圍和目標市場的擴大而日益擴大。第一，各國整體和國體差異決定國際經營活動所面對的政治和法律制度各不相同；第二，不同的經濟體制和經濟發展水準決定了從事國際化經營的企業面對的經濟環境有別於國內；第三，各國擁有的價值觀、生活方式、語言文化的差異又決定了國際經營者必須面對多種文化衝突的問題。

2. 全球化戰略和一體化管理

國際企業的決策較為複雜，任何企業在國際經營決策過程中，要考慮的因素更多，要協調的子系統更多，要在一個更廣的範圍、更長的時間內進行成本和效益規劃。因此，國際經營者必須綜合內外部環境，根據經營目標制定有效的全球性經營戰略，將各子公司和代理機構整合在企業之中。

實際上跨國公司具有一般公司所沒有的優勢，比如所有權優勢，即，企業擁有的或能夠獲得的外國企業所不具備或無法獲所得的資產及所有權；內部化優勢，即，跨國企業通過建立企業內部市場，發揮自由的所有權優勢，使企業緩解或漫出外部市場的結構性和交易性的失靈可能造成的風險和損失，從而節約交易成本；區位優勢，即，因生產地點的不同選擇而形成的競爭優勢等。所以跨國公司要充分利用這些優勢，不斷變革與創新，並搭上全球化的快車，這是邁向成功的關鍵。

(二) 跨文化管理

1. 跨文化管理概述

跨文化管理又稱交叉文化管理，就是在跨國經營中，對不同種族、不同文化種類、不同文化發展階段的子公司所在國的文化採取包容的管理方法，其目的在於如何在不同形態的文化氛圍中摸索出切實可行的組織結構和管理機制，在管理過程中尋找超越文化衝突的公司目標，以統一不同文化背景的員工共同的行為準則，從而最大限度地控制和利用企業的潛力與價值。

伴隨著全球化發展，跨國公司由於加入了另一種文化的觀念，勢必會造成文化衝突。通常，文化衝突一般表現在心理、情感、思想觀念等精神領域中，往往是人們在不知不覺中通過時間才開始發生變化或者是直接文化衝突。因此跨文化管理的任務在於從不同的文化中尋求共同的能綜合各種文化精髓的東西，這樣才能在各種文化環境中生存，為企業發展創造契機。

實際上文化的多樣性具有很多優勢：市場方面，它可以提高公司對於地方市場上文化偏好的應變能力；資源獲取方面，它可以提高公司從具有不同文化背景的人中聘用員工、充實當地公司人力資源的能力；成本方面，減少了公司在週轉和聘用非當地人士擔任經理方面花費的成本；解決問題方面，更廣闊的視角範圍和更嚴格的分析提高了制定決策的能力和決策質量；創造性方面，它通過視角的多樣性和減少關於一致性的要求來提高公司的創造力。因此採取積極的解決文化差異的方法，使得總體共同作用產生的結果優於各部分作用的簡單加和。

2. 跨文化管理的策略

跨文化管理的關鍵是人的管理，針對跨國公司的跨文化管理中要強調對人的管理，要加強對公司所有成員的文化管理，讓新型文化真正在管理中發揮其重要作用，促進跨國公司在與國外企業的競爭中處於優勢地位。其主要的跨文化管理有如下幾種策略：

(1) 本土化策略

這要求秉著「全球思考和地區行動」的原則來進行跨文化的管理。通常跨國企業在海外進行投資，就必須雇用相當一部分的當地職員，這主要是因為當地雇員熟悉當地的風俗習慣、市場動態以及政府方面的各項法規，而且和當地的消費者容易達成共識，雇用當地雇員無疑方便了跨國企業在當地拓展市場、站穩腳跟。「本土化」有利於跨國公司降低海外派遣人員和跨國經營的高昂費用、與當地社會文化融合、減少當地

社會對外來資本的危機情緒、考慮雇員的工作能力及與崗位的匹配度，選用最適合該崗位的職員。

（2）文化相容與創新策略

文化相容是一種文化的存在可以充分地彌補另外一種文化的許多不足及其單一性。美國肯德基公司在中國經營的巨大成功可謂是運用跨文化優勢，實現跨文化管理成功的典範。而文化創新策略則是母公司的企業文化與國外分公司當地的文化進行有效的整合，通過各種渠道促進不同的文化相互瞭解、適應、融合，從而在母公司和當地文化基礎之上構建一種新型的國外分公司企業文化，以這種新型文化作為國外分公司的管理基礎。要從全世界角度來衡量一國或一地區文化的優劣是根本不可能的，這中間存在一個價值標準的問題，只有將兩種文化有機地融合在一起，才能既含有母公司的企業文化內涵，又能適應國外文化環境，從而體現跨國企業競爭優勢。

（3）借助第三方文化策略

這種策略適用於由於母國文化和東道國文化之間存在著巨大的不同，而跨國公司又無法在短時間內完全適應由這種巨大的「文化差異」而形成的完全不同於母國的東道國的經營環境。這時跨國公司所採用的人事管理策略通常是借助比較中性的，與母國的文化已達成一定程度共識的第三方文化對設在東道國的子公司進行控制管理。用這種策略可以避免母國文化與東道國文化發生直接的衝突。如歐洲的跨國公司想要在加拿大等美洲地區設立子公司，就可以先把子公司的海外總部設在思想和管理比較國際化的美國，然後通過在美國的總部對設在美洲的所有子公司實行統一的管理。

（4）占領式策略

這是一種比較偏激的跨文化管理策略，是全球發展企業在進行國外直接投資時，直接將母公司的企業文化強行注入國外的分公司，忽略國外分公司的當地文化，國外分公司只保留母公司的企業文化。這種方式一般適用於強弱文化對比懸殊，並且當地消費者能對母公司的文化完全接受的情況下採用，但從實際情況來看，這種模式採用得非常少。

【本章小結】

管理理論和實踐的發展是權變和組織變革理論與實踐相結合的產物。隨著環境的變化、科技的進步和社會的發展，管理的理論和方法需要完善、升級。只有理論和方法與時俱進才能解決新問題，滿足新要求。在社會飛速發展、科技日新月異的背景下，管理者必須具有前瞻眼光，具備與時俱進、全球思維及人本理念；同時，需要具備一些現代的管理方法提高管理效率，諸如標杆管理、6σ管理等方法。在信息爆炸、知識爆炸的今天，要從根本上滿足現代管理的需要，必須樹立終身學習觀念，建立學習型組織，只有這樣才能跟上社會發展的步伐。

【復習思考題】

1. 結合知識經濟的特點，談談企業進行知識管理的工作要點。
2. 創建學習型組織的關鍵是什麼？
3. 舉例說明如何構思藍海戰略。
4. 概述扁平化管理的優缺點和注意事項。
5. 概述全球化經營管理的主要內容。

【案例分析】

太陽馬戲團

馬戲團是一個傳統行業，過去的馬戲團是以流動帳篷作為表演場地，以馴獸、動物表演、小醜雜耍、魔術等表演項目為主，目標消費人群主要是兒童。

1982 年，太陽馬戲團成立之初，他們很清楚地知道自己沒有能力與當時的龍頭老大玲玲馬戲團競爭，因此他們採取了「藍海戰略」，從而成功地走出了價格戰，開創了全新的藍海商機。

首先，太陽馬戲團取消了動物表演。此舉一方面避免了動物保護團體的抗議浪潮，另一方面又大幅降低了企業成本。其次，大膽創新。馬戲團招募了一批體操、游泳、跳水等專業運動員，把他們訓練成專業的舞臺藝術家，運用絢麗的五彩燈光、華麗的舞臺服裝、美妙動人的音樂並融合歌舞劇的節目情節，為消費者創造前所未有的感官體驗。這些營銷措施，使得太陽馬戲團完全擺脫了傳統馬戲團的桎梏，成為全新的「劇場型馬戲團」。

太陽馬戲團成立 20 多年來，已先後在全球 90 多個城市進行了演出，吸引了 4,000 餘萬名觀眾進行觀看，其營業收入甚至已經超過全球馬戲團第一品牌玲玲馬戲團。

討論題：

為什麼太陽馬戲團能夠取得如此大的成就？你能從中得到什麼啟示？

資料來源：中國質量新聞網，2006 – 05 – 30。

【課後閱讀——管理大師】

彼得・聖吉

(Peter M. Senge, 1947—)

教育背景：斯坦福大學航空及太空工程學士，麻省理工學院博士。

思想／專長：學習型組織

簡介：彼得・聖吉生於芝加哥，1978 年獲得博士學位後，至今三十餘年來，他和戴明、阿吉瑞斯、雪恩與熊恩等大師級的前輩，以及一些有崇高理想的企業家，致力於將系統動力學與組織學習、創造原理、認知科學、群體深度對話與模擬演練游戲融合，發展出一種學習型組織的藍圖。1990 年，在麻省理工大學斯隆管理學院創立「組織學習中心」，對一些國際知名企業，如微軟、福特、杜邦等，進行創建學習型組織的輔導、諮詢和策劃。

評價／榮譽：頂尖管理大師《金融時報》（2000 年）十大管理大師之一；《商業周刊》（2001 年 10 月）被譽為繼彼得・德魯克之後，最具影響力的管理大師。

出版物：他的著作包括受到廣泛讚譽的《第五項修煉：學習型組織的藝術和實踐》（1990 年）、與同事合著的《第五項修煉實踐篇：創建學習型組織的戰略和方法》（1994 年），以及實用手冊《變革之舞：學習型組織持續發展面臨的挑戰》（1999 年 3 月）。2000 年 9 月，他又出版了一本新的實用書籍《學習的學校：教育者、父母和關心教育人士的第五項修煉實用手冊》。其中，《第五項

修煉：學習型組織的藝術和實踐》被《哈佛商業評論》評選為在過去75年中影響最深遠的管理書籍之一，連續三年榮登全美最暢銷書榜榜首，並於1992年榮獲世界企業學會最高榮譽的開拓者獎。在短短幾年中，被譯成二三十種文字風行全世界，它不僅帶動了美國經濟近十年的高速發展，並在全世界範圍內引發了一場創建學習型組織的管理浪潮。

資料來源：百度百科，整理。

管理實訓

實訓一

一、實訓項目
認知管理。

二、實訓目的
(1) 使學生加深對管理理論的認知和管理活動的理解；
(2) 培養學生的管理意識和管理思想；
(3) 增強學生的對現代管理思想與組織文化的感性認識；
(4) 通過對組織內外部環境分析的方法，感受環境變化對組織的影響；
(5) 培養學生組織文化分析與運用的初步能力；
(6) 培養學生科學決策的初步能力。

三、實訓內容及要求
(1) 全班同學自由組合成為6~8人/組的學習小組，利用課餘時間，選擇本校一個教學學院（系）進行調查與訪問。

注意：自由組合時小組成員在知識、性格、技能方面要進行適當地搭配和互補。每組還需推選出一名小組長以協調小組的各項事務並組織小組成員完成各章【管理實訓】。

(2) 在調查訪問之前，每組需根據課堂所學知識經過討論制訂調查訪問的提綱，包括調研的主要問題與具體安排。調查訪問的主要內容包括：
①瞭解該學院的基本信息；
②瞭解該學院管理系統的構成狀況；
③瞭解該學院的管理機制；
④瞭解該學院的組織文化，並搜集典型事例和人物；
⑤瞭解該學院現在的管理環境和以前的（至少是一年前）的管理環境；
⑥重點訪問院長或某位副院長，向他瞭解他的職位、工作內容及崗位職責、勝任

該職務所必需的管理技能，以及所採用的管理方法等情況；並對其管理對象進行調查與分析；

（3）通過到圖書館查閱資料、上網搜集信息、電話訪談等方式進一步完善信息，然後根據調查訪問的主要內容開展討論，主要包括以下內容：

①應用所學現代和古代管理思想及理論，分析該學院的主要管理思想，並提出改進的思路。

②該學院的管理機制是否合理，如何改進？

③分析該學院的組織文化及其對企業發展的影響。

④分析該學院的一般環境與任務環境。重點分析外部環境的變化給該學院帶來的變化和影響；

⑤根據管理者的主要職責和工作內容，分析管理者應具備的主要素質與技能。

（4）撰寫不少於3,000字的調查報告。

實訓二

一、實訓項目

新生接待工作的策劃。

二、實訓目的

（1）培養學生觀察環境、配置資源、制訂計劃的能力；

（2）培養學生設計組織結構的能力，以及協調職權關係，制定組織規範的能力；

（3）培養學生進行人員分配與管理的能力；

（4）培養學生樹立權威，有效指揮的能力；

（5）培養學生進行有效激勵，調動團隊成員積極性的能力；

（6）培養學生協調各部門的關係和與他人溝通的能力；

（7）培養學生對工作各環節進行有效控制的能力；

（8）培養學生總結與評價的能力。

三、實訓內容及要求

（1）各學習小組通過調查訪問搜集整理本學院學生會接待上一屆新生的相關工作情況。調查訪問的主要內容包括：

①瞭解本學院上一屆新生人數及生源分佈情況；

②瞭解本學院學生會的基本情況；

③瞭解接待工作基本流程；

④瞭解接待工作經費使用情況；

⑤瞭解各工作小組的職責及人員配備等情況；

⑥瞭解接待工作的完成情況，尤其是突發事件及其解決方法。

（2）通過到圖書館查閱資料、上網搜集信息、電話訪談等方式進一步完善信息，然後開展討論，主要包括以下內容：

①明確新生接待工作的指導思想、工作目標和質量標準；
②確定新生接待工作的時間、地點和方式，明確各階段主要任務；
③確定新生接待工作組織機構，明確各工作小組工作職責；
④確定新生接待工作實施細則，包括場地布置、人員安排、報到程序設計、諮詢服務、突發事件處理預案等。
⑤進行新生接待工作的經費預算。
（3）撰寫不少於3,000字的新生接待工作方案。

實訓三

一、實訓項目
創建模擬公司。

二、實訓目的
（1）使學生綜合運用所學管理學的基本原理和方法；
（2）培養學生的管理意識；
（3）鍛煉學生綜合素質，如表達、策劃、溝通、團隊合作等；
（4）提高學生實際管理能力。

三、實訓內容及要求
（1）以學習小組為單位組建模擬公司，主要內容包括：
①公司名稱及主要的產品或服務；
②公司的使命與宗旨；
③企業文化；
④公司的內外部環境分析；
⑤組織結構設計、人員配備以及崗位描述；
⑥公司的主要管理機制，等等。
（2）撰寫不少於3,000字的公司介紹。

國家圖書館出版品預行編目（CIP）資料

管理學原理 / 那薇, 周洪 主編. -- 第一版.
-- 臺北市：財經錢線文化發行: 崧博出版, 2019.12
　　面；　　公分
POD版

ISBN 978-957-735-963-6(平裝)

1.管理科學

494　　　　　　　　　　　108018200

書　　名：管理學原理
作　　者：那薇、周洪 主編
發 行 人：黃振庭
出 版 者：崧博出版事業有限公司
發 行 者：財經錢線文化事業有限公司
E-mail：sonbookservice@gmail.com
粉 絲 頁：　　　　網　址：
地　　址：台北市中正區重慶南路一段六十一號八樓 815 室
8F.-815, No.61, Sec. 1, Chongqing S. Rd., Zhongzheng Dist., Taipei City 100, Taiwan (R.O.C.)
電　　話：(02)2370-3310　傳　真：(02) 2388-1990
總 經 銷：紅螞蟻圖書有限公司
地　　址：台北市內湖區舊宗路二段 121 巷 19 號
電　　話:02-2795-3656　傳真:02-2795-4100　網址：
印　　刷：京峯彩色印刷有限公司（京峰數位）

　　本書版權為西南財經大學出版社所有授權崧博出版事業股份有限公司獨家發行電子書及繁體書繁體字版。若有其他相關權利及授權需求請與本公司聯繫。

定　　價：380 元
發行日期：2019 年 12 月第一版

◎ 本書以 POD 印製發行